技能型人才培养特色名校建设规划教材

计算机网络基础教程

主 编 赵志茹 张尼奇 王宏斌

副主编 韩耀坤 王慧敏 李 瑛 池明文

中国水利水电出版社
www.waterpub.com.cn
·北京·

内 容 提 要

"计算机网络基础"是高等院校计算机及相关专业的一门基础课程。本书从教学实际出发，结合高等职业院校学生的学习特点，遵循"任务"驱动"项目"的学习方法，系统讲述了计算机网络技术基础。

本书根据计算机学科的教学规律和高等职业院校的教学特点编写，内容主要包括计算机网络的概述、计算机网络体系结构、数据通信技术、局域网、网络设备技术、实战组网和网络安全技术等。本书力求准确、简明、完整，体现"学以致用""即学即用"的编写思路，强调用言简意赅的语言描述抽象的网络理论，注重项目描述与学习任务的密切关联。

本书既可作为高等职业院校计算机网络基础相关课程的教材，也可作为计算机培训机构的参考资料。

图书在版编目（C I P）数据

计算机网络基础教程 / 赵志茹，张尼奇，王宏斌主编. -- 北京：中国水利水电出版社，2018.8
技能型人才培养特色名校建设规划教材
ISBN 978-7-5170-6700-9

Ⅰ. ①计… Ⅱ. ①赵… ②张… ③王… Ⅲ. ①计算机网络－高等职业教育－教材 Ⅳ. ①TP393

中国版本图书馆CIP数据核字(2018)第174829号

策划编辑：陈红华　　责任编辑：张玉玲　　加工编辑：张溯源　　封面设计：李　佳

书　　名	技能型人才培养特色名校建设规划教材 **计算机网络基础教程** JISUANJI WANGLUO JICHU JIAOCHENG	
作　　者	主　编　赵志茹　张尼奇　王宏斌 副主编　韩耀坤　王慧敏　李　瑛　池明文	
出版发行	中国水利水电出版社 （北京市海淀区玉渊潭南路1号D座　100038） 网址：www.waterpub.com.cn E-mail：mchannel@263.net（万水） 　　　　sales@waterpub.com.cn 电话：（010）68367658（营销中心）、82562819（万水）	
经　　售	全国各地新华书店和相关出版物销售网点	
排　　版	北京万水电子信息有限公司	
印　　刷	三河市铭浩彩色印装有限公司	
规　　格	184mm×260mm　16开本　17印张　387千字	
版　　次	2018年8月第1版　2018年8月第1次印刷	
印　　数	0001－3000册	
定　　价	42.00元	

前　　言

作为计算机技术与通信技术相结合的产物，计算机网络技术基础是在计算机应用技术、计算机网络技术、计算机信息管理、电子商务等专业中开设的课程，是电子信息类专业的重要专业基础课。计算机网络已经渗透到了现代社会的方方面面，随着电子商务的发展，计算机网络以一种前所未有的方式影响着人们的工作和生活。与此同时，社会对网络人才的需求也越来越迫切，要求更多的人掌握计算机网络的基础知识，信息技术人才在综合国力竞争中越来越占有重要的地位。

本书重点阐述了目前计算机网络采用的比较成熟的思想、结构和方法，并且力求做到深入浅出、通俗易懂。在内容选择上，一方面以 ISO/OSI 参考模型为背景介绍了计算机网路的体系结构、基本概念、原理和设计方法，另一方面以 TCP/IP 协议簇为线索详细讨论了各种常用网络互联协议和网络应用协议，并涉及到了计算机网络安全等方面的知识内容。

本书以理论为基础，以实训要求为导向，将计算机网络的基础知识和应用有机地结合在一起，强调实际动手能力的培养，同时力求反映计算机网络的新发展和新技术，具有很强的实用性及可操作性。在内容安排上循序渐进，理论结合实际，简明扼要，深入浅出。通过对本书的学习，读者可系统地掌握计算机网络基础知识及应用。

本书可作为各类高职高专计算机应用、信息管理等相关专业学生的网络类课程教材。本书由包头轻工职业技术学院计算机教研室教师团队编写，赵志茹、张尼奇、王宏斌任主编，韩耀坤、王慧敏、李瑛、池明文任副主编。参与编写的老师还有郭洪兵、孟庆娟、张庆玲、张凯、刘素芬、方森辉等，非常感谢他们所做的工作和付出的努力。此外，本书得到了中国水利水电出版社的大力支持，在此深表感谢。

由于编者水平有限，加上网络发展日新月异、网络设备的生产厂商众多以及产品升级换代迅速，书中存在错误和不当之处在所难免，恳请读者批评指正。

编　者
2018 年 3 月

目　　录

第 1 章　计算机网络概论

在过去的三百年中，每一个世纪都有一种技术占据主要的地位。18 世纪伴随着工业革命而来的是伟大的机械时代；19 世纪是蒸汽机时代；20 世纪的关键技术是信息的获取、存储、传送、处理和利用；而在 21 世纪的今天人们则进入了一个网络时代——我们周围的信息在高速传递着。

计算机是 20 世纪人类最伟大的发明之一，它的产生标志着人类开始迈进一个崭新的信息社会，新的信息产业正以强劲的势头迅速崛起。为了提高信息社会的生产力，提供一种全社会的、经济的、快速的存取信息的手段是十分必要的，因而计算机网络应运而生，并且在我们的学习生活中起着举足轻重的作用，发展趋势更是可观。

1.1　计算机网络的产生和发展

计算机网络已经历了由单一网络向互联网发展的过程。1997 年，在美国拉斯维加斯的全球计算机技术博览会上，微软公司总裁比尔·盖茨先生发表了著名的演说。他在演说中强调"网络才是计算机"的精辟论点，充分体现出信息社会中计算机网络的重要基础地位。计算机网络技术的发展越来越成为当今世界高新技术发展的核心之一，但它也经历了曲折才发展至今。计算机网络的发展分为以下几个阶段。

1. 第一阶段——诞生阶段（计算机终端网络）

20 世纪 60 年代中期之前的第一代计算机网络是以单个计算机为中心的远程联机系统。典型应用是由一台计算机和全美范围内 2000 多个终端组成的飞机订票系统。终端是一台计算机的外部设备，包括显示器和键盘，无 CPU 和内存。随着远程终端的增多，在主机前增加了前端机（FEP）。当时，人们把计算机网络定义为"以传输信息为目的而连接起来，实现远程信息处理或进一步达到资源共享的系统"，但这样的通信系统已具备网络的雏形。早期的计算机为了提高资源利用率，采用批处理的工作方式。为适应终端与计算机的连接，出现了多重线路控制器。

2. 第二阶段——形成阶段（计算机通信网络）

20 世纪 60 年代中期至 70 年代的第二代计算机网络以多个主机通过通信线路互联起来为用户提供服务，其兴起于 60 年代后期，典型代表是美国国防部高级研究计划局协助开发的 ARPANET（网）。其主机之间不是直接用线路相连，而是由接口报文处理机（IMP）转接后互联的。IMP 和它们之间互联的通信线路一起负责主机间的通信任务，构成了通信子网。通信子网互联的主机负责运行程序，提供资源共享，组成资源子网。在这个时期，网络的概念为"以能够相互共享资源为目的互联起来的具有独立功能的计算机的集合体"，形成了计算机网络的基本概念。

ARPANET 是以通信子网为中心的典型代表。在 ARPANET 中，负责通信控制处理的 CCP 称为接口报文处理机 IMP（或称结点机），以存储转发方式传送分组的通信子网称为分组交换网。

3．第三阶段——互联互通阶段（开放式的标准化计算机网络）

20 世纪 70 年代末至 90 年代的第三代计算机网络是具有统一的网络体系结构并遵守国际标准的开放式和标准化的网络。ARPANET 兴起后，计算机网络发展迅猛，各大计算机公司相继推出自己的网络体系结构及实现这些结构的软硬件产品。由于没有统一的标准，不同厂商的产品之间互联很困难，人们迫切需要一种开放性的标准化实用网络环境，这样应运而生了两种国际通用的最重要的体系结构，即 TCP/IP 体系结构和国际标准化组织的 OSI 体系结构。

4．第四阶段——高速网络技术阶段（新一代计算机网络）

20 世纪 90 年代至今的第四代计算机网络，由于局域网技术发展成熟，出现了光纤及高速网络技术、多媒体网络、智能网络，整个网络就像一个对用户透明的大的计算机系统，发展为以 Internet（因特网）为代表的互联网。而其中 Internet 的发展也分三个阶段。

（1）从单一的 APRANET 发展为互联网

1969 年创建的第一个分组交换网 ARPANET 只是一个单个的分组交换网（不是互联网）。20 世纪 70 年代中期，ARPA 开始研究多种网络互联的技术，这导致互联网的出现。1983 年，ARPANET 被分解成两部分：一部分是实验研究用的科研网 ARPANET（人们常把 1983 年作为因特网的诞生之日），另一部分是军用的 MILNET。1990 年，ARPANET 正式宣布关闭，实验完成。

（2）建成三级结构的因特网

1986 年，NSF 建立了国家科学基金网 NSFNET。它是一个三级计算机网络，分为主干网、地区网和校园网。1991 年，美国政府决定将因特网的主干网转交给私人公司来经营，并开始对接入因特网的单位收费。1993 年因特网主干网的速率提高到 45Mb/s。

（3）建立多层次 ISP 结构的因特网

从 1993 年开始，由美国政府资助的 NSFNET 逐渐被若干个商用的因特网主干网（即服务提供者网络）所替代。用户通过因特网服务提供者 ISP 上网。从 1994 年开始创建了 4 个网络接入点 NAP（Network Access Point），分别由 4 家电信公司经营。从 1994 年起，因特网逐渐演变成多层次 ISP 结构的网络。1996 年，主干网速率为 155Mb/s（OC-3）。1998 年，主干网速率为 2.5Gb/s（OC-48）。2012 年，中国建设了世界先进的 100Gb/s 高速传输网，为下一代互联网及未来网络技术创新提供了必要的传输基础。

1.2　计算机网络的定义及功能

计算机网络是通信技术与计算机技术密切结合的产物。它最简单的定义是以实现远程通信为目的，一些互连的、独立自治的计算机的集合。"互连"是指各计算机之间通过有线或无线通信信道彼此交换信息。"独立自治"则强调它们之间没有明显的主从关系。1970 年，美国信息学会联合会对计算机网络作出如下定义：以相互共享资源（硬件、软件和数据）方式而连接起来，且各自具有独立功能的计算机系统的集合。此定义有三个含义：一是网络通信的目的是共享资源，二是网络中的计算机是分散且具有独立功能的，三是有一个全网性的网络操作系统。

随着计算机网络体系结构的标准化，计算机网络又被作了如下定义：计算机网络具有三个主要的组成部分，即①能向用户提供服务的若干主机；②由一些专用的通信处理机（即通信子网中的结点交换机）和连接这些结点的通信链路所组成的一个或数个通信子网；③为主机与主机、主机与通信子网或者通信子网中各个结点之间通信而建立的一系列协议。

计算机网络中的计算机之间或计算机与终端之间，可以快速可靠地相互传递数据、程序或文件。

计算机网络从物理结构的角度看可由网络硬件和网络软件两大部分组成。其中网络硬件主要由计算机系统、网络传输介质和网络连接设备组成，网络软件主要由网络系统软件、网络协议和网络应用软件组成。

1.3 计算机网络系统的组成

计算机网络系统是由网络硬件和网络软件组成的。在网络系统中，硬件的选择对网络起着决定性的作用，而软件则是挖掘网络潜力的工具。

计算机网络建立的主要目的是实现计算机资源的共享。计算机资源主要是指计算机硬件、软件与数据。互联的计算机是分布在不同的地理位置的多台独立的"自治计算机"。联网的计算机既可以为本地用户提供服务，也可以为远程用户提供网络服务。联网计算机之间遵循共同的网络协议。

构成计算机网络系统的要素：

- 计算机系统：工作站（终端设备或称客户机，通常是 PC）、网络服务器（通常都是高性能计算机）。
- 网络通信设备（网络交换设备、互连设备和传输设备）：网卡、网线、交换机、路由器等。
- 网络外部设备：打印机、硬盘等。
- 网络软件：网络操作系统（如 UNIX、NetWare、Windows 等），客户连接软件（包括基于 DOS、Windows、UNIX 操作系统的软件等），网络管理软件等。

1.4 网络连接设备

网络连接设备是把网络中的通信线路连接起来的各种设备的总称，这些设备包括中继器、交换机和路由器等。

1. 中继器

中继器是一种放大模拟信号或数字信号的网络连接设备，通常具有两个端口。它接收传输介质中的信号，将其复制、调整和放大后再发送出去，从而使信号能传输得更远，延长信号传输的距离。中继器不具备检查和纠正错误信号的功能，它只是转发信号。

中继器是位于第一层（OSI 参考模型的物理层）的网络设备。当数据离开源在网络上传送时，它是转换为能够沿着网络介质传输的电脉冲或光脉冲的，这些脉冲称为信号（signal）。当信号离开发送工作站时，信号是规则的而且容易辨认出来的。但是，当信号沿着网络介质进行传送时，随着线缆越来越长，信号也变得越来越弱、越来越差。中继器的目的是在比特级上对网络信号进行重生和定向，从而使得它们能够在网络上传得更远。

术语中继器（repeater）最初是指只有一个"入"端口和一个"出"端口的设备，现在有了多端口的中继器。因为中继器是 OSI 模型中的第一层设备，工作在比特级上，所以不查看其他信息。

2. 交换机

交换机又称交换式集线器，在网络中用于完成与它相连的线路之间的数据单元的交换，是一种基于 MAC（网卡的硬件地址）识别，完成封装、转发数据包功能的网络设备。在局域网中可以用交换机来代替集线器，其数据交换速度比集线器快得多。这是由于集线器不知道目标地址在何处，只能将数据发送到所有的端口。而交换机中会有一张地址表，通过查找表格中的目标地址，把数据直接发送到指定端口。

利用交换机连接的局域网叫交换式局域网。在用集线器连接的共享式局域网中，信息传输通道就好比一条没有划出车道的马路，车辆只能在无序的状态下行驶，当数据和用户数量超过一定的限量时，就会发生抢道、占道和交通堵塞的想象。交换式局域网则不同，它好比将上述马路划分为若干车道，保证每辆车能各行其道、互不干扰。交换机为每个用户提供专用的信息通道，除非两个源端口企图同时将信息发往同一个目的端口，否则各个源端口与各自的目的端口之间可同时进行通信而不发生冲突。

除了在工作方式上与集线器不同之外，交换机在连接方式、速度选择等方面与集线器基本相同。

3. 路由器

路由器是一种连接多个网络或网段的网络设备，它能将不同网络或网段之间的数据信息进行"翻译"，以使它们能够相互"读"懂对方的数据，实现不同网络或网段间的互联互通，从而构成一个更大的网络。目前，路由器已成为各种骨干网络内部之间、骨干网之间、一级骨干网和因特网之间连接的枢纽。校园网一般就是通过路由器连接到因特网上的。

路由器的工作方式与交换机不同，交换机利用物理地址（MAC 地址）来确定转发数据的目的地址，而路由器则是利用网络地址（IP 地址）来确定转发数据的地址。另外路由器具有数据处理、防火墙及网络管理等功能。

1.5 操作系统

操作系统的主要功能是实现资源管理、程序控制和人机交互等。计算机系统的资源可分为设备资源和信息资源两大类。设备资源指的是组成计算机的硬件设备，如中央处理器、主存储器、磁盘存储器、打印机、磁带存储器、显示器、键盘输入设备和鼠标等。信息资源指的是存放于计算机内的各种数据，如文件、程序库、知识库、系统软件和应用软件等。

操作系统位于底层硬件与用户之间，是两者沟通的桥梁。用户可以通过操作系统的用户界面输入命令，操作系统则对命令进行解释，驱动硬件设备以实现用户要求。以现代观点而言，一个标准个人计算机的操作系统（Operating System，OS）应该提供以下的功能：

- 进程管理（Processing Management）
- 内存管理（Memory Management）
- 文件系统（File System）
- 网络通信（Networking）
- 安全机制（Security）
- 用户界面（User Interface）
- 驱动程序（Device Drivers）

1. 资源管理

系统的设备资源和信息资源都是操作系统根据用户需求按一定的策略来进行分配和调度的。操作系统的存储管理负责把内存单元分配给需要内存的程序以便让它执行，并在程序执行结束后将它占用的内存单元收回以便再使用。对于提供虚拟存储的计算机系统，操作系统还要与硬件配合做好页面调度工作，根据执行程序的要求分配页面，在执行过程中将页面调入和调出内存以及回收页面等。

处理器管理也称处理器调度，是操作系统资源管理功能的另一个重要内容。在一个允许多道程序同时执行的系统里，操作系统会根据一定的策略将处理器交替地分配给系统内等待运行的程序。一道等待运行的程序只有在获得了处理器后才能运行。一道程序在运行中若遇到某个事件，例如启动外部设备而暂时不能继续运行下去，或一个外部事件的发生等，操作系统就要来处理相应的事件，然后将处理器重新分配。

操作系统的设备管理功能主要是分配和回收外部设备以及控制外部设备按用户程序的要求进行操作等。对于非存储型外部设备，如打印机、显示器等，它们可以直接作为一个设备分配给一个用户程序，在使用完毕后回收以便给另一个需求的用户使用。对于存储型外部设备，如磁盘、磁带等，则是提供存储空间给用户，用来存放文件和数据。存储性外部设备的管理与信息管理是密切结合的。

信息管理是操作系统的一个重要的功能，主要是向用户提供一个文件系统。一般来说，一个文件系统向用户提供创建文件、撤销文件、读写文件、打开和关闭文件等功能。有了文件系统后，用户可按文件名存取数据而无需知道这些数据存放在哪里。这种做法不仅便于用户使用，而且还有利于用户共享公共数据。此外，由于文件建立时允许创建者规定使用权限，因此可以保证数据的安全性。

2. 程序控制

一个用户程序的执行自始至终都是在操作系统的控制下进行的。一个用户将他要解决的问题用某一种程序设计语言编写一个程序后，就将该程序连同对它执行的要求输入到了计算机内，操作系统就根据要求控制这个用户程序的执行直到结束。操作系统控制用户的执行主要有以下一些内容：①调入相应的编译程序；②将用某种程序设计语言编写的源程序编译成计算机可执行的目标程序；③分配内存储等资源将程序调入内存并启动；④按用户指定的要求处理执行中出现的各种事件；⑤与操作员联系请示有关意外事件的处理。

3. 人机交互

操作系统的人机交互功能是决定计算机系统友善性的一个重要因素。人机交互功能主要靠可输入输出的外部设备和相应的软件来完成。可供人机交互使用的设备主要有键盘、显示器、鼠标、各种模式的识别设备等。与这些设备相应的软件就是操作系统提供人机交互功能的部分。人机交互部分的主要作用是控制有关设备的运行和理解并执行通过人机交互设备传来的有关的各种命令和要求。

4. 虚拟内存

虚拟内存是计算机系统内存管理的一种技术。它使得应用程序认为它拥有连续可用的内存（一个连续完整的地址空间），而实际上它通常是被分隔成多个物理内存碎片，还有部分暂时存储在外部磁盘存储器上，在需要时进行数据交换。

5. 用户接口

用户接口包括作业一级接口和程序一级接口。作业一级接口为了便于用户直接或间接地控制自己的作业而设置，它通常包括联机用户接口与脱机用户接口。程序一级接口是为用户程序在执行中访问系统资源而设置的，通常由一组系统调用组成。

在早期的单用户单任务操作系统（如 DOS）中，每台计算机只有一个用户，每次运行一个程序，且程序不是很大，单个程序完全可以存放在实际内存中，这时虚拟内存并没有太大的用处。但随着程序占用存储器容量的增大和多用户多任务操作系统的出现，在程序设计时，在程序所需要的存储量与计算机系统实际配备的主存储器的容量之间往往存在着矛盾。例如，在某些低档的计算机中，物理内存的容量较小，而某些程序却需要很大的内存才能运行；或在多用户多任务系统中，多个用户或多个任务更新全部主存，要求同时执行独断程序，这些同时运行的程序到底占用实际内存中的哪一部分，在编写程序时是无法确定的，必须等到程序运行时才动态分配。

6. 用户界面

用户界面（User Interface，简称 UI，亦称使用者界面）是系统和用户之间进行交互和信息交换的媒介，它实现信息的内部形式与人类可以接受形式之间的转换。

用户界面是介于用户与硬件之间、为用户与硬件彼此之间交互沟通而设计的相关软件，其目的是使得用户能够方便有效率地操作硬件以达成双向交互，完成希望借助硬件完成的工作。用户界面定义广泛，包含了人机交互与图形用户接口，凡参与人类与机械信息交流的领域都存在着用户界面。用户和系统之间一般用面向问题的受限自然语言进行交互。目前有系统开始利用多媒体技术开发新一代的用户界面。

7. UNIX

UNIX 是一个强大的多用户、多任务操作系统，支持多种处理器架构，按照操作系统的分类，属于分时操作系统。UNIX 最早由 Ken Thompson 和 Dennis Ritchie 于 1969 年在美国 AT&T 的贝尔实验室开发。

类 UNIX（UNIX-like）操作系统指各种传统的 UNIX 以及各种与传统 UNIX 类似的系统。它们虽然有的是自由软件，有的是商业软件，但都相当程度地继承了原始 UNIX 的特性，有许多相似处，并且都在一定程度上遵守 POSIX 规范。类 UNIX 系统可在非常多的处理器架构下运行，在服务器系统上有很高的使用率，例如大专院校或工程应用的工作站。

8. Linux

基于 Linux 的操作系统是于 1991 年推出的一个多用户、多任务的操作系统。它与 UNIX 完全兼容。Linux 最初是由芬兰赫尔辛基大学计算机系学生 Linus Torvalds 在基于 UNIX 的基础上开发的一个操作系统的内核程序，其设计是为了在 Intel 微处理器上更有效地运用。之后在理查德·斯托曼的建议下以 GNU 通用公共许可证发布，成为自由软件 UNIX 的变种。Linux 最大的特点在于它是一个源代码公开的自由的操作系统，即其内核源代码可以自由传播。

经历数年的披荆斩棘，自由开源的 Linux 系统逐渐蚕食以往专利软件的专业领域。例如以往计算机动画运算巨擘 SGI 的 IRIX 系统已被 Linux 家族及贝尔实验室研发小组设计的九号计划与 Inferno 系统取代，皆用于分散表达式环境。它们并不像其他 UNIX 系统，而是选择自带图形用户界面。九号计划原先并不普及，因为它刚推出时并非自由软件。Linux 有各类发行版，通常为 GNU/Linux，如 Debian（及其衍生系统 Ubuntu、Linux Mint）、Fedora、openSUSE 等。Linux 发行版作为个人计算机操作系统或服务器操作系统，在服务器上已成为主流的操作系统。

9. Mac OS X

Mac OS 是一套运行于苹果 Macintosh 系列计算机上的操作系统。Mac OS 是首个在商用领域成功的图形用户界面。Mac OS X 于 2001 年首次在商场上推出，它包含 Darwin 和 Aqua 两个主要的部分。其中 Darwin 是以 BSD 原始代码和 Mach 微核心为基础，类似 UNIX 的开放原始码环境。

10. Windows

Windows 是由微软公司成功开发的操作系统，它是一个多任务的操作系统，采用图形窗口界面，用户对计算机的各种复杂操作只需通过单击鼠标就可以实现。

Microsoft Windows 系列操作系统是在微软给 IBM 计算机设计的 MS-DOS 的基础上设计的图形操作系统。Windows 系统，如 Windows 2000、Windows XP，皆是创建于现代的 Windows NT 内核。Windows NT 内核是从 OS/2 和 OpenVMS 等系统上借用来的。Windows 可以在 32 位和 64 位的 Intel 处理器和 AMD 处理器上运行，但是早期的版本也可以在 DEC Alpha、MIPS 与 PowerPC 架构上运行。虽然由于人们对开放源代码作业系统兴趣的提升，Windows 的市场占有率有所下降，但是到 2004 年，Windows 操作系统在世界范围内占据了桌面操作系统 90%的市场。

Windows XP 在 2001 年 10 月 25 日发布，2004 年 8 月 24 日发布服务包，2008 年 4 月 21 日发布最新的服务包。

Windows Vista（开发代码为 Longhorn）于 2007 年 1 月 30 日发售，其增加了许多功能，尤其是系统的安全性和网络管理功能，并且其拥有界面华丽的 Aero Glass。但是整体而言，其在全球市场上的口碑却并不是很好。

Windows 8 在 2012 年 10 月正式推出，该系统有着独特的 metro 开始界面和触控式交互系统。2013 年 10 月 17 日晚上 7 点，Windows 8.1 在全球范围内通过 Windows 上的应用商店进行更新推送。

2014 年 1 月 22 日，微软在美国旧金山举行发布会，正式发布了 Windows 10 消费者预览版。

11. iOS

iOS 操作系统是由苹果公司开发的手持设备操作系统。iOS 与苹果的 Mac OS X 操作系统一样，也是以 Darwin 为基础的，因此同样属于类 UNIX 的商业操作系统。原本这个系统名为 iPhone OS，直到 2010 年 6 月 7 日 WWDC 大会上才宣布改名为 iOS。至 2011 年 11 月，根据 Canalys 的数据显示，iOS 已经占据了全球智能手机系统市场份额的 30%，在美国的市场占有率为 43%。

12. Android

Android 是一种以 Linux 为基础的开放源代码操作系统，主要使用于便携设备。Android 操作系统由 Andy Rubin 开发，最初主要支持手机。2005 年被 Google 收购注资，并组建开放手机联盟开发改良，逐渐扩展到平板电脑及其他领域上。2011 年第一季度，Android 在全球的市场份额首次超过塞班系统，跃居全球第一。2012 年 11 月数据显示，Android 占据全球智能手机操作系统市场 76%的份额，中国市场占有率为 90%。2016 年，Android 移动操作系统占据了智能手机操作系统市场 87.5%的份额。

1.6　网络协议

网络协议是计算机网络中进行数据交换而建立的规则、标准或约定的集合。例如，网络中一个微机用户和一个大型主机的操作员进行通信，由于这两个数据终端所用字符集不同，因此操作员所输入的命令彼此不认识。为了能进行通信，规定每个终端都要将各自字符集中的字符先变换为标准字符集的字符，才能进入网络传送，到达目的终端之后再变换为该终端字符集的字符。当然，对于不相容终端，除了须变换字符集字符外还须转换其他特性，如显示格式、行长、行数、屏幕滚动方式等也须作相应的变换。

常见的网络协议有 Microsoft 的 NetBEUI 协议、Novell 的 IPX/SPX 协议、TCP/IP 协议等。

网络协议由三个要素组成：

- 语义：解释控制信息每个部分的意义。语义规定了需要发出何种控制信息，完成什么动作与做出什么样的响应。
- 语法：用户数据与控制信息的结构与格式，以及数据出现的顺序。
- 时序：对事件发生顺序的详细说明，也可称为同步。

人们形象地把这三个要素描述为语义表示要做什么，语法表示要怎么做，时序表示做的顺序。

网络上的计算机之间又是如何交换信息的呢？就像我们说话用某种语言一样，在网络上的各台计算机之间也有一种语言，这就是网络协议，不同的计算机之间必须使用相同的网络协议才能进行通信。

网络协议是网络上所有设备（网络服务器、计算机及交换机、路由器、防火墙等）之间通信规则的集合，它规定了通信时信息必须采用的格式和这些格式的意义。大多数网络都采用分层的体系结构，每一层都建立在它的下层之上，向它的上一层提供一定的服务，而把如何实现这一服务的细节对上一层加以屏蔽。一台设备上的第 n 层与另一台设备上的第 n 层进行通信的规则就是第 n 层协议。在网络的各层中存在着许多协议，接收方和发送方同层的协议必须一致，否则一方将无法识别另一方发出的信息。网络协议使网络上各种设备能够相互交换信息。常见的协议有 TCP/IP 协议、IPX/SPX 协议、NetBEUI 协议等。具体选择哪一种协议则要看情况而定。Internet 上的计算机使用的是 TCP/IP 协议。

ARPANET 成功的主要原因是因为它使用了 TCP/IP 协议（Transmission Control Protocol/Internet Protocol，传输控制协议/互联网协议），它是 Internet 采用的一种标准网络协议，是由 ARPA 于 1977 年到 1979 年推出的一种网络体系结构和协议规范。随着 Internet 的发展，TCP/IP 协议也得到进一步的研究、开发和推广应用，成为 Internet 上的通用语言。

毫无疑问，TCP/IP 协议是这三大协议中最重要的一个。作为互联网的基础协议，没有它就根本不可能上网，任何和互联网有关的操作都离不开 TCP/IP 协议。不过 TCP/IP 协议也是这三大协议中配置起来最麻烦的一个，单机上网还好，若通过局域网访问互联网的话，就要详细设置 IP 地址、网关、子网掩码、DNS 服务器等参数。

尽管 TCP/IP 是目前最流行的网络协议，但其在局域网中的通信效率却并不高，使用它在浏览"网上邻居"中的计算机时，经常会出现不能正常浏览的现象。此时安装 NetBEUI 协议就会解决这个问题。

NetBEUI（NetBIOS Enhanced User Interface，NetBIOS 增强用户接口）是 NetBIOS 协议的增强版本，曾被许多操作系统采用，例如 Windows for Workgroup、Windows 9x 系列、Windows NT 等。NetBEUI 协议在许多情形下很有用，是 Windows 98 之前的操作系统的默认协议。NetBEUI 协议是一种短小精悍、通信效率高的广播型协议，安装后不需要进行设置，特别适合于在"网络邻居"传送数据。所以建议除了 TCP/IP 之外，小型局域网的计算机也可以安装 NetBEUI 协议。另外还有一点要注意，如果一台只装了 TCP/IP 协议的 Windows 98 计算机要想加入到 Windows NT 域，也必须安装 NetBEUI 协议。

IPX/SPX 协议本来就是 Novell 开发的专用于 NetWare 网络中的协议。IPX/SPX 协议在非局域网络中的用途似乎并不是很大。如果确定不在局域网中联机玩游戏，那么这个协议可有可无。

1.7　通信子网和资源子网

通信子网是计算机网络中负责数据通信的部分。资源子网是计算机网络中面向用户的部分，负责全网络面向应用的数据处理工作。而通信双方必须共同遵守的规则和约定就称为通信协议，它的存在与否是计算机网络与一般计算机互连系统的根本区别。所以从这一点上来说，我们应该更能明白计算机网络为什么是计算机技术和通信技术发展的产物了。

通信子网属于 OSI 模型的第三层，即网络层，其主要任务是通过路由算法为分组通过子网选择最合适的路径。

资源子网和通信子网都是网络的组成部分。一个说法是网络组成分为软件和硬件；另一个说法是按照逻辑，即网络中各部分实现功能的不同来划分的。通信子网是网络中负责完成数据传递的那一部分，而资源子网是网络中涉及数据处理的部分。通常通信子网不关心数据的内容。一般资源子网和通信子网是用于广域网的说法。

1.7.1　资源子网

从计算机网络各组成部件的功能来看，各部件主要完成两种功能，即网络通信和资源共享。把计算机网络中实现网络通信功能的设备及其软件的集合称为网络的通信子网，而把网络中实现资源共享功能的设备及其软件的集合称为资源子网。

在局域网中，资源子网主要由网络的服务器、工作站、共享的打印机和其他设备及相关软件所组成。资源子网的主体为网络资源设备，具体如下：

- 用户计算机（也称工作站）
- 网络存储系统
- 网络打印机
- 独立运行的网络数据设备
- 网络终端
- 服务器
- 网络上运行的各种软件资源
- 数据资源

1.7.2　通信子网

通信子网是指网络中实现网络通信功能的设备及其软件的集合。通信设备、网络通信协议、通信控制软件等属于通信子网，是网络的内层，负责信息的传输，主要为用户提供数据的传输、转接、加工、变换等。

通信子网的设计一般有如下两种方式：

- 点对点通道
- 广播通道

通信子网主要包括中继器、交换机、路由器、网关等硬件设备，网络拓扑图如图 1-1所示。

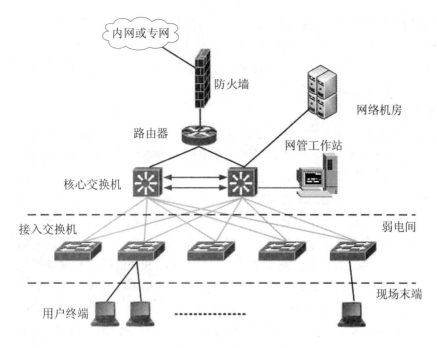

图 1-1　网络拓扑图

1.8　网络传输介质

网络传输介质是指在网络中传输信息的载体，常用的传输介质分为有线传输介质和无线传输介质两大类。

有线传输介质：指在两个通信设备之间实现的物理连接部分，它能将信号从一方传输到另一方。有线传输介质主要有双绞线、同轴电缆和光纤。双绞线和同轴电缆传输电信号，光纤传输光信号。

无线传输介质：指我们周围的自由空间。利用无线电波在自由空间的传播可以实现多种无线通信。在自由空间传输的电磁波根据频谱可将其分为无线电波、微波、红外线、激光等，信息被加载在电磁波上进行传输。

不同的传输介质，其特性也各不相同。它们不同的特性对网络中数据通信质量和通信速度有较大影响。

任何信息传输和共享都需要有传输介质，计算机网络也不例外。对于一般计算机网络用户来说，可能没有必要了解过多的细节，例如计算机之间依靠何种介质、以怎样的编码来传输信息等。但是，对于网络设计人员或网络开发者来说，了解网络底层的结构和工作原理则是必要的，因为他们必须掌握信息在不同介质中传输时的衰减速度和发生传输错误时如何去纠正这些错误。本节主要介绍计算机网络中用到的各种通信介质及其有关的通信特性。

当需要决定使用哪一种传输介质时，必须将连网需求与介质特性进行匹配。本节将介绍与所有数据传输方式有关的特性。通常说来，选择数据传输介质时必须考虑 5 种特性（根据重要性粗略地列举）：吞吐量和带宽、成本、尺寸和可扩展性、连接器以及抗噪性。当然，每种连网情况都是不同的，对一个机构至关重要的特性对另一个机构来说可能是无关重要的，你需要判断哪一方面对你的机构是最重要的。

1. 吞吐量和带宽

在选择一个传输介质时所要考虑的最重要的因素可能是吞吐量。吞吐量是在一给定时间段内介质能传输的数据量，它通常用每秒兆位（1000000 位）或 Mb/s 进行度量。吞吐量也被称为容量，每种传输介质的物理性质决定了它的潜在吞吐量。例如，物理规律限制了电沿着铜线传输的速度，也正如它们限制了能通过一根直径为 1 英寸（2.54 厘米）的胶皮管传输的水量一样，假如试图引导超过它处理能力的水量通过这种胶皮管，最后只能是溅你一身水或因胶皮管破裂而停止传输水。同样，如果试图将超过它处理能力的数据量沿着一根铜线传输，结果将是数据丢失或出错。与传输介质相关的噪声和设备能进一步限制吞吐量，充满噪声的电路将花费更多的时间补偿噪声，因而只有更少的资源可用于传输数据。带宽这个术语常常与吞吐量交换使用。严格地说，带宽是对一个介质能传输的最高频率和最低频率之间的差异进行的度量，频率通常用 Hz 表示，它的范围直接与吞吐量相关。带宽越高，吞吐量就越高。

2. 成本

不同种类的传输介质牵涉的成本是难以准确描述的。它们不仅与环境中现存的硬件有关，而且还与我们所处的场所有关。下面的变量都可能影响采用某种类型介质的最后成本。

1）安装成本。你能自己安装介质吗，或你必须雇佣承包商做这件事吗？你是否需要拆墙或修建新的管道和机柜？你是否需要从一个服务提供商处租借线路？

2）新的基础结构相对于复用已有基础结构的成本。你是否能使用已有的电线？

3）维护和支持成本。假如复用一个已有介质基础结构常常需要修理或改进，那么复用并不省任何钱。同时，假如使用了一种不熟悉的介质类型，可能需要花费更多钱雇佣一个技师维护它。你是否能自己维护介质，或你是否必须雇佣承包商维护它？

4）因低传输速率而影响生产效率所付出的代价。如果你通过复用已有的低速线路来省钱，你是否可能因为降低了生产率而遭受损失？换言之，你是否使你的员工在进行保存和打印报告或发送邮件时等待更长的时间？

5）更换过时介质的成本。你是否选择了要被逐渐淘汰或迅速替换的介质？你是否能发现某种价格合理的连接硬件与你几年前选择的介质相兼容。

3. 尺寸和可扩展性

有 3 种规格决定了网络介质的尺寸和可扩展性：每段最大结点数、最大段长度和最大网络长度。在进行布线时，这些规格中的每一个都是基于介质的物理特性的。每段最大结点数与衰减有关，即通过一给定距离信号损失的量有关。对一个网络段每增加一个设备都将略微增加信号的衰减。为了保证一个清晰的强信号，必须限制一个网络段中的结点数。

网络段的长度也应因衰减受到限制。在传输一定的距离之后，一个信号可能因损失得太多以至于无法被正确解释。在这种损失发生之前，网络上的中继器必须重发和放大信号。

一个信号能够传输并仍能被正确解释的最大距离即为最大段长度。若超过这个长度，更易于发生数据损失。类似于每段最大结点数，最大段长度也因不同介质类型而不同。在一种理想的环境中，网络可以在发送方和接收方之间实时传输数据，不论两者之间相隔多远。但是实际情况是一个信号从它的发送到它的最后接收之间存在一个延迟，每个网络都受这个延迟的支配。例如，当你在计算机上敲一个键将一个文件保存到网络上时，文件的数据在它到达服务器的硬盘时必须通过网络接口卡、网络中的一个交换机或路由器、更多的电缆以及服务器的网络接口卡。虽然电子传输迅速，它们仍然不得不经过传输这一过程。这个过程在你敲键的那一刻和服务器接收数据的那一刻之间必然存在一个短暂的延迟，这种延迟被称时延。如同存在一个连通设备，如一路由器，接入设备的转换时间将影响时延，所使用的电缆的长度也将影响时延。但是，仅仅当一个接收结点正期望接收某种类型的数据时，如它已开始接收的数据流的剩余部分，时延的影响将可能成为问题。假如该接收结点未能接收数据流的剩余部分，它将认为没有更多的数据输入，这将导致网络上的传输错误。同时，当连接多个网络段时，也将增加网络上的时延。为了限制时延并避免相关的错误，每种类型的介质都标定一个最大连接段数。

4. 连接器

连接器是连接线缆与网络设备的硬件。网络设备可以是一个文件服务器、工作站、交换机或打印机。每种网络介质都对应一种特定类型的连接器。所使用的连接器的种类将影响网络安装和维护的成本、网络增加段和结点的容易度，以及维护网络所需的专业技术知识。用于 UTP 电缆的连接器（看上去更像一个大的电话线连接器）在接入和替换时比用于同轴电缆的连接器的接入和替换要简单得多，UTP 电缆连接器同时也更廉价并可用于许多不同的介质设计。

5. 抗噪性

正如前面提到的，噪声能使数据信号变形。噪声影响一个信号的程度与传输介质有一定关系。某些类型的介质比其他介质更易于受噪声影响。无论是何种介质，都有两种类型的噪声会影响它们的数据传输：电磁干扰（EMI）和射频干扰（RFI）。EMI 和 RFI 都是从电子设备或传输电缆发出的波。发动机、电源、电视机、复印机、荧光灯以及其他的电源都能产生 EMI 和 RFI。RFI 也可由来自广播电台或电视塔的强广播信号产生。

对任何一种噪声，我们都能够采取措施限制它对网络的干扰。例如，可以远离强大的电磁源进行布线。如果环境仍然使网络易受影响，应选择一种能限制影响信号的噪声量的传输。电缆可以通过屏蔽、加厚或抗噪声算法等获得抗噪性。假如屏蔽的介质仍然不能避免干扰，可以使用金属管道或管线以抑制噪声并进一步保护电缆。

1.8.1　有线传输介质

有线传输介质通常按介质种类分为 3 种：同轴电缆、双绞线、光纤。

1. 同轴电缆（Coaxial Cable）

同轴电缆由 4 层介质组成：最内层的中心导体层是铜，导体层的外层是绝缘层，再向外一层是起屏蔽作用的 112 导体网，最外一层是表面的保护皮。同轴电缆所受的干扰较小，传输的速率较快（可达到 10Mb/s），但布线技术要求较高，成本较贵。

目前，网络连接中最常用的同轴电缆有细同轴电缆和粗同轴电缆两种。细同轴电缆主要用于 10Base-2 网络中，阻抗为 50 欧，直径为 0.18 英寸，速率为 Mb/s，使用 BNC 接头，最大传输距离为 200 米。粗同轴电缆主要用于 10Base-5 网络中，阻抗为 50 欧，直径为 0.4 英寸，速率为 10Mb/s，使用 AUI 接头，最大传输距离为 500 米。

2．双绞线（Twisted Pair）电缆

双绞线可分为非屏蔽双绞线（UTP）和屏蔽双绞线（STP）两种。

（1）非屏蔽双绞线

非屏蔽双绞线（Unshielded Twisted Pair Cable，UTP）内无金属膜保护四对双绞线（如图 1-2 所示），因此，对电磁干扰的敏感性较大，电气特性较差，常用于星型网络中，从交换机到工作站的最大连接距离为 100 米，传输速率为 100～1000Mb/s。

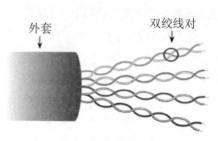

图 1-2　非屏蔽双绞线

非屏蔽双绞线是最常用的网络连接传输介质，它有 4 对绝缘塑料包皮的铜线，8 根铜线每两根互相绞扭在一起，形成线对。线缆绞扭在一起的目的是相互抵消彼此之间的电磁干扰。扭绞的密度沿着电缆循环变化，可以有效地消除线对之间的串扰。每米扭绞的次数需要精确地遵循规范设计，也就是说双绞线的生产加工需要非常精密。

UTP 电缆的 4 对双绞线中，有两对作为数据通信线，另外两对作为语音通信线。因此，在电话和计算机网络的综合布线中，一根 UTP 电缆可以同时提供一条计算机网络线路和两条电话通信线路。

UTP 电缆有许多优点。UTP 电缆直径小，容易弯曲，因此易于布放。价格便宜也是 UTP 电缆的重要优点之一。UTP 电缆的缺点是其对电磁辐射采用简单扭绞、靠互相抵消的处理方式。因此，在抗电磁辐射方面，UTP 电缆相对同轴电缆（电视电缆和早期的 50 欧姆网络电缆）处于下风。

曾经 UTP 电缆还有一个缺点是数据传输的速度上不去，但是现在不再这样了。事实上，UTP 电缆现在可以传输高达 1000Mb/s 的数据，是铜缆中传输速度最快的通信介质。

（2）屏蔽双绞线

屏蔽双绞线（Shielded Twisted Pair Cable，STP）结合了屏蔽、电磁抵消和线对扭绞的技术。同轴电缆和 UTP 电缆的优点，STP 电缆都具备。

在以太网中，STP 可以完全消除线对之间的电磁串扰。最外层的屏蔽层可以屏蔽来自电缆外的电磁干扰和射频干扰。

STP 电缆的缺点主要有两点，一个是价格贵，另外一个就是安装复杂。安装复杂是因为 STP 电缆的屏蔽层接地问题，电缆线对的屏蔽层和外屏蔽层都要在连接器处与连接器的屏蔽金属外壳可靠连接，交换设备、配线架也都需要良好接地。因此，STP 电缆不仅材料本身成本高，而且安装的成本也相应增加，如图 1-3 所示。

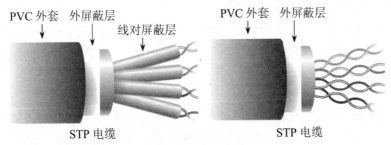

图 1-3 屏蔽双绞线

UTP 的接头是 RJ-45 接头。UTP 按用途不同分为 5 类。所有类别的 UTP 都能传送语音信号，但是它们的数据传送速率有所不同：

- 一类线和二类线处理数据传送速率可达 4Mb/s。
- 三类线的数据传送速率可达 16Mb/s，是最普通的语音和数据通信传输电缆。
- 四类线的数据传送速率可达 20Mb/s。
- 五类线的数据传送速率可达 100Mb/s。STP 内有一层金属膜作为保护层，可以减少信号传送时所产生的电磁干扰，价格相对比 UTP 贵，适用于令牌环网络中。
- 六类线的传输性能远远高于超五类标准，最适合传输速率高于 1Gb/s 的应用。

3. 光缆（Optical Fiber Cable）

光缆由外壳、加固纤维材料、塑料屏蔽、光纤和包层组成。由于光纤所负载的信号是由玻璃导线传导的光脉冲，所以不受外部电流的干扰。每组玻璃导线束只传送单方向的信号。因此在独立的外壳中有两组导线束，每一外壳都有一组有强度的加固纤维，并且在玻璃导线束周围有一层塑料加固层。特殊的接插件形成到光纤的光学纯净连接，并且提供了激光传送和光学接收。

光缆是高速、远距离数据传输的最重要的传输介质，多用于局域网的骨干线段、局域网的远程互连。在 UTP 电缆传输千兆位的高速数据还不成熟的时候，实际网络设计中工程师在千兆位的高速网段上完全依赖光缆。虽然现在已经有可靠的用 UTP 电缆传输千兆位高速数据的技术，但是由于 UTP 电缆的距离限制（100 米），骨干网仍然要使用光缆（局域网上常用的多模光纤的标准传输距离是 2 公里）。

光缆完全没有对外的电磁辐射，也不受任何外界电磁辐射的干扰。所以在周围电磁辐射严重的环境下（如工业环境中），以及需要防止数据被非接触监听的需求下，光纤是一种可靠的传输介质。

在使用光缆进行数据传输时，在发送端用光电转换器将电信号转换为光信号，并发射到光缆的光导纤维中传输。在接收端，光接收器在再将光信号还原成电信号。

光纤可分为单模光纤和多模光纤两种。

单模光纤：只用一种颜色（频率）的光传输信号，光束以直线方式前进，没有折射，光纤芯直径小于 10μm。通常采用激光作为光源。

多模光纤：同时传输着几种颜色（频率）的光，光束以波浪式向前传输，光纤芯直径大多在 50～100μm。通常采用发光二极管作为光源。

单模光纤的传输带宽比多模光纤要宽。

由于光纤在传输过程中不受干扰，光信号在传输很远的距离后不会降低强度，而且光缆的通信带宽很宽，因此光缆可以携带数据进行长距离高速传输。

1.8.2　无线传输介质

在计算机网络中，无线传输可以突破有线网的限制，利用空间电磁波实现站点之间的通信，为广大用户提供移动通信。最常用的无线传输介质有无线电波、微波和红外线。

可以在自由空间利用电磁波发送和接收信号进行通信的传输方式就是无线传输。地球上的大气层为大部分无线传输提供了物理通道，也就是常说的无线传输介质。无线传输所使用的频段很广，人们现在已经利用了好几个波段进行通信。紫外线和更高的波段目前还不能用于通信。

1．无线电波

无线电波是指在自由空间（包括空气和真空）传播的射频频段的电磁波。无线电技术是通过无线电波传播声音或其他信号的技术。

无线电技术的原理在于，导体中电流强弱的改变会产生无线电波。利用这一现象，通过调制可将信息加载于无线电波之上。当电波通过空间传播到达收信端时，电波引起的电磁场变化又会在导体中产生电流。通过解调将信息从变化的电流中提取出来，就达到了信息传递的目的。

2．微波

微波是指频率为 300MHz～300GHz 的电磁波，是无线电波中一个有限频带的简称，即波长在 1 米（不含 1 米）到 1 毫米之间的电磁波，是分米波、厘米波、毫米波的统称。微波频率比一般的无线电波频率高，通常也称为超高频电磁波。

3．红外线

红外线是太阳光线中众多不可见光线中的一种，又称为红外热辐射，由德国科学家霍胥尔于 1800 年发现，他将太阳光用三棱镜分解开，在各种不同颜色的色带位置上放置了温度计，试图测量各种颜色的光的加热效应。结果发现，位于红光外侧的那支温度计升温最快。因此得到结论：在太阳光谱中，红光的外侧必定存在看不见的光线，这就是红外线。红外线也可以当作传输之介质。太阳光谱中红外线的波长大于可见光线，波长为 0.75～1000μm。红外线可分为 3 部分：近红外线波长为 0.75～1.50μm，中红外线波长为 1.50～6.0μm，远红外线波长为 6.0～1000μm。

红外线通信有两个最突出的优点：

● 　不易被人发现和截获，保密性强。

● 　几乎不会受到电气、天电和人为干扰，抗干扰性强。

此外，红外线通信机体积小，重量轻，结构简单，价格低廉。但是它必须在直视距离内通信，且传播受天气的影响。在不能架设有线线路，而使用无线电又怕暴露自己的情况下，使用红外线通信是比较好的。

1.9 计算机网络的分类

可以从不同的角度对计算机网络进行分类。学习并理解计算机网络的分类，有助于我们更好地理解计算机网络。

1.9.1 根据覆盖的地理范围分类

按照计算机网络所覆盖的地理范围的大小进行分类，计算机网络可分为局域网、城域网和广域网。了解一个计算机网络所覆盖的地理范围的大小，可以使人们直观地了解该网络的规模和主要技术。

局域网（LAN）的覆盖范围一般在方圆几十米到几公里。典型的是一个办公室、一个办公楼、一个园区范围内的网络。

当网络的覆盖范围达到一个城市的大小时，被称为城域网。网络覆盖到多个城市甚至全球的时候，就属于广域网的范畴了。我国著名的公共广域网是 ChinaNet、ChinaPAC、China Frame、Chinned 等。大型企业、院校、政府机关通过租用公共广域网的线路，可以构成自己的广域网。

1.9.2 根据链路传输控制技术分类

链路传输控制技术是指如何分配网络传输线路和网络交换设备资源，以避免网络通信链路资源冲突，同时为所有网络终端和服务器进行数据传输。

典型的网络链路传输控制技术有总线争用技术、令牌技术、FDDI 技术、ATM 技术、帧中继技术和 ISDN 技术。对应上述技术的网络分别是以太网、令牌网、FDDI 网、ATM 网、帧中继网和 ISDN 网。

总线争用技术是以太网的标志。总线争用顾名思义，即需要使用网络通信的计算机需要抢占通信线路。如果争用线路失败，就需要等待下一次的争用，直到占得通信链路。这种技术的实现简单，介质使用效率非常高。进入本世纪以来，使用总线争用技术的以太网成为了计算机网络中占主导地位的网络。

令牌环网和 FDDI 网一度是以太网的挑战者。它们分配网络传输线路和网络交换设备资源的方法是在网络中下发一个令牌报文包，轮流交给网络中的计算机。需要通信的计算机只有得到令牌的时候才能发送数据。令牌环网和 FDDI 网的思路是需要通信的计算机轮流使用网络资源，避免冲突。但是，令牌技术相对以太网技术过于复杂，在千兆以太网出现后，令牌环网和 FDDI 网不再具有竞争力，淡出了网络技术。

ATM 是英文 Asynchronous Transfer Mode 的缩写，称为异步传输模式。ATM 采用光纤作为传输介质，传输以 53 个字节为单位的超小数据单元（称为信元）。ATM 网络的最大吸引力之一是具有特别的灵活性，用户只要通过 ATM 交换机建立交换虚电路，就可以提供突发性、宽频带传输的支持，适应包括多媒体在内的各种数据传输，传输速度高达 622Mb/s。

我国的 China Frame 是一个使用帧中继技术的公共广域网，是由帧中继交换机组成的、使用虚电路模式的网络。所谓虚电路，是指在通信之前需要在通信所途经的各个交换机中根据通信地址都建立起数据输入端口到转发端口之间的对应关系。这样，当带有报头的数据帧到达帧中继网的交换机时，交换机就可以按照报头中的地址正确地依虚电路的方向转发数据报了。帧中继网可以提供高速数据传输，由于其可靠的带宽保证和相对因特网的安全性，成为银行、大型企业和政府机关局域网互联的主要网络。

ISDN 是综合业务数据网的缩写，其建设的宗旨是在传统的电话线路上传输数字数据信号。ISDN 通过时分多路复用技术，可以在一条电话线上同时传输多路信号。ISDN 可以提供从 144Kb/s 到 30Mb/s 的传输带宽，但是由于其仍然属于电话技术的线路交换，租用价格较高，并没有成为计算机网络的主要通信网络。

1.9.3 根据网络拓扑结构分类

网络拓扑结构分为物理拓扑和逻辑拓扑。物理拓扑结构描述网络中由网络终端、网络设备组成的网络结点之间的几何关系，反映出网络设备之间以及网络终端是如何连接的。

网络按照拓扑结构划分有总线型拓扑结构、环型拓扑结构、星型拓扑结构、树型拓扑结构和网状拓扑结构，如图 1-4 所示。

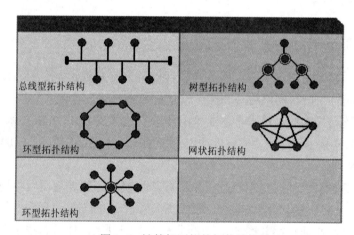

图 1-4 计算机网络的拓扑结构

1. 总线型拓扑结构

在总线型拓扑结构中，使用总线作为传输介质，所有网络结点都通过接口串接在总线上。每个结点所发的信息都通过总线来传输，并被总线上的所有结点接收。但是在同一个时刻只能有一个结点向总线发出信息，不允许有两个或两个以上的结点同时使用总线，一个网段内的所有结点共享总线资源。可见，总线的带宽成为网络的瓶颈，网络的性能和效率随着网络负载的增加而急剧下降。

总线型网络结构简单、易于安装且价格低廉，是最常用的局域网拓扑结构之一。总线型网络的主要缺点如下：如果总线断开，网络就不通，如果发生故障，则需要检测总线在各结点处的连接，不易管理；并且由于总线上信号的衰减程度较大，总线的长度受限制，网络的覆盖范围受限制。

采用总线型拓扑结构的最常见网络有 10Base-2 以太网和 10Base-5 以太网等。

2. 环型拓扑结构

环型拓扑结构是将网络中的各结点用公共缆线连接起来形成一个闭合的环路，信息在环中以固定的方向传输。

在环型网络中，一般是通过令牌来传输数据的。令牌依次通过环路上的每个结点，只有获得令牌的结点才能发送数据。当一结点获得令牌后，将数据信息加入到令牌中并继续向前发送。带有数据的令牌依次通过每个结点，直到令牌中的目的地址与某个结点的地址相同，该结点就接收数据信息并返回一个信息表示数据已被接收。本次信息回到发送站，经验证后，原发送结点就创建一个新令牌并将其发送到环路上。

环型网络中信息流的控制比较简单，由于信息在环路中单向流动，故路径控制非常简单，所有结点都有相同的访问能力，故在重载时网络性能不会急剧下降，稳定性好。

环型网络的主要缺点是环中任一结点发生故障都会导致网络瘫痪，因而网络的扩展和维护都不方便。

采用环型拓扑结构的网络有令牌环网（Token Ring）、FDDI（光纤分布式数据接口）网络和 CDDI（铜线电缆分布式数据接口）网络。

3. 星型拓扑结构

星型拓扑结构是通过一中央结点（如集线器）连接其他结点而构成的网络。集线器是网络的中央设备，各计算机都需通过集线器与其他计算机进行通信。在星型网络中，中央结点的负荷最重，是整个网络的瓶颈，一旦中央结点发生故障，则整个网络就会瘫痪，星型拓扑属于集中控制式网络。

星型拓扑便于管理、结构简单、扩展网络容易，增删结点不影响网络的其余部分，更改容易，也易于检测和隔离故障。

应注意物理布局与内部控制逻辑的区别。有的网络用集线器连接组成的拓扑结构，在物理布局上是星型的，但在逻辑上仍是原来的内部控制结构。例如，原来是总线以太网，尽管使用了集线器形成星型布局，但在逻辑上网络控制结构仍是总线网络。

4. 树型拓扑结构

树型拓扑结构是从总线拓扑演变过来的，形状像一棵树，它有一个带分支的根，每个分支还可延伸出子分支。它通常采用同轴电缆作为传输介质，且使用宽带传输技术。树型拓扑结构采用了层次化的结构，具有一个根结点和多层分支结点。其中除了叶结点以外，根结点和所有分支结点都是转发结点，信息的交换主要在上下结点之间进行，相邻结点之间一般不进行数据交换或数据交换量很小。树型拓扑属于集中控制式网络，适用于分级管理及控制型网络。

5. 网状拓扑结构

容错能力最强的是网状拓扑结构。网络上的每个结点与其他结点之间有 3 条以上的直接线路连接，结点之间的连接是任意的、无规律的。网状拓扑的优点是系统可靠性高，如果有一条链路发生故障，网络的其他部分仍可正常运行；缺点是结构复杂，建设费用高、布线困难。通常网状拓扑用于大型网络系统和公共通信骨干网。

1.10　实训项目

项目一：双绞线的制作。

1. 实训目的

通过 RJ-45 水晶头制作网络连接线，进一步理解 EIA/TIA-568-B（简称 T568B）标准；熟练掌握网络连接线的制作方法。

2. 实训要求

实训环境：RJ-45 水晶头 2 个、双绞线 1.2 米、RJ-45 压线钳若干把、测试仪 1 套。

实训重点：按推荐的 T568B 规范标准制作；摸索并掌握双绞线理序和整理的要领，尽可能总结出技巧；用测试仪测试导通情况并记录，完成实验报告，总结经验。

3. 实训基础知识

（1）EIA/TIA-568-B 标准

EIA/TIA-568-B 标准中双绞线的排列顺序为白橙、橙、白绿、蓝、白蓝、绿、白棕、棕。依次插入 RJ-45 头的 1～8 号线槽中，如图 1-5 所示。

图 1-5　T568B 线序排列

如果双绞线的两端均采用同一标准（如 T568B），则称这根双绞线为直连线式。这是一种用得最多的连接方式，能用于异种网络设备间的连接，如计算机与集线器的连接、集线器与路由器的连接。通常平接双绞线的两端均采用 T568B 连接标准。

如果双绞线的两端采用不同的连接标准（如一端用 T568A，另一端用 T568B），则称这根双绞线为跨接线式或交叉线式，能用于同种类型设备连接，如计算机与计算机的直连、集线器与集线器的级连。如果有些集线器（或交换机）本身带有级连端口，当用某一集线器的普通端口与另一集线器的级连端口相连时，因级连端口内部已经做了跳接处理，这时只能用直连线式双绞线来完成其连接。

值得注意的是，同一局域网内部，连接到各工作站的双绞线应使用同一规范标准制作（T568A 或 T568B，推荐使用 T568B 标准），否则可能导致局域网工作不正常。

（2）双绞线理序和整理技巧

双绞线的 4 对 8 根导线是有序排列的，对于 100Mb/s 及以上的网络传输速率，每一根线都有定义（即各有分工）。8 种颜色的线如何实现快速排序并对应到 RJ-45 水晶头的导线槽内？总结出技巧如下：

第一步：将 4 对双绞线初排序，如果以深颜色的 4 根线为参照对象，在手中从左到右可排成橙、蓝、绿、棕。

第二步：拧开每一股双绞线，浅色线排在左，深色线排在右，深色线和浅色线交叉排列。

第三步：跳线。将白兰和白绿两根线对调位置，对照 T568B 标准，发现线序已是白橙、橙、白绿、蓝、白蓝、绿、白棕、棕。

第四步：理直排齐。将 8 根线并拢，再上下左右抖动，使 8 根线整齐排列，前后（正对操作者）都构成一个平面，最外两根线位置平行。

第五步：剪齐。用夹线钳将导线多余部分剪掉，切口应与外侧线相垂直，与双绞线外套间留有 1.2cm～1.5cm 的长度，注意不要留太长（外套可能压不到水晶头内，造成线压不紧，容易松动，导致网线接触故障），也不能过短（8 根线头不易全送到槽位，导致铜片与线不能可靠连接，使得 RJ-45 水晶头制作达不到要求或制作失败）。

第六步：送线。将 8 根线头送入槽内，送入后，从水晶头头部看，应能看到 8 根铜线头整齐到头。

第七步：压线。检查线序及送线的质量后，就可以完成最后一道压线工序。压线时，应注意先缓用力，再用力压，切不可用力过猛，否则容易导致铜片变形，不能刺破导线绝缘层而与线芯可靠连接。

第八步：测试。压好线后，就可以用测线仪检测导通状况了。

4．实训步骤

第一步：认识 RJ-45 连接器、网卡（RJ-45 接口）和非屏蔽双绞线。

RJ-45 连接器，俗称水晶头，用于连接 UTP。其共有 8 个引脚，一般只使用第 1、2、3、6 号引脚，各引脚的用途与网卡不相同。各引脚的意义如下：引脚 1 为接收（Rx+），引脚 2 为接收（Rx-），引脚 3 为发送（Tx+），引脚 6 为发送（Tx-）。

网卡上的 RJ-45 接口也有 8 个引脚，一般也只使用第 1、2、3、6 号引脚，其余的没有使用，各引脚的定义如下：引脚 1 为发送（Tx+），引脚 2 为发送（Tx-），引脚 3 为接收（Rx+），引脚 6 为接收（Rx-）。图 1-6 所示为直连线的线序，图 1-7 所示为交叉线的线序。

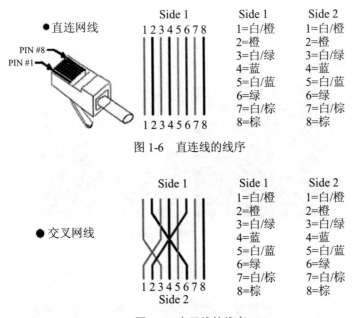

图 1-6　直连线的线序

图 1-7　交叉线的线序

第二步：用 RJ-45 专用剥线/压线钳接驳水晶头，如图 1-8 所示。

图 1-8　RJ-45 专用剥线/压线钳

第三步：当网线两头接好后，用网线测试仪或万用表来测试线路是否通畅。

第四步：用剥线钳将双绞线外皮剥去，剥线的长度为 13mm～15mm，不宜太长或太短。

第五步：用剥线钳将线芯剪齐，保留线芯长度约为 1.5cm。

第六步：水晶头的平面朝上，将线芯插入水晶头的线槽中，8 根细线应都顶到水晶头的顶部（从顶部能够看到 8 种颜色），同时应当将外包皮也置入 RJ-45 接头之内，最后用压线钳将接头压紧，并确定无松动现象，如图 1-9 所示。

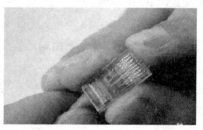

图 1-9　线芯插入水晶头

第七步：将另一个水晶头以同样方式制作到双绞线的另一端。

第八步：用网线测试仪测试水晶头上的每一路线是否连通。发射器和接收器两端的灯同时亮时为正常，如图 1-10 所示。

图 1-10　用网线测试仪测试

项目二：拓展训练。

1. 将 4 对双绞线初排序时，也可以选择浅色的 4 根线作为参照对象，拧开每一股双绞线时，8 根线也均要求浅色线排在左、深色线排在右，请问需将哪根线进行跳线，才能满足 T568B 规范标准要求的线序？

2．制作的双绞线可以连接上网，最低要求哪几号线必须确保畅通？网速有何局限？

3．试用本实验中介绍的双绞线理序和整理技巧，总结按 T568A 标准制作网线时的操作技巧。T568A 与 T568B 标准区别究竟在何处？

4．网卡的指示灯各代表什么含义？

5．不同类型的网卡的网络传输速率有什么不同？

6．交换机的指示灯各代表什么含义？

第 2 章　网络数据通信基础

计算机网络技术是通信技术与计算机技术相结合的产物。计算机网络是按照网络协议，将地球上分散的、独立的计算机相互连接的集合。连接介质可以是电缆、双绞线、光纤、微波、载波或通信卫星。计算机网络具有共享硬件、软件和数据资源的功能，具有对共享数据资源集中处理及管理和维护的能力。

网络通信的范围甚广，主要包括数据通信、网络连接以及协议三个方面的内容。

数据通信的任务是如何以可靠高效的手段来传输信号。涉及的内容包括信号传输、传输介质、信号编码、接口、数据链路控制以及复用。

网络连接讲的是用于连接各种通信设备的技术及其体系结构。对通信协议的讨论包括对协议体系结构的论述以及对体系结构中不同层次上各种不同协议的具体分析。

在 20 世纪 70 年代和 80 年代，计算机科学逐渐与数据通信技术融合，令目前已经合并的计算机－通信产业在技术、产品和公司等各方面都发生了巨大变化。计算机通信革命带来以下这些重要事实：数据处理设备（计算机）和数据通信设备（交换传输设备）之间不再有本质上的区别，数据通信、语音通信和视频通信之间也不存在本质上的区别，单处理器计算机、多处理器计算机、局域网、城域网和远距离网络之间的区别也日趋模糊。这些趋势导致了计算机产业与通信产业的日趋融合，从元器件制造到系统集成皆是如此。另一影响是发展了能够传输和处理各种类型数据和信息的集成系统。不论是技术本身还是制定技术标准的组织，都被迫向能够完成各种通信的单一的公用网络系统发展，通过这种网络能够简单且统一地访问到全世界的信息源和各种信息。

计算机网络技术实现了资源共享。人们可以在办公室、家里或其他任何地方访问查询网上的任何资源，极大地提高了工作效率，促进了办公自动化、工厂自动化、家庭自动化的发展。

21 世纪已进入计算机网络时代，计算机网络极大地普及，计算机应用已进入更高层次，计算机网络成了计算机行业的一部分。新一代的计算机已将网络接口集成到主板上，网络功能已嵌入到操作系统之中，智能大楼的兴建已经和计算机网络布线同时、同地、同方案施工。通信和计算机技术紧密结合和同步发展使我国计算机网络技术飞跃发展。

2.1　基本概念

数据通信讨论的是从一个设备到另一个设备传输信息。协议定义了通信的规则，以便发送者和接收者能够协调他们的活动。在物理层上，信息被转换成可以通过有线介质（铜线或光缆）或无线介质（无线电或红外线传输）传输的信号。高层协议则定义了传输信息的封装、流控制和在传输中被丢失或破坏信息的恢复技术。

2.1.1　信息和数据

通信（Communication）的目的就是交换信息（Information）。这里所说的信息就是人们对现实世界事物存在方式或运动状态的某种认识。信息的表示形式多种多样，可以是数值、文字、图形、声音、图像或动画等，这些信息的表现形式通常被称为数据（Data）。所以数据可以定义为把事物的某些属性规范化后的表现形式，它能被识别，也可以被描述。例如十进制数、二进制数、字符、图像等。

数据的概念包括两个方面：其一，数据内容是事物特性的反映或描述；其二，数据以某种介质作为载体，即数据是存储在介质上的。显然，数据和信息的概念是相对应的，甚至有时可以将两者等同起来。

数据可以分为模拟数据和数字数据两种。模拟数据取连续值，如表示声音、图像、电压、电流等数据。数字数据取离散值，如自然数、字符文本的取值都是离散的。

2.1.2　信号

信号是数据的具体物理表现，具有确定的物理描述，例如电压、磁场强度等。信号可以是模拟的，也可以是数字的。

（1）模拟信号是在一定的数值范围内可以连续取值的信号，是一种连续变化的电信号，如声音信号是一个连续变化的物理量，这种电信号可以按照不同频率在各种不同的介质上传输。模拟信号的特点是直观、容易实现，但保密性和抗干扰能力差。

（2）数字信号是一种离散的脉冲序列，它取几个不连续的物理状态来代表数字，最简单的离散数字是二进制数字 0 和 1，它们分别由信号的两个物理状态（如低电平和高电平）来表示。利用数字信号传输的数据，在受到一定限度内的干扰后是可以被恢复的。

模拟信号和数字信号的波形图如图 2-1 所示。

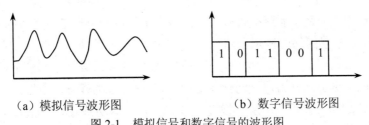

（a）模拟信号波形图　　　　　　（b）数字信号波形图

图 2-1　模拟信号和数字信号的波形图

和信号的这种分类相似，信道也可以分成传送模拟信号的模拟信道和传送数字信号的数字信道两大类。数字信号在经过数模转换后就可以在模拟信道上传送，模拟信号在经过模数转换后也可以在数字信道上传送。

2.1.3　数据通信基本模型

人类在长期的社会活动中需要不断地交往和传递信息。这种传递信息的过程就叫做通信。随着科学技术的不断发展，人们传递信息的手段也在不断进步，从本质上说，无论是电话、电报、图像、计算机还是短波与移动通信等，都可以抽象地概括为图 2-2 所示的一般通信系统模型。下面就此通信系统模型中的各个组成部分及其功能予以简单介绍。

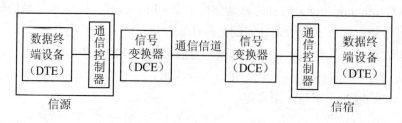

图 2-2   一般通信系统模型

1. 信源和信宿

信源就是信息的发送端，是发出待传送信息的人或设备。信宿也就是信息的接收端，是接收传送信息的人或设备。

2. 信道

信道是传送信号的道路，由传输介质及相应的附属设备组成。

3. 数据终端设备（DTE）

在系统中，用于接收和发送数据的设备称为数据终端设备（DTE），可以是计算机，也可以是接收数据的打印机。

4. 数据通信设备（DCE）

用来连接 DTE 与数据通信网络的设备称为数据通信设备（DCE），可以是 Modem（调制解调器），也可以是简单的线路驱动器。

2.1.4   通信协议

可以将通信协议比喻成外交大使馆中使用的外交协议。各种级别的外交官们负责处理不同类型的协议。他们与其他大使馆同等级别的外交官进行联系。同样，通信协议也有一个分层的体系结构。当两个系统交换数据时，每层中协议互相通信以处理通信的各个方面。图 2-3 所示是一个分层网络结构示意图。

ISO（国际标准化组织）于 1979 年开发了 OSI（开放系统互联）参考模型。该模型采用分层结构，把网络协议分为 7 个层次，由下向上依次是物理层、数据链路层、网络层、传输层、会话层、表示层和应用层。模型中规定了各层的功能及其与相邻层的接口。按照开放系统互联参考模型设计和组建的网络是彼此开放和可以互联的，从而可以保证世界各地的网络连为一体。尽管 OSI 模型从未成为流行的标准，但是它仍用于描述协议分层。

通信系统由传输介质和它所连接的设备组成。介质可以是有向的或无向的。其中有向介质是指金属电缆或光缆，而无向介质是指无线传输。

涉及数据传输的设备可以是发送器、接收器或兼有这两种功能的设备。如果一个系统只进行传输而另一个系统只进行接收，则该链路称为单工。如果两个设备都可以发送和接收，但是一段时间内只能有一个设备进行，则这种链路称为半双工。全双工链路则允许两个系统同时进行发送和接收。

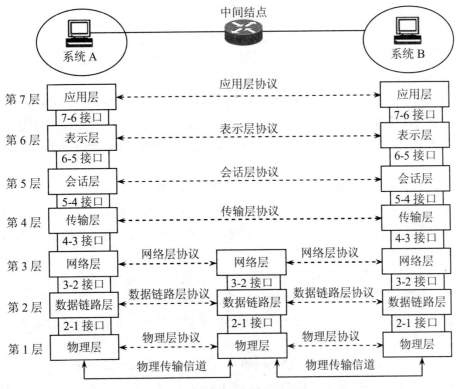

图 2-3　分层网络结构示意图

网络通信可以采取一对一传输、一对多传输或多对多传输的形式。连接两个设备的通信系统称为点对点系统。而共享系统则连接可以在同一媒体上进行传输的很多设备（但一段时间内只有一个设备能进行传输）。

多路复用指通过单个链路发送多个传输的技术。通过多路复用技术，多个终端能共享一条高速信道，从而达到节省信道资源的目的。在 TDM（时分多路复用）系统中，每个信道由时隙流中的周期时隙定义。在 FDM（频分多路复用）系统中，每一个信道占用一个特定的频率。在数据分组交换和信元交换系统中，各个数据分组或信元在网络中穿行，与汽车在高速公路上行驶类似。

设备使用适配器（产生用于通过某些媒体传输数据的信号）被连接到传输介质中。模拟通信系统传输的是幅值和频率随时间连续变化的模拟信号。这些正弦波信号频率的度量单位是每秒的周期数，或 Hz（赫兹）。而数字通信系统则使用离散的高和低的电压值来表示数据信号。

带宽表示通信信道的信息传送能力。信道可以是模拟或数字的。对于数字系统，容量这个术语指它的信息传送能力，通常以信道的数据传输速率或线速表示。吞吐量是与系统规定性能相对立的系统实测性能。吞吐量考虑了由阻塞、硬件低效和传输距离而导致的延迟。

随着因特网的日益普及，网络用户访问因特网的需求在不断增加，一些企业也需要对外提供诸如 WWW 页面浏览、FTP 文件传输、DNS 域名解析等服务，这些因素会导致网络流量的急剧增加，而流量管理作为内外网之间的数据通道，如果吞吐量太小，就会成为网络瓶颈，给整个网络的传输效率带来负面影响。

并不是所有的传输都是稳定的字符流。由很多开始和停止组成的传输是异步传输。异步传输将比特分成小组进行传送，小组可以是 8 位的 1 个字符或更长。发送方可以在任何时刻发送这些比特组，而接收方从不知道它们会在什么时候到达。

假设回到 20 世纪 60 年代，用户坐在连接到大型计算机的终端前，当键入时，每个字符通过异步链路传输到计算机中。如果您暂停输入，计算机就暂停传输。这是因为系统是以异步方式操作的，接收器不能收到稳定的比特流。它将在任意时间等待进一步的传输并在传输停止时不能以为链路已经被中断。

与异步传输相反，同步传输是以一个长的比特串为特征，其中比特串中的每个字符都用定时信号分隔。同步传输时，为使接收方能判定数据块的开始和结束，还须在每个数据块的开始处和结束处各加一个帧头和一个帧尾，加有帧头、帧尾的数据称为一帧（Fram）。帧头和帧尾的特性取决于数据块是面向字符的还是面向位的。

这两种传输类型都普遍用于通过电话线路或其他信道连接的计算机系统。选择这两种类型的哪一种取决于装置的不同。实际上，为用户提供异步操作的调制解调器可以转换为扩展传输的同步模式。同步传输技术适用于连续的数据传输，而异步传输技术更适用于个人用户会话。

串行接口，简称串口，也就是 COM 接口，是采用串行通信协议的扩展接口。串口的出现是在 1980 年前后，数据传输率是 115kb/s～230kb/s。串口一般用来连接鼠标、外置 Modem、老式摄像头和写字板等设备，目前部分新主板已开始取消该接口。

需要标准接口将通信设备（如调制解调器）连接到计算机上。最常见的用于调制解调器的接口是最初称为 RS-232 的 EIA-232 标准。在这种标准中，计算机或其他类似的设备称为 DTE（数据终端设备），而类似于调制解调器的设备称为 DCE（数据通信设备）。接口连接器具有与其相对应的连接器相连的多条导线。每个引脚代表一个数据传输的信道或发送的特定控制信号。例如，有一个请求要发送到线路上，DTE 用它给出想进行发送的信号，DCE 向线路发送清除信号以表示它已经准备好接收。

有很多传输介质，包括铜线电缆、光缆和无线系统。介质受衰减（信号远距离传输损耗）、失真、背景噪声和其他因素的影响。通信系统的设计者在设计网络系统（如以太网、令牌环网、FDDI 网）和其他系统时要考虑所有这些因素。因此，网络必须在它们的规范内建立以避免这些问题。

在不可能使用导线线路的情况下，计算机数据可以通过 RP（无线电频率）或光线（通常是红外线）进行传输。这些传输发生在一个单独的房间或跨越城镇的发送器和接收器之间。在需要设置跨越道路、河流和物理空间（通常是指不能敷设电缆的地方）的链路时，无线网络为校园和商业园区环境提供了唯一的解决方案。地面微波系统可在建筑物和塔顶端看到。光网络和卫星通信系统提供了其他解决方案。

数据链路层位于 OSI 协议栈中紧靠硬件（物理）层的上层。该层中的协议管理连接的系统之间的位流。来自上层的数据分组被封装为帧并通过数据链路发送出去，其中还使用了流控制和纠错技术。数据链路层处理点对点或点对多点链路。在 OSI 协议栈中，较高的网络层负责处理通过多个路由器连接数据链路的连接。

成帧技术是一种用来在一个比特流内分配或标记信道的技术，为电信提供选择基本的时隙结构和管理方式、错误隔离和分段传输协议的手段。

成帧对于经过物理媒体传输的数据位提供了控制方法。它提供了错误控制并可以根据服务的类型提供数据重传服务。比特块与帧头封装成帧且附加了检查和，以便可以检查出被破坏的帧。如果一个帧被破坏或丢失，则只需重新发送这个帧而无需重发整个数据组。

帧具有特定的结构，根据使用的数据链路的不同而不同。高级数据链路控制（HDLC）的帧结构如图 2-4 所示。请注意"信息"字段是放入数据的位置，它的长度可变。"信息"字段可以放入一个整个的信息包。"标志"字段代表帧的起始，"地址"字段装有目地地址，"控制"字段描述信息字段装有的是数据、命令，还是响应，FCS 字段包含检错编码。

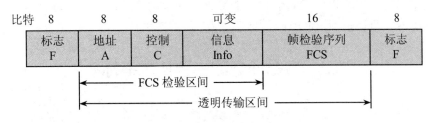

图 2-4　HDLC 的帧结构

差错控制方式基本上分为两类：一类称为反馈纠错，另一类称为前向纠错。在这两类基础上又派生出混合纠错。对于不同类型的信道，应采用不同的差错控制技术，否则就将事倍功半。反馈纠错可用于双向数据通信，前向纠错则用于单向数字信号的传输，例如广播数字电视系统，因为这种系统没有反馈通道。

数据链路层还负责差错检测和控制。一种差错控制的方法是检测差错，然后请求重传。另一种方法是接收器检测出一个差错，然后重建帧。后一种方法需要随帧发送足够的附加信息，以便在检测出差错后接收器可以重建帧，当不可能重传（如将信息传输到航天探测器）时使用该方法。

在数据链路层中执行差错恢复任务通常是效率很低的，因此很多网络实施依靠上层协议完成该任务。在大多数情况下，数据链路层用于尽可能快速并有效地传递数据，而不执行大量的数据恢复任务。上层协议则提供了恢复服务。

流量控制是在计算机之间和网络结点之间控制数据流量以达到数据同步的目的。在设备能够处理前，过多的数据到达会引起数据的抛弃或数据重发。对于串行数据传输，采用 XON/XOFF 协议进行控制。在网络中，流量控制也参与加入新设备，当流量大时不能加入新设备。

可以将数据传输想象为流经管道并在接收端注满水桶的水流。接收者从水桶取水，但需要一些方法减少水流以使水桶不会溢出。在这个比喻中，水桶代表接收器使用的数据缓冲区，该缓冲区保存输入的必须被处理的数据。一些网络接口卡（NIC，亦称网络适配器或网卡）上的缓冲区大得足以装下整个输入的传输。如果缓冲区溢出，则帧通常被丢掉，因此接收器使用一些方法告诉发送器降低发送帧的速度或停止发送将会很有用。

共享 LAN 的网络接入和逻辑链路控制接入方法对于由多个设备共享的网络是必需的。因为一段时间内只有一个设备可以在网络上进行传输，所以需要一种媒体接入控制方法来提供仲裁。

在由 IEEE 定义的局域网络环境中，媒体接入协议位于称为 MAC（媒体接入控制）子层的数据链路层子层。MAC 子层位于 LLC 子层的下方，LLC 子层对于任意在其下方安装的 MAC 驱动程序都提供了数据链路。

MAC 子层支持各种不同的网络类型，其中每种类型都有一种仲裁网络接入的特定方法。

载波监听方法，即发送站点在发送帧之前先要监听信道上是否有其他站点发送的载波信号，若无其他载波则可以发送信号，否则推迟发送帧。使用该技术，设备监听网络传输，并等待直到线路空闲出来以传输它们自己的数据。如果两个站试图同时进行传输，则两个站都退出并等待一段长短不定的时间，然后重发。

2.2   数据通信的主要技术指标

不同的通信系统有不同的性能指标，就数据通信系统而言，其性能指标主要有传输速率、信道带宽和信道容量、频带利用率、误码率和信道延迟等。

2.2.1   传输速率

为了衡量数据在传输时速度的高低，实际中采用两种不同的单位来度量，分别为比特率和波特率。

1. 比特率

比特率又称信息传输速率或信息速率，它反映了一个数据传输系统每秒所传输的二进制代码的位（比特）数，用 Rb 表示，单位为比特/秒，记为 bit/s 或 b/s。比特在信息论中作为信息量的度量单位，一般在数据通信中，如使用 1 和 0 的概率是相同的，则每个 1 和 0 就是 1 个比特的信息量。如果一个数据通信系统每秒传输 9600 位，则它的传信率为 Rb=9600b/s。

数据传输速率的高低由每位数据所占的时间决定，一位数据所占的时间宽度越小，则数据传输率越高。设 T 为传输的电脉冲信号的宽度或周期，N 为脉冲信号可能的状态数，则数据传输速率为

$$Rb=(\log_2 N)/T$$

2. 波特率

波特率又称码元传输速率、传码率、符号速率、码元速率或调制速率。它表示单位时间内（每秒）信道上实际传输码元的个数，单位是波特（Baud），常用符号 B 来表示。值得注意的是，码元速率仅仅表征单位时间内传送的码元数目，而没有限定这时的码元应是何种进制的码元，但对于比特率则必须转换为相应的二进制码元来计算。

例如，某系统每秒传送 9600 个码元，则该系统的波特率为 9600B，如果系统是二进制

的，它的比特率是 9600b/s；如果系统是四进制的，它的比特率是 19.2kb/s；如果系统是八进制的，它的比特率是 28.8kb/s。由此可见，比特率与波特率之间的关系如下：

$$Rb=B\log_2 N$$

式中，N 为码元的进制数。

2.2.2 信道带宽和信道容量

信道带宽或信道容量代表了信道传输数据的能力，是描述信道的主要指标之一，由信道的物理特性决定。这与前面所讲的数据传输速率是两个不同的概念，数据传输速率表示了数据实际的传输速度，而信道带宽和信道容量则代表了信道的最大数据传输速率。

通信系统中传输信息的信道具有一定的频率范围（即频带宽度），称为信道带宽。信道容量是指单位时间内信道所能传输的最大信息量，它体现了信道的传输能力。信道容量是一种特殊的传输速率，所以它可以用比特率或波特率来表示。

通常情况下，信道带宽越宽，一定时间内信道上传输的信息量就越多，则信道容量就越大，传输效率就越高。香农（Shannon）定理给出了信道带宽与信道容量之间的关系：

$$C=W\log2(1+S/N)$$

式中，C 为信道容量；W 为信道带宽；N 为信道内的噪声干扰的平均功率；S 为接收端可接收的信号的平均功率。

当信道内的噪声干扰的平均功率趋于 0 时，信道容量也趋于无穷大，即无干扰的信道容量为无穷大，信道传输的信息多少完全由带宽所决定。此时，信道中最大传输速率由奈奎斯特（Nyquist）准则决定：

$$R_{max}=2W\log_2 L$$

式中，R_{max} 为最大数据传输速率；W 为信道带宽；L 为信道上传输的信号可取的离散值的个数。

信道容量是数据传输速率的极限。在实际应用中，信道容量应大于数据传输速率，以保证通信质量，减少误码率。

2.2.3 频带利用率

在比较不同的通信系统的效率时，只看它们的传输速率是不够的，还要看传输这样的信息所占用的频带。通信系统占用的频带越宽，传输信息的能力应该越大。在通常情况下，可以认为二者成比例。所以真正用来衡量数据通信系统信息传输效率的指标应该是单位频带内的传输速率，即频带利用率，记为 η，且 η=传输速率/占用频带宽度。式中的单位为比特/秒/赫兹（b/s/Hz）或波特/赫兹（B/Hz）。例如某数据通信系统，其比特率为 9600b/s，占用频带为 6kHz，则其频带利用率为 η=1.6(b/s/Hz)。

2.2.4 误码率

由于数据信息都由离散的二进制数字序列来表示，因此在传输过程中，不论它经历了何种变换，产生了什么样的失真，只要在到达接收端时能正确地恢复为原始发送的二进制数字序列，就达到了传输的目的。所以衡量数据通信系统可靠性的主要指标是差错率。表示差错率的方法常用以下 3 种：误码率、误字率和误组率。通常用误码率来表示差错率。误码率又称码元差错率，是指在传输的码元总数中错误接收的码元数所占的比例，用字母 P_e 来表示，即 P_e=单位时间错误接收的码元数/单位时间内系统传输的总码元数。

误码率指某一段时间的平均误码率，对于同一条数据电路由于测量的时间长短不同，误码率就不一样。在计算机网络中，数据传输误码率一般都低于 10^{-6}。即平均每传送 1MB 才允许错 1B。

2.2.5 信道延迟

信号在信道中从源端到达宿端需要的时间即为信道延迟，它与信道的长度及信号传播速度有关。电信号一般以接近光速的速度（300m/μs）传播，但随介质的不同而略有差别。例如，电缆中的传播速度一般为光速的 77%，即 200m/μs 左右。

一般来说，考虑信号从源端到达宿端的时间是没有意义的，但对于一种具体的网络，当我们对该网络中相距最远的两个站之间的传播时延感兴趣时，就要考虑信号传播速度，即网络通信线路的最大长度。如 500m 铜轴电缆的时延大约是 2.5μs，远离地面 36000km 的卫星上行和下行的时延均约 270ms。时延的大小对有些网络应用有很大的影响。

2.3 数据传输技术

无论是模拟信号还是数字信号都要通过某种介质进行传输。为了提高传输速度和效率，在网络通信中产生了多种传输模式、同步方式及编码方式。

2.3.1 基带传输、频带传输和宽带传输

1. 基带传输

由计算机或数字终端产生的信号是一连串的脉冲信号，它含有直流、低频和高频等分量，占有一定的频率范围。一般把这种由计算机或终端产生的，频谱从 0 开始而未经调制的数字信号所占用的频率范围叫基本频带（这个频带从直流起可高到数百 kHz，甚至若干 MHz），简称基带（Baseband）。这种数字信号就称基带信号，对基带信号不加调制而直接在线路上进行传输，它将占用线路的全部带宽，这种传输方式就是所谓的基带传输，也可称为数字基带传输。这种传输方式多用在距离比较短的数据传输中。例如，在有线信道中，直接用电传打字机进行通信时，其传输的信号就是基带信号。

2. 频带传输

基带传输只能在信道上原封不动地传输二进制数字信号，同时基带信号频率比较低且含直流成分，远距离传输过程中信号功率的衰减或干扰将造成信号的减弱，使接收方无法接收，因此基带传输不适合远距离传输。对于远距离通信来说，其信道多为模拟信道，目前使用的仍然是电话线，它是为传输语音信号而设计的，只适用于传输音频范围为 300～3400Hz 的模拟信号，不适用于直接传输计算机的数字基带信号。为了利用电话交换网实现计算机

之间的数字信号传输，必须将数字信号转换为模拟信号（这种信号具有较高的频率范围，被称为频带信号）。为此需要在发送端选取音频范围的某一频率的正（余）弦模拟信号作为载波，用它运载所要传输的数字信号，通过电话信道送至另一端，在接收端再将数字信号从载波上取出来，恢复为原来的信号波形。这种利用模拟信道实现数字信号传输的方法称为频带传输。

计算机网络系统的远距离通信通常都是频带传输。基带信号与频带信号的变换是由调制解调技术完成的。

3. 宽带传输

宽带的概念来源于电话业，指的是比 4kHz 更宽的频带。使用宽带传输系统标准的有线电视技术，可使用的频带高达 300MHz（常常到 450MHz）。由于使用模拟信号，可以传输近 100km，所以对信号的要求也没有数字系统那样高。为了在模拟网上传输数字信号，需要在接口处安放一个电子设备，用以把进入网络的比特流转换为模拟信号，并把网络输出的信号再转换成比特流。根据使用的电子设备类型，1b/s 可能占用 1Hz 带宽。在更高的频率上，可以使用先进的调制技术达到 bit/Hz（多个 bit 占用 1Hz 带宽）。

宽带系统可分为多个信道，每个信道可用于模拟电视、CD 质量声音（1.4Mb/s）或 3Mb/s 的数字比特流。通常电视广播只需要 6MHz 的信道，电视信号和数据可在一条电缆上混合传输。然而在计算机网络中，宽带系统常指任何使用模拟信号进行传输的系统。

对于局域网来说，宽带这个术语专门用于表示传输模拟信号的同轴电缆。可见宽带传输系统是模拟信号传输系统，它允许在同一信道上进行数字信息和模拟信息服务。基带和宽带的区别还在于数据传输速率不同。基带数据传输速率为 0～10Mb/s，更典型的为 1～2.5Mb/s，通常用于传输数字信息。宽带传输模拟信号，数据传输速率范围为 0～400Mb/s，而通常使用的传输速率是 5～10Mb/s。而且一个宽带信道可以被划分为多个逻辑基带信道，这样就能把声音、图像和数据信息的传输综合在一个物理信道中进行，以满足办公自动化系统中电话会议、图像传真、电子邮件、事务数据处理等服务的需要。因此宽带传输一定是采用频带传输技术的，但频带传输不一定就是宽带传输。

2.3.2　数据编码技术

在计算机中数据是以离散的二进制比特流方式表示的，称为数字数据。计算机数据在网络中传输，通信信道无外乎两种类型：模拟信道和数字信道。计算机数据在不同的信道中传输要采用不同的编码方式，也就是说，在模拟信道中传输时，要把计算机中的数字信号转换成模拟信道能够识别的模拟信号；在数字信道中传输时，要把计算机中的模拟信号转换成网络介质能够识别的、利于网络传输的数字信号。

1. 数字数据的模拟信号编码

计算机中的数字数据在网络中若要用模拟信号表示，就要进行调制，也就是要进行波形变换，或者更严格地讲，是进行频谱变换，将数字信号的频谱变换成适合于在模拟信道中传输的频谱。模拟信号传输的基础是载波，载波具有 3 大要素：幅度、频率和相位。数字数据可以针对载波的不同要素或它们的组合进行调制。

最基本的调制方法有以下 4 种：幅移键控（调整幅度）、频移键控（调整频率）、相移键控（调整相位），以及将调整振幅和相位变化结合起来的方式（即正交调幅）。其中正交调幅是效率最高的，也是现在所有的调制解调器中采用的技术。

2. 调幅（Amplitude Modulation，AM）

调幅即载波的振幅随着基带数字信号的变化而变化。这种调幅的方法被称为幅移键控（Amplitude Shift Keying，ASK）。在调幅编码技术中，通过改变信号幅度的强度来表示二进制的 0 和 1，而振幅改变的同时频率和相位则保持不变，哪个电压代表 0，哪个电压代表 1，则由系统设计者决定。比特时延是表示 1 比特所需的时间区段，在每比特时延中信号的最大振幅是一个常数。

3. 数字数据的数字信号编码

在数据通信中，编码的作用是用信号来表示数字信息。数字数据的数字信号编码问题就是解决数字数据的数字信号表示问题，如单极性编码、极性编码、双极性编码等。

数据通信中还有另一类编码，称为差错控制编码。它的作用是通过对信息序列做某种变换，使原来彼此独立、相关性极小的信息码元产生某种相关性，从而在接收端利用这种特性来检查或纠正信息码元在信道传输中所造成的差错。

二进制数字信息在传输过程中可以采用不同的代码，实现的费用也不一样，下面介绍几种常用编码方案及其特点。

（1）单极性编码

单极性编码是最简单、最基本的编码。单极性编码的名称就是指它的电压只有一极，只用正（或负的）电压表示数据。因此，二进制的两个状态只有一个进行了编码，通常是 1；另一个状态通常是 0，由零电压或是线路空闲状态来表示。

单极性编码方法简单，易于实现。但经过编码的信号的平均振幅不为 0，即信号中还有直流分量，不能由没有处理直流分量信号能力的介质传输。另外还存在一个同步问题，即当数字数据报含一长串 1 或 0 时，意味着电压在一个连续的时间段内不发生变化，如果发送方和接收方的时钟不能精确一致，就有可能导致接收方错误解码。例如发送方以 1000b/s 的速度发送 6 个连续的 1，则单极性编码电压将会持续 6ms，如果此信号被接收方的时钟拉短到 5ms，接收方就错误地少收一个 1。

（2）极性编码

在极性编码方案中，分别用正电压和负电压表示二进制数 0 和 1。这种代码的电平差比单极性码大，因而抗干扰特性好，但是仍然需要另外的时钟信号。

（3）双极性编码

双极性编码方案中有 3 个电平值：正电平、负电平和 0。电平值 0 在双极性编码中是代表二进制 0 的。正负电平交替代表比特 1。如果第一比特 1 由正电平表示，则第二个由负电平表示，第三个仍用正电平表示等。这种交替甚至在比特 1 并不连续时仍出现。

在所有极性编码的变形中，我们只讨论 3 种最普遍的编码：非归零编码、归零编码以及双相位编码。非归零编码又分两种：非归零电平编码和非归零反相编码。双相位编码同样有两种方法：第一种是曼彻斯特编码，用在以太局域网中；第二种是差分曼彻斯特编码，用在令牌环局域网中。

1）非归零编码（Non-Return to Zero，NRZ）。在非归零编码方式中，信号的电压位或正或负。与采用线路空闲态代表 0 比特的单极性编码法不同，在非归零编码系统中，如果线路空闲意味着没有任何信号正在传输中。以下讨论了两种最常见的非归零传输方法。

● 非归零电平编码（NRZ-L）

在 NRZ-L 编码方式中，信号的电平是根据它所代表的比特位决定的。一个正电压值代表比特 1，而一个负电压值代表比特 0，从而信号的电平依赖于所代表的比特。

● 非归零反相编码（NRZ-I）

在 NRZ-I 编码中，将电压脉冲的正极性与负极性之间的一次跳变用一个正电压值代表，无跳变的信号用一个负电压值代表。在该编码中，接收方通过检测电平的跳变来识别数字数据中的 1，但一连串 0 仍会造成时钟同步问题。

2）归零编码（Return to Zero，RZ）。如图 2-5 所示，在出现连续的 1 或 0 的任何时候，接收端都会失去同步。在单极性编码中所提到的，有一种保证同步的方法是在一条独立的信道上发送单独的定时信号。但是这个方案既不经济，又易于出错。一个更好的方案是让编码信号本身携带同步信息，就如同非归零反相编码技术中使用的方案，但是同时还需要提供对连续比特 0 的同步。

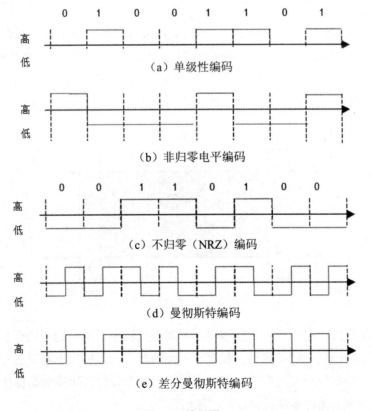

图 2-5　编码图

3）双相位编码。现在对同步问题最好的解决方案就是双相位编码。在这种编码方式下，信号在每比特间隙中发生改变但并不归零。相反，它转为相反的一极，像在归零编码（RZ）中一样。这种中间跳变使同步变得可能。

目前正在网络中使用的两种双相位编码方式是曼彻斯特编码和差分曼彻斯特编码。

● 曼彻斯特编码（Manchester）

曼彻斯特编码在每比特间隙中间引入跃迁来同时代表不同比特和同步信息。一个负电平到正电平的跳变代表比特 0，而一个正电平到负电平的跳变则代表比特 1。通过这种跃迁的双重作用，曼彻斯特编码获得了与归零编码相同的同步效果，而仅需要两种电平振幅。在曼彻斯特编码中，比特中的跃迁同时为同步信息和比特编码。

● 差分曼彻斯特编码（Difference Manchester）

在差分曼彻斯特编码中，比特间隙中间的跃迁用于携带同步信息，不同比特通过在比特开始位置有无电平反转表示。开始位置有跃迁代表比特 0，没有则代表比特 1。差分曼彻斯特编码需要两个信号变化来表示二进制 0，但对于二进制 1 只需要一个。

差分曼彻斯特编码是对曼彻斯特编码的改进。它与曼彻斯特编码的不同之处主要是，每比特的中间跳变仅做同步用，且每比特的值根据其开始边界是否发生跳变决定。

2.3.3　多路复用技术

多路复用（MUX）这一术语来源于拉丁词 multi（许多）和 plex（混合）。多路复用指的是复用信道，即利用一个物理信道同时传输多个信号，以提高信道利用率，使一条线路能同时由多个用户使用而互不影响。多路复用器连接许多条低速线路，并将它们各自所需的传输容量组合在一起后，在一条速度较高的线路上传输，如图 2-6 所示。

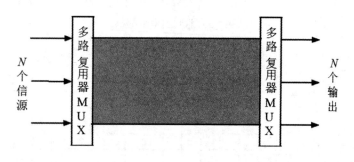

图 2-6　多路复用

多路复用的优点：仅需一条传输线路，所需介质较少，所用的传输介质的容量可以得到充分利用，从而降低了设备费用，提高了工作效率。而且用户不需要进行任何实际的修改，多路复用系统对用户是透明的，每个很远的地点都好像直接接到总部所在地一样。同时，由于线路中用的缓冲部件较少，时间延迟较少。

2.4　数据传输及交换技术

2.4.1　电路交换

电路交换（Circuit Switching）又称为线路交换，是一种面向连接的服务。两台计算机通过通信子网进行数据电路交换之前，首先要在通信子网中建立一个实际的物理线路连接。最普通的电路交换例子是电话系统。电路交换是根据交换机结构原理实现数据交换的。其主要任务是把要求通信的输入端与被呼叫的输出端接通，即由交换机负责在两者之间建立起一条物理通路。在完成接续任务之后，双方通信的内容和格式等均不受交换机的制约。电路交换方式的主要特点就是要求在通信的双方之间建立一条实际的物理通路，并且在整个通信过程中，这条通路被独占。

1. 电路交换的分类

电路交换又分为时分交换（Time Division Switching，TDS）和空分交换（Space Division Switching，SDS）两种方式。

时分交换是把时间划分为若干互不重叠的时隙，由不同的时隙建立不同的子信道，通过时隙交换网络完成语音的时隙搬移，从而实现入线和出线间语音交换的一种交换方式。时分交换的关键在于时隙位置的交换，而此交换是由主叫拨号所控制的。为了实现时隙交换，必须设置语音存储器。在抽样周期内有 n 个时隙分别存入 n 个存储器单元中，输入按时隙顺序存入。若输出端是按特定的次序读出的，这就可以改变时隙的次序，实现时隙交换。

空分交换是指在交换过程中的入线通过在空间的位置来选择出线，并建立接续。通信结束后，随即拆除。比如，人工交换机上塞绳的一端连着入线塞孔，由话务员按主叫要求把塞绳的另一端连接到被叫的出线塞孔，这就是最形象的空分交换方式。此外，机电式（电磁机械或继电器式）、步进制、纵横制、半电子、程控模拟用户交换机及宽带交换机都可以利用空分交换原理实现交换的要求。

2. 电路交换的三个阶段

整个电路交换的过程包括建立线路、占用线路并进行数据传输、释放线路三个阶段。下面分别予以介绍。

（1）建立线路

如同打电话先要通过拨号在通话双方间建立起一条通路一样，数据通信的电路交换方式在传输数据之前也要先经过呼叫过程建立一条端到端的电路。它的具体过程如下：

1）发起方向某个终端站点（响应方站点）发送一个请求，该请求通过中间结点传输至终点。

2）如果中间结点有空闲的物理线路可以使用，接收请求，分配线路，并将请求传输给下一中间结点，整个过程持续进行，直至终点。如果中间结点没有空闲的物理线路可以使用，整个线路的连接将无法实现。仅当通信的两个站点之间建立起物理线路之后，才允许进入数据传输阶段。

3）线路一旦被分配，在未释放之前，其他站点将无法使用，即使某一时刻线路上并没有数据传输。

（2）数据传输

电路交换连接建立以后，数据就可以从源结点发送到中间结点，再由中间结点交换到终端结点。当然终端结点也可以经中间结点向源结点发送数据。这种数据传输有最短的传播延迟，并且没有阻塞的问题，除非有意外的线路或结点故障而使电路中断。但要求在整个数据传输过程中，建立的电路必须始终保持连接状态，通信双方的信息传输延迟仅取决于电磁信号沿介质传输的延迟。

（3）释放线路

在站点之间的数据传输完毕后执行释放线路的动作。该动作可以由任一站点发起，释放线路请求通过途经的中间结点送往对方，释放线路资源。被拆除的信道空闲后，就可被其他通信使用。

3．电路交换的特点与优缺点

（1）电路交换的特点

1）独占性。在建立线路之后、释放线路之前，即使站点之间无任何数据可以传输，整个线路仍不允许其他站点共享。就和打电话一样，我们讲话之前总要拨完号之后把这个连接建立，不管你讲不讲话，只要不挂机，这个连接就是专为你所用的，如果没有可用的连接，用户将听到忙音。因此线路的利用率较低，并且容易引起接续时的拥塞。

2）实时性好。一旦线路建立，通信双方的所有资源（包括线路资源）均用于本次通信，除了少量的传输延迟之外，不再有其他延迟，具有较好的实时性。

3）电路交换设备简单，无需提供任何缓存装置。

4）用户数据透明传输，要求收发双方自动进行速率匹配。

（2）电路交换的优点与缺点

电路交换方式的优点是数据传输可靠、迅速，数据不会丢失，且保持原来的序列。缺点是在某些情况下，电路空闲时的信道容量被浪费；另外，如果数据传输阶段的持续时间不长，线路建立和释放所用的时间就得不偿失。因此，它适用于远程批处理信息传输或系统间实时性要求高的大量数据传输的情况。这种通信方式的计费方法一般按照预订的带宽、距离和时间来计算。

2.4.2　报文交换

存储交换是指数据在交换前先通过缓冲存储器进行缓存，然后按队列进行处理。

存储交换又分为报文交换（Message Switching）和分组交换（Packet Switching）两种，本节先介绍其中的报文交换。

报文交换的基本思想是先将用户的报文存储在交换机的存储器中，当所需要的输出电路空闲时，再将该报文发向接收交换机或用户终端，所以报文交换系统又称"存储—转发系统"。报文交换适合公众电报等。

1．报文交换原理

实现报文交换的过程如下：

（1）若某用户有发送报文的需求，则需要先把拟发送的信息加上报文头，包括目标地址和源地址等信息，并将形成的报文发送给交换机。当交换机中的通信控制器检测到某用户线路有报文输入时，向中央处理机发送中断请求，并逐字把报文送入内存器。

（2）中央处理机在接到报文后可以对报文进行处理，如分析报文头，判别和确定路由等，然后将报文转存到外部大容量存储器，等待一条空闲的输出线路。

（3）一旦线路空闲，就再把报文从外存储器调入内存储器，经通信控制器向线路发送出去。

2．报文交换的特点

存储—转发的报文交换方式首先由交换机存储整个报文，然后在有线路空闲时再进行必要的处理，其特点如下：

1）不独占线路，多个用户的数据可以通过存储和排队共享一条线路。

2）无线路建立的过程，提高了线路的利用率。

3）支持多点传输（一个报文传输给多个用户，只需在报文中增加地址字段，中间结点根据地址字段进行复制和转发）。

4）中间结点可进行数据格式的转换，方便接收站点的收取。

5）增加了差错检测功能，避免出错数据的无谓传输。

3．报文交换方式的优缺点

（1）报文交换的优点

- 线路利用率高，信道可为多个报文共享。
- 不需要同时启动发送器和接收器来传输数据，网络可暂存。
- 通信量大时仍可接收报文，但传输延迟会增加。
- 一份报文可发往多个目的地。
- 交换网络可对报文进行速度和代码等的转换。
- 能够实现报文的差错控制和纠错处理等功能。

（2）报文交换方式的缺点

- 中间结点必须具备很大的存储空间。
- 由于存储—转发和排队，增加了数据传输的延迟。
- 报文长度未作规定，报文只能暂存在磁盘上，磁盘读取占用了额外的时间。
- 任何报文都必须排队等待：不同长度的报文要求不同长度的处理和传输时间，即使非常短小的报文（例如交互式通信中的会话信息）也是如此。
- 当信道误码率高时，频繁重发，报文交换难以支持实时通信和交互式通信的要求。

2.4.3　分组交换

分组交换与报文交换技术类似，但规定了交换机处理和传输的数据长度（称之为分组），不同用户的数据分组可以交织地在网络中的物理链路上传输，是目前应用最广的交换技术，它结合了线路交换和报文交换两者的优点，使其性能达到最优。为了理解分组交换的优越性，先了解一下报文与报文分组的区别。

1. 报文与报文分组

数据通过通信子网传输时可以有报文（Message）与报文分组（Packet）两种方式。报文传输不管发送数据的长度是多少，都把它当做一个逻辑单元发送；而报文分组传输方式则限制一次传输数据的最大长度，如果传输数据超过规定的最大长度，发送结点就将它分成多个报文分组发送。

由于分组长度较短，在传输出错时检错容易并且重发花费的时间较少。限定分组最大数据长度后，有利于提高存储转发结点的存储空间利用率与传输效率。公用数据网采用的是分组交换技术。

2. 分组交换原理

分组交换原理与报文交换类似，但它规定了交换设备处理和传输的数据长度（称之为分组）。它可将长报文分成若干个小分组进行传输，且不同站点的数据分组可以交织在同一线路上传输，提高了线路的利用率。可以固定分组的长度，系统可以采用高速缓存技术来暂存分组，提高了转发的速度。分组交换方式在 X.25 分组交换网和以太网中都是典型应用。在 X.25 分组交换网中分组长度为 131 字节，包括 128 字节的用户数据和 3 字节的控制信息，而在以太网中分组长度为 1500 字节左右（若有较好的线路质量和较高的传输速率，分组的长度可以略有增加）。

分组交换实现的关键是分组长度的选择。分组越小，冗余量（分组中的控制信息等）在整个分组中所占的比例越大，最终将影响用户数据传输的效率；分组越大，数据传输出错的概率也越大，增加重传的次数，也影响用户数据传输的效率。

如何管理这些分组流呢？目前有数据报和虚电路两种方法。

在数据报中，每个数据包被独立处理，就像在报文交换中每个报文被独立处理那样，每个结点根据一个路由选择算法，为每个数据包选择一条路径，使它们的目的地相同。

在虚电路中，数据在传送以前，发送和接收双方在网络中建立起一条逻辑上的连接，但它并不是像电路交换中那样有一条专用的物理通路，该路径上各个结点都有缓冲装置，服从于这条逻辑线路的安排，也就是按照逻辑连接的方向和接收的次序进行输出排队和转发，这样每个结点就不需要为每个数据包进行路径选择判断，就好像收发双方有一条专用信道一样。

3. 分组交换的特点

报文交换的缺点是由报文太长引起的，因此分组交换的思想是限制发送和转发的信息长度，将一个大报文分割成一定长度的信息单位，称为分组，并以分组为单位存储转发，在接收端再将各分组重新组装成一个完整的报文。分组交换试图兼有报文交换和线路交换的优点，而使两者的缺点最少。分组交换与报文交换的工作方式基本相同，形式上的主要差别在于分组交换网中要限制所传输的数据单位的长度。

2.4.4　三种数据交换技术的比较

为了便于理解与区别，本节要对 2.4.1 至 2.4.3 节中的三种数据交换方式进行比较。首先从大的分类上进行比较，那就是存储交换与电路交换的比较。

1.　存储交换方式与电路交换方式的主要区别

在存储交换方式中，发送的数据与目的地址、源地址和控制信息按照一定格式组成一个数据单元（报文或报文分组）进入通信子网。通信子网中的结点是通信控制处理机，它负责完成数据单元的接收、差错校验、存储、路选和转发功能，在电路交换方式中以上功能均不具备。

存储交换相对电路交换方式具有以下优点：

1）通信子网中的通信控制处理机可以存储分组，多个分组可以共享通信信道，线路利用率高。

2）通信子网中的通信控制处理机具有路选功能，可以动态选择报文分组通过通信子网的最佳路径；可以平滑通信量，提高系统效率。分组在通过通信子网中的每个通信控制处理机时，均要进行差错检查与纠错处理，因此可以减少传输错误，提高系统可靠性。

3）通过通信控制处理机可以对不同通信速率的线路进行转换，也可以对不同的数据代码格式进行变换。

2.　电路交换与分组交换的比较

（1）分配通信资源（主要是线路）方面

电路交换方式静态地事先分配线路，造成线路资源的浪费，并导致接续时的困难。而分组交换方式可动态地（按序）分配线路，提高了线路的利用率。由于使用内存来暂存分组，可能出现因为内存资源耗尽而中间结点不得不丢弃接到的分组的现象。

（2）用户的灵活性方面

电路交换的信息传输是全透明的，用户可以自行定义传输信息的内容、速率、体积和格式等，可以同时传输语音、数据和图像等。分组交换的信息传输则是半透明的，用户必须按照分组设备的要求使用基本的参数。

（3）收费方面

电路交换网络的收费仅限于通信的距离和使用的时间，分组交换网络的收费则考虑传输的字节（或者分组）数和连接的时间。

以上三种数据交换技术总结如下：

- 电路交换：在数据传送之前需建立一条物理通路，在线路被释放之前，该通路将一直被一对用户完全占有。
- 报文交换：报文从发送方传送到接收方采用存储转发的方式。
- 分组交换：此方式与报文交换类似，但报文被分成组传送，并规定了分组的最大长度，到达目的地后需重新将分组组装成报文。

2.5　实训项目

1.　实训目的

熟悉常见的网络通信产品，了解网络传输介质。

2.　实训步骤

组织参观学校网络中心，观察网络拓扑结构，讨论、搜集常见的网络通信产品（如路由器、交换机、光纤、双绞线等）的指标参数信息。

3.　实训总结

对网络产品与通信产品在整个通信网络中各自的作用做出总结。

———————

第3章 计算机网络体系结构

计算机的网络结构可以从网络组织、网络配置和网络体系结构三个方面来描述。网络组织是从网络的物理结构和网络的实现两方面来描述计算机网络，网络配置是从网络应用方面来描述计算机网络的布局，从硬件、软件和通信线路方面来描述计算机网络；网络体系结构是从功能上来描述计算机网络结构。

网络协议是计算机网络必不可少的一部分，一个完整的计算机网络需要有一套复杂的协议集合，组织复杂的计算机网络协议的最好方式就是层次模型。而将计算机网络层次模型和各层协议的集合定义为计算机网络体系结构（Network Architecture）。

计算机网络由多个互连的结点组成，结点之间要不断地交换数据和控制信息，要做到有条不紊地交换数据，每个结点就必须遵守一整套合理而严谨的结构化管理体系，计算机网络就是按照高度结构化设计方法采用功能分层原理来实现的，即计算机网络体系结构的内容。

通常所说的计算机网络体系结构，即在世界范围内统一协议，制定软件标准和硬件标准，并将计算机网络及其部件所应完成的功能精确定义，从而使不同的计算机能够在相同功能中进行信息对接。

3.1 计算机网络的组成结构

3.1.1 计算机系统和终端

计算机系统和终端提供网络服务界面。地域集中的多个独立终端可通过一个终端控制器连入网络。

3.1.2 通信处理机

通信处理机也叫通信控制器或前端处理机，是计算机网络中完成通信控制的专用计算机，通常由小型机、微机或带有 CPU 的专用设备来充当。在广域网中，采用专门的计算机充当通信处理机。在局域网中，由于通信控制功能比较简单，所以没有专门的通信处理机，而是在计算机中插入一个网络适配器（网卡）来控制通信。

3.1.3 通信线路和通信设备

通信线路是连接各计算机系统终端的物理通路。通信设备的采用与线路类型有很大关系：如果是模拟线路，在线路中两端使用 Modem（调制解调器）；如果是有线介质，在计算机和介质之间就必须使用相应的介质连接部件。

3.1.4 操作系统

计算机连入网络后，还需要安装操作系统软件（如 Windows 7、Windows 10 等）才能实现资源共享和网络资源管理。

3.1.5 网络协议

网络协议是规定在网络中进行相互通信时需遵守的规则，只有遵守这些规则才能实现网络通信。常见的协议有 TCT/IP 协议、IPX/SPX 协议、NetBEUI 协议等。

计算机网络是一个复杂的具有综合性技术的系统，为了允许不同系统实体互连和互操作，不同系统的实体在通信时都必须遵从相互均能接受的规则，这些规则的集合称为协议（Protocol）。

实体指各种应用程序、文件传输软件、数据库管理系统、电子邮件系统等。

互连指不同计算机能够通过通信子网互相连接起来进行数据通信。

互操作指不同的用户能够在通过通信子网连接的计算机上，使用相同的命令或操作，使用其他计算机中的资源与信息，就如同使用本地资源与信息一样。

计算机网络体系结构为不同的计算机之间互连和互操作提供相应的规范和标准。

计算机网络体系结构可以定义为是网络协议的层次划分与各层协议的集合，同一层中的协议根据该层所要实现的功能来确定。各对等层之间的协议功能由相应的底层提供服务来完成。

层次化的网络体系的优点在于每层实现相对独立的功能，层与层之间通过接口来提供服务，每一层都对上层屏蔽如何实现协议的具体细节，使网络体系结构做到与具体物理实现无关。层次结构允许连接到网络的主机和终端型号、性能可以不一，但只要遵守相同的协议即可以实现互操作。高层用户可以从具有相同功能的协议层开始进行互连，使网络成为开放式系统。这里"开放"指按照相同协议的任意两系统之间可以进行通信。因此层次结构便于系统的实现和维护。

对于不同系统实体间互连互操作这样一个复杂的工程设计问题，如果不采用分层次分解处理，则会产生由于任何错误或性能修改而影响整体设计的弊端。

相邻协议层之间的接口包括两相邻协议层之间所有调用和服务的集合，服务是第 i 层向相邻高层提供的服务，调用是相邻高层通过原语或过程调用相邻低层的服务。

对等层之间进行通信时，数据传送方式并不是由第 i 层发送方直接发送到第 i 层接收方，而是每一层都把数据和控制信息组成的报文分组传输到它的相邻低层，直到物理传输介质。接收时，则是每一层从它的相邻低层接收相应的分组数据，在去掉与本层有关的控制信息后，将有效数据传送给其相邻上层。

3.2 ISO/OSI 网络体系结构

国际标准化组织 ISO（International Standards Organization）在 20 世纪 80 年代提出的开

放系统互联（Open System Interconnection，OSI）参考模型，这个模型将计算机网络通信协议分为 7 层，如图 3-1 所示。这个模型是一个定义异构计算机连接标准的框架结构，其具有如下特点：

- 网络中异构的每个结点均有相同的层次，相同层次具有相同的功能。
- 同一结点内相邻层次之间通过接口通信。
- 相邻层次间接口定义原语操作，由低层向高层提供服务。
- 不同结点的相同层次之间的通信由该层次的协议管理。
- 每层次完成对该层所定义的功能，修改本层次功能不影响其他层。
- 仅在最低层进行直接数据传送。
- 定义的是抽象结构，并非具体实现的描述。

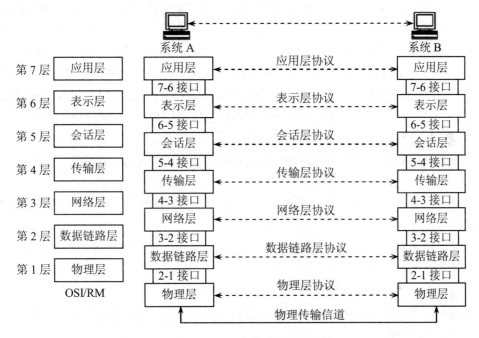

图 3-1　OSI 参考模型数据传输图

在 OSI 网络体系结构中，除了物理层之外，网络中数据的实际传输方向是垂直的。数据由用户发送进程给应用层，向下经表示层、会话层等到达物理层，再经传输介质传到接收端，由接收端物理层接收，向上经数据链路层等到达应用层，再由用户获取。数据在由发送进程交给应用层时，由应用层加上该层有关控制和识别信息，再向下传送，这一过程一直重复到物理层。在接收端信息向上传递时，各层的有关控制和识别信息被逐层剥去，最后数据送到接收进程。

现在一般在制定网络协议和标准时，都把 ISO/OSI 参考模型作为参照标准，并说明与该参照标准的对应关系。例如，在 IEEE802 局域网 LAN 标准中，只定义了物理层和数据链路层，并且增强了数据链路层的功能。在广域网 WAN 协议中，国际电报电话咨询委员会（CCITT）建议的 X.25 协议包含了物理层、数据链路层和网络层等三层协议。一般来说，网络的低层协议决定了一个网络系统的传输特性，例如所采用的传输介质、拓扑结构及介质访问控制方法等，这些通常由硬件来实现；网络的高层协议则提供了与网络硬件结构无关的、更加完善的网络服务和应用环境，这些通常是由网络操作系统来实现的。

3.2.1　物理层（Physical Layer）

物理层建立在物理通信介质的基础上，作为系统和通信介质的接口，用来实现数据链路实体间透明的比特（bit）流传输。只有该层为真实物理通信，其他各层皆为虚拟通信。物理层实际上是设备之间的物理接口，物理层传输协议主要用于控制传输介质。

1．物理层的特性

物理层提供与通信介质的连接，提供为建立、维护和释放物理链路所需的机械的、电气的、功能的和规程的特性，也提供在物理链路上传输非结构的位流以及故障检测指示。物理层向上层提供位（bit）信息的正确传送。

其中机械特性主要规定接口连接器的尺寸、芯数和芯的位置的安排、连线的根数等。电气特性主要规定了每种信号的电平、信号的脉冲宽度、允许的数据传输速率和最大传输距离。功能特性规定了接口电路引脚的功能和作用。规程特性规定了接口电路信号发出的时序、应答关系和操作过程，例如怎样建立和拆除物理层连接，是全双工还是半双工等。

2．物理层的功能

为了实现数据链路实体之间比特流的透明传输，物理层应具有下述功能。

（1）物理连接的建立与拆除

当数据链路层请求在两个数据链路实体之间建立物理连接时，物理层能够立即为它们建立相应的物理连接。若两个数据链路实体之间要经过若干中继数据链路实体时，物理层还能够对这些中继数据链路实体进行互连，以建立起一条有效的物理连接。当物理连接不再被需要时，由物理层立即拆除。

（2）物理服务数据单元传输

物理层既可以采取同步传输方式，也可以采取异步传输方式来传输物理服务数据单元。

（3）物理层管理

对物理层收发进行管理，如功能的激活（何时发送和接收、异常情况处理等）、差错控制（传输中出现的奇偶错和格式错）等。

3.2.2　数据链路层（Data Link Layer）

数据链路层为网络层相邻实体间提供传送数据的功能和过程，提供数据流链路控制，检测和校正物理链路的差错。物理层不考虑位流传输的结构，而数据链路层主要职责是控制相邻系统之间的物理链路，传送数据以帧为单位，规定字符编码、信息格式，约定接收和发送过程，在一帧数据开头和结尾附加特殊二进制编码作为帧边界识别符，发送端处理接收端送回的确认帧，保证数据帧传输和接收的正确性，以及发送和接收速度的匹配、流量控制等。

1．数据链路层的目的

数据链路层提供建立、维持和释放数据链路连接以及传输数据链路服务数据单元所需的功能和过程的手段。数据链路连接是建立在物理连接基础上的，在物理连接建立以后进行数据链路连接的建立和拆除。具体地说，每次通信前后双方相互联系以确认一次通信的开始和结束，在一次物理连接上可以进行多次通信。数据链路层检测和校正在物理层出现的错误。

2. 数据链路层的功能和服务

数据链路层的主要功能是为网络层提供连接服务，并在数据链路连接上传送数据链路协议数据单元 L-PDU，一般将 L-PDU 称为帧。数据链路层服务可分为以下三种：

1）无应答、无连接服务。发送前不必建立数据链路连接，接收方也不做应答，出错和数据丢失时也不进行处理。这种服务质量低，适用于线路误码率很低以及传送实时性要求高的（例如语音类的）信息等。

2）有应答、无连接服务。当发送主机的数据链路层要发送数据时，直接发送数据帧。目标主机接收数据链路的数据帧，并经校验结果正确后，向源主机数据链路层返回应答帧；否则返回否定帧，发送端可以重发原数据帧。这种方式发送的第一个数据帧除传送数据外，也起数据链路连接的作用。这种服务适用于一个结点的物理链路多或通信量小的情况，其实现和控制都较为简单。

3）面向连接的服务。该服务一次数据传送分为三个阶段：数据链路建立，数据帧传送和数据链路的拆除。数据链路建立阶段要求双方的数据链路层作好传送的准备，数据传送阶段是将网络层递交的数据传送到对方，数据链路拆除阶段是当数据传送结束时拆除数据链路连接。这种服务的质量好，是 ISO/OSI 参考模型推荐的主要服务方式。

3. 数据链路数据单元

数据链路层与网络层交换数据格式为服务数据单元。数据链路服务数据单元配上数据链路协议控制信息，形成数据链路协议数据单元。

数据链路层能够从物理连接上传输的比特流中，识别出数据链路服务数据单元的开始和结束，以及识别出其中的每个字段，实现正确的接收和控制，能按发送的顺序传输到相邻结点。

4. 数据链路层协议

数据链路层协议可分为面向字符的通信规程和面向比特的通信规程。

面向字符的通信规程是利用控制字符来控制报文的传输。报文由报头和正文两部分组成。报头用于传输控制，包括报文名称、源地址、目标地址、发送日期以及标识报文开始和结束的控制字符。正文则为报文的具体内容。目标结点对收到的源结点发来的报文进行检查，若正确则向源结点发送确认的字符信息，否则发送接收错误的字符信息。

面向比特的通信规程典型是以帧为传送信息的单位，帧分为控制帧和信息帧。在信息帧的数据字段（即正文）中，数据为比特流。比特流用帧标志来划分帧边界，帧标志也可用作同步字符。

3.2.3　网络层（Network Layer）

广域网络一般都划分为通信子网和资源子网，物理层、数据链路层和网络层组成通信子网，网络层是通信子网的最高层，完成对通信子网的运行控制。网络层和传输层的界面既是层间的接口，又是通信子网和用户主机组成的资源子网的界限，网络层利用本层和数据链路层、物理层两层的功能向传输层提供服务。

数据链路层的任务是在相邻两个结点间实现透明的、无差错的帧级信息的传送，而网络层则要在通信子网内把报文分组从源结点传送到目标结点。在网络层的支持下，两个终端系统的传输实体之间要进行通信，只需把要交换的数据交给它们的网络层便可实现。至于网络层如何利用数据链路层的资源来提供网络连接，对传输层是透明的。

网络层控制分组传送操作，即路由选择、拥塞控制、网络互联等功能，根据传输层的要求来选择服务质量，向传输层报告未恢复的差错。网络层传输的信息以报文分组为单位，它将来自源的报文转换成包文，并经路径选择算法确定路径送往目的地。网络层协议用于实现这种传送中涉及的中继结点路由选择、子网内的信息流量控制以及差错处理等。

1. 网络层功能

网络层的主要功能是支持网络层的连接，具体功能如下。

（1）建立和拆除网络连接

在数据链路层提供的数据链路连接的基础上，建立传输实体间或者若干个通信子网的网络连接。互连的子网可采用不同的子网协议。

（2）路径选择、中继和多路复用

网际的路径和中继不同于网内的路径和中继，网络层可以在传输实体的两个网络地址之间选择一条适当的路径，或者在互连的子网之间选择一条适当的路径和中继，并提供网络连接多路复用的数据链路连接，以提高数据链路连接的利用率。

（3）数据分组、数据组块和流量控制

数据分组是指将较长的数据单元分割为一些相对较小的数据单元。数据组块是指将一些相对较小的数据单元组成块后一起传输，用以实现网络服务数据单元的有序传输，以及对网络连接上传输的网络服务数据单元进行有效的流量控制，以免发生信息"堵塞"现象。

（4）差错的检测与恢复

利用数据链路层的差错报告，以及其他的差错检测能力来检测经网络连接所传输的数据单元，检测是否出现异常情况，并可以从出错状态中解脱出来。

2. 数据报和虚电路

网络层中提供两种类型的网络服务，即无连接服务和面向连接的服务。它们又被称为数据报服务和虚电路服务。

（1）数据报（Datagram）服务

在数据报方式中，网络层从传输层接收报文，拆分为报文分组，并且独立地传送，因此数据报格式中包含有源和目标结点的完整网络地址、服务要求和标识符。发送时，由于数据报每经过一个中继结点时，都要根据当时情况按照一定的算法为其选择一条最佳的传输路径，因此数据报服务不能保证这些数据报按序到达目标结点，需要在接收结点根据标识符重新排序。

数据报方式对故障的适应性强，若某条链路发生故障，则数据报服务可以绕过这些故障路径而另选择其他路径把数据报传送至目标结点。数据报方式易于平衡网络流量，因为中继结点可为数据报选择一条流量较少的路由，从而避开流量较高的路由。数据报传输不需建立连接，目标结点在收到数据报后，也不需发送确认，因而是一种开销较小的通信方式。但是发送方不能确切地知道对方是否准备好接收、是否正在忙碌，故数据报服务的可靠性不是很高。而且数据报发送每次都附加源和目标主机的全网名称，降低了信道利用率。

（2）虚电路（Virtue Circuit）服务

在虚电路传输方式下，在源主机与目标主机通信之前，必须为分组传输建立一条逻辑通道，称为虚电路。为此，源结点先发送请求分组（Call Request）。请求分组包含了源和目标主机的完整网络地址，它在途经每一个通信网络结点时，都要记下为该分组分配的虚电路号，并且路由器为它选择一条最佳传输路由发往下一个通信网络结点。当请求分组到达目标主机后，若它同意与源主机通信，沿着该虚电路的相反方向发送请求分组 Call Request 给源结点，当在网络层为双方建立起一条虚电路后，每个分组中不必再填上源主机和目标主机的全网地址，而只需标上虚电路号，即可以沿着固定的路由传输数据。当通信结束时，将该虚电路拆除。

虚电路服务能保证主机所发出的报文分组按序到达。由于在通信前双方已进行过联系，每发送完一定数量的分组后，对方也都给予了确认，故可靠性较高。

（3）路由选择

网络层的主要功能是将分组从源结点经过选定的路由送到目标结点，分组途经多个通信网络结点造成多次转发，存在路由选择问题。路由选择或称路径控制，是指网络中的结点根据通信网络的情况（可用的数据链路、各条链路中的信息流量），按照一定的策略（传输时间最短、传输路径最短等）选择一条可用的传输路由，把信息发往目标结点。

网络路由选择算法是网络层软件的一部分，负责确定所收到的分组应传送的路由。当网络内部采用无连接的数据报方式时，每传送一个分组都要选择一次路由。当网络层采用虚电路方式时，在建立呼叫连接时选择一次路径，后续的数据分组就沿着建立的虚电路路径传送，路径选择的频度较低。

路由选择算法可分为静态算法和动态算法。静态路由算法是指总是按照某种固定的规则来选择路由，例如扩散法、固定路由选择法、随机路由选择法和流量控制选择法。动态路由算法是指根据拓扑结构以及通信量的变化来改变路由，例如孤立路由选择法、集中路由选择法、分布路由选择法、层次路由选择法等。

3.2.4　传输层（Transport Layer）

从传输层向上的会话层、表示层和应用层都属于端到端的主机协议层。传输层是网络体系结构中最核心的一层，它将实际使用的通信子网与高层应用分开。从这层开始，各层通信全部是在源主机与目标主机上的各进程间进行的，通信双方可能经过多个中间结点。传输层为源主机和目标主机之间提供性能可靠、价格合理的数据传输。具体实现上是在网络层的基础上再增添一层软件，使之能屏蔽掉各类通信子网的差异，向用户提供一个通用接口，使用户进程通过该接口方便地使用网络资源并进行通信。

1. 传输层功能

传输层独立于所使用的物理网络，提供传输服务的建立、维护和连接拆除的功能，选择网络层提供的最适合的服务。传输层接收会话层的数据，分成较小的信息单位，再送到网络层，实现两传输层间数据的无差错透明传送。

传输层可以使源主机与目标主机之间以点对点的方式简单地连接起来。真正实现端到端间可靠通信。传输层服务是通过服务原语提供给传输层用户（可以是应用进程或者会话层协议），传输层用户使用传输层服务是通过传送服务端口 TSAP 实现的。当一个传输层用户希望与远端用户建立连接时，通常定义传输服务访问点 TSAP。提供服务的进程在本机 TSAP 端口等待传输连接请求，当某一结点机的应用程序请求该服务时，向提供服务的结点机的 TSAP 端口发出传输连接请求，并表明自己的端口和网络地址。如果提供服务的进程同意，就向请求服务的结点机发确认连接，并对请求该服务的应用程序传递消息，应用程序收到消息后，释放传输连接。

传输层提供面向连接和无连接两种类型的服务。这两种类型的服务和网络层的服务非常相似。传输层提供这两种类型服务的原因是因为，用户不能对通信子网加以控制，无法通过使用通信处理机来改善服务质量。传输层提供比网络层更可靠的端到端间数据传输，更完善的查错纠错功能。传输层之上的会话层、表示层和应用层都不包含任何数据传送的功能。

2. 传输层协议类型

传输层协议和网络层提供的服务有关。网络层提供的服务越完善，传输层协议就越简单；网络层提供的服务越简单，传输层协议就越复杂。传输层服务可分成 5 类：

- 0 类：提供最简单形式的传送连接，提供数据流控制。
- 1 类：提供最小开销的基本传输连接，提供误差恢复。
- 2 类：提供多路复用，允许几个传输连接多路复用一条链路。
- 3 类：具有 0 类和 1 类的功能，提供重新同步和重建传输连接的功能。
- 4 类：用于不可靠传输层连接，提供误差检测和恢复。

基本协议机制包括建立连接、数据传送和拆除连接。传输连接涉及 4 种不同类型的标识：

- 用户标识：服务访问点 SAP，允许实体多路数据传输到多个用户。
- 网络地址：标识传输层实体所在的站。
- 协议标识：当有多个不同类型的传输协议的实体时，对网络服务标识出不同类型的协议。
- 连接标识：标识传送实体，允许传输连接多路复用。

3.2.5 会话层（Session Layer）

会话是指两个用户进程之间的一次完整通信。会话层提供不同系统间两个进程建立、维护和结束会话连接的功能，并提供交叉会话的管理功能，有一路交叉、两路交叉和两路同时会话的 3 种数据流方向控制模式。会话层是用户连接到网络的接口。

1. 会话层的主要功能

会话层的目的是提供一个面向应用的连接服务。建立连接时，将会话地址映射为传输地址。会话连接和传输连接有 3 种对应关系：①一个会话连接对应一个传输连接；②多个会话连接建立在一个传输连接上；③一个会话连接对应多个传输连接。

数据传送时，可以进行会话的常规数据、加速数据、特权数据和能力数据的传送。

会话释放时，允许正常情况下的有序释放；异常情况下有用户发起的异常释放和服务提供者发起的异常释放。

2. 会话活动

会话服务用户之间的交互对话可以划分为不同的逻辑单元，每个逻辑单元称为活动。每个活动完全独立于它前后的其他活动，且每个逻辑单元的所有通信不允许分隔开。

会话活动由会话令牌来控制，保证会话有序进行。会话令牌分为 4 种：数据令牌、释放令牌、次同步令牌和主同步令牌。令牌是互斥使用会话服务的手段。

会话用户进程间的数据通信一般采用交互式的半双工通信方式。由会话层给会话服务用户提供数据令牌来控制常规数据的传送，有数据令牌的会话服务用户才可发送数据，另一方只能接收数据。当数据发完之后，就将数据令牌转让给对方，对方也可请求令牌。

3. 会话同步

在会话服务用户组织的一个活动中，有时要传送大量的信息，如将一个文件连续发送给对方，为了提高数据发送的效率，会话服务提供者允许会话用户在传送的数据中设置同步点。一个主同步点表示前一个对话单元的结束及下一个对话单元的开始。在一个对话单元内部或者说两个主同步点之间可以设置次同步点，用于会话单元数据的结构化。当会话用户持有数据令牌、次同步令牌和主同步令牌时就可在发送数据流中用相应的服务原语设置次同步点和主同步点。

一旦出现高层软件错误或不符合协议的事件则发生会话中断，这时会话实体可以从中断处返回到一个已知的同步点继续传送，而不必从文件的开头恢复会话。会话层定义了重传功能，重传是指在已正确应答对方后，在后期处理中发现出错而请求的重传，又称为再同步。为了使发送端用户能够重传，必须保存数据缓冲区中已发送的信息数据，将重新同步的范围限制在一个对话单元之内，一般返回到前一个次同步点，最多返回到最近一个主同步点。

3.2.6　表示层（Presentation Layer）

表示层的目的是处理信息传送中数据表示的问题。由于不同厂家的计算机产品常使用不同的信息表示标准，例如在字符编码、数值表示、字符等方面存在着差异。如果不解决信息表示上的差异，通信的用户之间就不能互相识别。因此，表示层要完成信息表示格式转换，转换可以在发送前，也可以在接收后，也可以要求双方都转换为某标准的数据表示格式。所以表示层的主要功能是完成被传输数据表示的解释工作，包括数据转换、数据加密和数据压缩等。表示层协议的主要功能：①为用户提供执行会话层服务原语的手段；②提供描述负载数据结构的方法；③管理当前所需的数据结构集和完成数据的内部与外部格式之间的转换，例如确定所使用的字符集、数据编码以及数据在屏幕和打印机上显示的方法等。表示层提供了标准应用接口所需要的表示形式。

3.2.7　应用层（Application Layer）

应用层作为用户访问网络的接口层，给应用进程提供了访问 OSI 环境的手段。

应用进程借助于应用实体（AE）、实用协议和表示服务来交换信息，应用层的作用是在实现应用进程相互通信的同时，完成一系列业务处理所需的服务功能。当然这些服务功能与所处理的业务有关。

应用进程使用 OSI 定义和通信功能，这些通信功能是通过 OSI 参考模型各层实体来实现的。应用实体是应用进程利用 OSI 通信功能的唯一窗口。它按照应用实体间约定的通信协议（应用协议）传送应用进程的要求，并按照应用实体的要求在系统间传送应用协议控制信息，有些功能可由表示层和表示层以下各层实现。

应用实体由一个用户元素和一组应用服务元素组成。用户元素是应用进程在应用实体内部，为完成其通信目的需要使用的那些应用服务元素的处理单元。实际上，用户元素向应用进程提供多种形式的应用服务调用，而每个用户元素实现一种特定的应用服务使用方式。用户元素屏蔽应用的多样性和应用服务使用方式的多样性，简化了应用服务的实现。应用进程完全独立于 OSI 环境，它通过用户元素使用 OSI 服务。

应用服务元素可分为两类：公共应用服务元素（CASE）和特定应用服务元素（SASE）。公共应用服务元素是用户元素和特定应用服务元素公共使用的部分，提供通用的最基本的服务，它使不同系统的进程相互联系并有效通信。它包括联系控制元素、可靠传输服务元素、远程操作服务元素等。特定应用服务元素提供满足特定应用的服务，包括虚拟终端、文件传输和管理、远程数据库访问、作业传送等。对于应用进程和公共应用服务元素来说，用户元素具有发送和接收能力。对特定应用服务元素来说，用户元素是请求的发送者，也是响应的最终接收者。

3.3　TCP/IP 参考模型

TCP/IP 协议是互联网中使用的协议，现在几乎成了 Windows、UNIX、Linux 等操作系统中唯一的网络协议。也就是说，没有一个操作系统按照 OSI 协议的规定编写自己的网络系统软件，而都编写了 TCP/IP 协议要求编写的所有程序。

图 3-2 中列出了 OSI 模型和 TCP/IP 模型之间各层的对应关系。

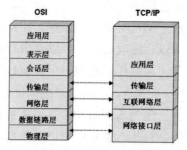

图 3-2　OSI 模型和 TCP/IP 模型对应关系图

TCP/IP 协议是一个协议集，它由十几个协议组成。从名字上我们已经看到了其中的两个协议：TCP 协议和 IP 协议。

图 3-3 所示为 TCP/IP 协议集中各个协议之间的关系。

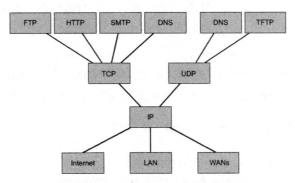

图 3-3　TCP/IP 协议集中的各个协议

3.3.1　TCP/IP 的体系结构

TCP/IP 协议集给出了实现网络通信第三层以上的几乎所有协议，非常完整。今天，微软、HP、IBM、中软等几乎所有操作系统开发商都在自己的网络操作系统部分中实现 TCP/IP，编写 TCP/IP 要求编写的每一个程序。

主要的 TCP/IP 协议如下：

- 应用层：FTP、TFTP、HTTP、SMTP、POP3、SNMP、DNS、Telnet。
- 传输层：TCP、UDP。
- 网络层：IP、ARP（地址解析协议）、RARP（逆向地址解析协议）、（DHCP 动态 IP 地址分配）、ICMP（Internet 控制报文协议）、RIP、IGRP、OSPF（属于路由协议）。

POP3、DHCP、IGRP、OSPF 虽然不是 TCP/IP 协议集的成员，但都是非常知名的网络协议，因此我们仍然把它们放到 TCP/IP 协议的层次中来，这样可以更清晰地了解网络协议的全貌。

TCP/IP 协议是由美国国防部高级研究计划局（DAPRA）开发的。美国军方委托的、不同企业开发的网络需要互联，可是各个网络的协议都不相同，为此需要开发一套标准化协议，使得这些网络可以互联，同时要求以后的承包商竞标的时候遵循这一协议。在 TCP/IP 出现以前美国军方网络系统的混乱是由于其竞标体系所造成的，所以 TCP/IP 出现以后，人们戏称之为"低价竞标协议"。

为了减少网络设计的复杂性，大多数网络都采用分层结构。对于不同的网络，层的数量、名字、内容和功能都不尽相同。在相同的网络中，一台机器上的第 N 层与另一台机器上的第 N 层可利用第 N 层协议进行通信，协议基本上是双方关于如何进行通信所达成的一致。

不同机器中包含的对应层的实体叫作对等进程。在对等进程利用协议进行通信时，实际上并不是直接将数据从一台机器的第 N 层传送到另一台机器的第 N 层，而是每一层都把数据连同该层的控制信息打包交给它的下一层，它的下一层把这些内容看做数据，再加上它这一层的控制信息一起交给更下一层，以此类推，直到最下层。最下层是物理介质，它进行实际的通信。相邻层之间有接口，接口定义下层向上层提供的原语操作和服务。相邻层之间要交换信息，对等接口必须有一致同意的规则。层和协议的集合被称为网络体系结构。

每一层中的活动元素通常称为实体，实体既可以是软件实体，也可以是硬件实体。第 N 层实体实现的服务被第 N+1 层所使用。在这种情况下，第 N 层称为服务提供者，第 N+1 层称为服务用户。

服务是在服务接入点提供给上层使用的。服务可分为面向连接的服务和面向无连接的服务，它在形式上是由一组原语来描述的。这些原语可供访问该服务的用户及其他实体使用。

3.3.2　TCP 连接的建立、维护与拆除

TCP 是一个面向连接的协议。所谓面向连接，是指一台主机和另外一台主机通信时，需要先呼叫对方，请求与对方建立连接，只有对方同意才能开始通信。

这种呼叫与应答的操作非常简单。所谓呼叫，就是连接的发起方发送一个建立连接请求的报文包给对方。对方如果同意这个连接，就简单地发回一个连接响应的应答包，连接就建立起来了。

图 3-4 描述了 TCP 建立连接的过程。

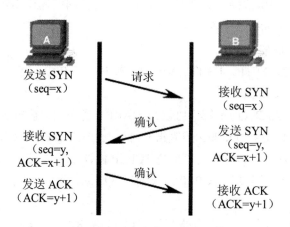

图 3-4　TCP 建立连接的过程

如图 3-4 所示，主机 A 希望与主机 B 建立连接以交换数据，它的 TCP 程序首先构造一个请求连接报文包给对方。请求连接包的 TCP 报头中的报文性质码标志为 SYN（如图 3-5 所示），声明是一个连接请求包。主机 B 的 TCP 程序收到主机 A 的连接请求后，如果同意这个连接，就发回一个确认连接包应答 A 主机。主机 B 的确认连接包的 TCP 报头中的报文性质码标志为 ACK。

SYN 和 ACK 是 TCP 报头中报文性质码的连接标志位（如图 3-5 所示）。建立连接时，SYN 标志位置 1，ACK 标志位置 0，表示本报文包是个同步（synchronization）包。确认连接的包，ACK 置 1，SYN 置 1，表示本报文包是个确认（acknowledgment）包。

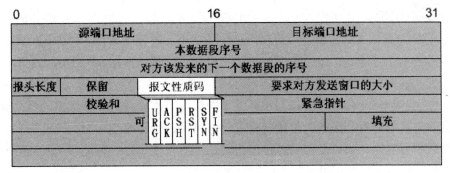

图 3-5　SYN 标志位和 ACK 标志位

从图 3-4 可以看到，建立连接有第三个包，是主机 A 对主机 B 的连接确认。主机 A 为什么要发送第三个包呢？

考虑这样一种情况：主机 A 发送一个连接请求包，但这个请求包在传输过程中丢失，主机 A 发现超时仍未收到主机 B 的连接确认，会怀疑到有包丢失，于是主机 A 再重发一个连接请求包，第二个连接请求包到达主机 B，保证了连接的建立。

但是如果第一个连接请求包没有丢失，而只是网络慢而导致主机 A 超时呢？这就会使主机 B 收到两个连接请求包，使主机 B 误以为第二个连接请求包是主机 A 的又一个请求。第三个确认包就是为防止这样的错误而设计的。

这样的连接建立机制被称为三次握手。

但是从 TCP 程序设计的深层看，源主机 TCP 程序发送连接请求包是为了触发对方主机的 TCP 程序开辟一个对应的 TCP 进程，双方的进程之间传输着数据。这一点可以这样理解：对方主机中开辟了多个 TCP 进程，分别与多个主机的多个 TCP 进程在通信。你的主机也可以邀请对方开辟多个 TCP 进程，同时进行多路通信。

如果同意与你建立连接，对方就要分出一部分内存和 CPU 时间等资源运行与你通信的 TCP 进程。有一种黑客攻击的方式就是无休止地邀请对方建立连接，使得对方主机开辟无数个 TCP 进程与之连接，最后耗尽对方主机的资源。

可以理解，当通信结束时，发起连接的主机应该发送拆除连接的报文包，通知对方主机关闭相应的 TCP 进程，释放所占用的资源。拆除连接报文包的 TCP 报头中，报文性质码的 FIN 标志位置 1，表明是一个拆除连接的报文包。

为了防止连接双方的一侧出现故障后异常关机，而另外一方的 TCP 进程无休止地驻留，任何一方如果发现对方长时间没有通信流量，都会拆除连接。但有时确实有一段时间没有流量，但还需要保持连接，这就需要发送空的报文包以维持这个连接。维持连接的报文包的英语名称非常直观，称为 keepalive。为了在一段时间内没有数据发送但还需要保持连接而发送 keepalive 包被称为连接的维护。

TCP 程序为实现通信而对连接进行建立、维护和拆除的操作称为 TCP 的传输连接管理。最后，我们再回过头来看看 TCP 是怎么知道需要建立连接的。当应用层的程序需要数据发送的时候，就会把待发送的数据放在一个内存区域。TCP 是将应用层交给的数据分段后发送的。为了支持数据出错重发和数据段组装，TCP 程序在每个数据段封装的报头中设计了两个数据报序号字段，分别称为发送序号和确认序号。

出错重发是指一旦发现有丢失的数据段，可以重发丢失的数据，以保证数据传输的完整性。如果数据没有分段，出错后源主机就不得不重发整个数据。为了确认丢失的是哪个数据段，报文就需要安装序号。

另一方面，数据分段可以使报文在网络中的传输非常灵活。一个数据的各个分段可以选择不同的路径到达目标主机。由于网络中各条路径在传输速度上不一致性，有可能前面发出的数据段后到达，而后发出的数据段先到达。为了使目标主机能够按照正确的次序重新装配数据，也需要在数据段的报头中安装序号。

TCP 报头中的第 3、4 号字段是两个基本点序号字段。发送序号是指本数据段是第几号报文包。接收序号是指对方该发来的下一个数据段是第几号段。确认序号实际上是已经接收到的最后一个数据段加 1（如果 TCP 的设计者把这个字段定义为已经接收到的最后一个数据段序号，本可以让读者更容易理解）。

如图 3-6 所示，左侧主机发送 Telnet 数据，目标端口号为 23，源端口号为 1028。发送序号（Sequencing Number）为 10，表明本数据是第 10 段。确认序号（Acknowledgment Number）为 1，表明左侧主机收到右侧主机发来的数据段数为 0，右侧主机应该发送的数据段数是 1。

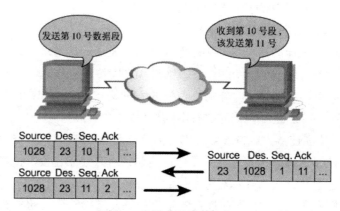

图 3-6　发送序号与确认序号

右侧主机向左方主机发送的数据报中，发送序号是 1，确认序号是 11。确认序号是 11 表明右侧主机已经接收到左方主机第 10 号包以前的所有数据段。

TCP 协议设计在报头中安装第 2 个序号字段是很明智的。这样，对对方数据的确认随着本主机的数据发送而载波过去，而不是单独发送确认包，大大节省了网络带宽和接收主机的 CPU 时间。

在网络中有两种情况会丢失数据包。一种情况是，如果网络设备（如交换机、路由器）的负荷太大，当其数据包缓冲区满的时候，就会丢失数据包；另外一种情况是，如果在传输中有噪声干扰、数据碰撞或设备故障，数据包就会受到损坏，在接收主机的链路层接受校验时就会被丢弃。

发送主机应该发现丢失的数据段，并重发出错的数据。

TCP 使用称为 PAR（Positive Acknowledgment and Retransmission）的出错重发机制，这个机制是许多协议都采用的方法。

TCP 程序在发送数据时，先把数据段都放到其发送窗口中再发送出去。然后，PAR 会为发送窗口中每个已发送的数据段启动定时器。被对方主机确认收到的数据段将从发送窗口中删除。如果某数据段的定时时间到了却仍然没有收到确认，PAR 就会重发这个数据段。

图 3-7 描述了 PAR 的出错重发机制。发送主机的 2 号数据段丢失，接收主机只确认了 1 号数据段。发送主机从发送窗口中删除已确认的 1 号包，放入 4 号数据段（发送窗口=3，没有地方放更多的待发送数据段），将数据段 2、3、4 号发送出去。其中，数据段 2、3 号是重发的数据段。

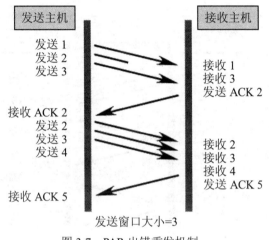

图 3-7　PAR 出错重发机制

尽管数据段 3 已经被接收主机收到，但是仍然被重发。这显然是一种浪费，但是 PAR 机制只能这样处理。为什么不能通知源主机哪个数据段丢失呢？那样的话，源主机可以一目了然，只需要发送丢失的段。如果连续丢失了十几个段，甚至更多，而 TCP 报头中只有一个确认序号字段，该通知源主机重发哪个丢失的数据段呢？如果单独设计一个数据包，用来通知源主机所有丢失的数据段也不行，因为如果通知源主机该重发哪些段的包也丢失了该怎么办呢？

PAR 出错重发机制中的"主动"（Positive）一词，是指发送主机不是消极地等待接收主机的出错信息，而是会主动地发现问题，实施重发。虽然 PAR 机制有一些缺点，但是比起其他的方案仍然是最科学的。

3.3.3　TCP 是如何进行流量控制的

如果接收主机同时与多个 TCP 通信，接收的数据包的重新组装需要在内存中排队。如果接收主机的负荷太大，因为内存缓冲区满，就有可能丢失数据。因此，当接收主机无法承受发送主机的发送速度时，就需要通知发送主机放慢数据的发送速度。

事实上，接收主机并不是通知发送主机放慢发送速度，而是直接控制发送主机的发送窗口大小。接收主机如果需要对方放慢数据的发送速度，就减小数据报中 TCP 报头里发送窗口字段的数值。对方主机必须服从这个数值，减小发送窗口的大小从而降低发送速度。

在图 3-8 中，发送主机开始的发送窗口大小是 3，每次发送 3 个数据段。接收主机要求窗口大小为 1 后，发送主机调整了发送窗口的大小，每次只发送 1 个数据段，因此降低了发送速度。

极端的情况，如果接收主机把窗口大小字段设置为 0，发送主机将暂停发送数据。

有趣的是，尽管发送主机接受接收主机的窗口设置降低了发送速度，发送主机自己却会渐渐扩大窗口，这样做的目的是尽可能地提高数据发送的速度。

在实际中，TCP 报头中的窗口字段不是用数据段的个数来说明大小，而是以字节数为大小的单位。

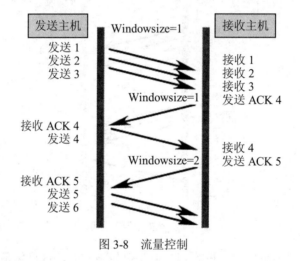

图 3-8　流量控制

在 TCP/IP 协议集中设计了另外一个传输层协议：用户数据报协议（UDP）。这是一个简化了的传输层协议。UDP 去掉了 TCP 协议中 5 个功能中的 3 个功能，即连接建立功能、流量控制功能和出错重发功能，只保留了端口地址寻址和数据分段两个功能。

UDP 通过牺牲可靠性换得通信效率的提高。对于那些对数据可靠性要求不高的数据传输，可以使用 UDP 协议来完成。例如 DNS、SNMP、TFTP、DHCP。

UDP 报头的格式非常简单，其核心内容只有源端口地址和目标端口地址两个字段，如图 3-9 所示。

0	16	31
源端口地址	目标端口地址	
长度	校验和	
数据		
...		

图 3-9　UDP 报头的格式

　　UDP 程序需要与 TCP 一样完成端口地址寻址和数据分段两个功能。但是它不能知道数据包是否到达目标主机，接收主机也不能抑制发送主机发送数据的速度。由于数据报中不再有报文序号，因此即使数据包沿不同路由到达目标主机的次序出现变化，目标主机也无法按正确的次序纠正这样的错误。

　　TCP 是一个面向连接的、可靠的传输，UDP 是一个非面向连接的、简易的传输。

第 4 章　网络层协议

网络协议是计算机网络中进行数据交换而建立的规则、标准或约定的集合。例如，网络中一个微机用户和一个大型主机的操作员进行通信，由于这两个数据终端所用字符集不同，因此操作员所输入的命令彼此不认识。为了能进行通信，规定每个终端都要将各自字符集中的字符先变换为标准字符集的字符，才能进入网络传送，到达目的终端之后再变换为该终端字符集的字符。当然，对于不相容终端，除了须变换字符集字符外还须转换其他特性，如显示格式、行长、行数、屏幕滚动方式等也须作相应的变换。

网络上的计算机之间又是如何交换信息的呢？就像我们说话用某种语言一样，在网络上的各台计算机之间也有一种语言，这就是网络协议，不同的计算机之间必须使用相同的网络协议才能进行通信。

网络协议是网络上所有设备（网络服务器、计算机及交换机、路由器、防火墙等）之间通信规则的集合，它规定了通信时信息必须采用的格式和这些格式的意义。大多数网络都采用分层的体系结构，每一层都建立在它的下层之上，向它的上一层提供一定的服务，而把如何实现这一服务的细节对上一层加以屏蔽。一台设备上的第 n 层与另一台设备上的第 n 层进行通信的规则就是第 n 层协议。在网络的各层中存在着许多协议，接收方和发送方同层的协议必须一致，否则一方将无法识别另一方发出的信息。网络协议使网络上各种设备能够相互交换信息。常见的协议有 TCP/IP 协议、IPX/SPX 协议、NetBEUI 协议等。具体选择哪一种协议则要看情况而定。Internet 上的计算机使用的是 TCP/IP 协议。

4.1　常用网络层协议

4.1.1　IP

IP 层接收由更低层（网络接口层，例如以太网设备驱动程序）发来的数据包，并把该数据包发送到更高层——TCP 或 UDP 层。相反，IP 层也把从 TCP 或 UDP 层接收来的数据包传送到更低层。IP 数据包是不可靠的，因为 IP 并没有做任何事情来确认数据包是否按顺序发送或者有没有被破坏，IP 数据包中含有发送它的主机的地址（源地址）和接收它的主机的地址（目的地址）。

高层的 TCP 和 UDP 服务在接收数据包时，通常假设包中的源地址是有效的。也可以这样说，IP 地址形成了许多服务的认证基础，这些服务相信数据包是从一个有效的主机发送来的。IP 确认包含一个选项，叫作 IP Source Routing，可以用来指定一条源地址和目的地址之间的直接路径。对于一些 TCP 和 UDP 的服务来说，使用了该选项的 IP 包好像是从路径上的最后一个系统传递过来的，而不是来自于它的真实地点。这个选项是为了测试而存在的，说明了它可以被用来欺骗系统来进行平常被禁止的连接。那么，许多依靠 IP 源地址进行确认的服务将产生问题并且会被非法入侵。

4.1.2　TCP

TCP 是面向连接的通信协议，通过三次握手建立连接，通信完成时要拆除连接，由于 TCP 是面向连接的，所以只能用于端到端的通信。

TCP 提供的是一种可靠的数据流服务，采用带重传的肯定确认技术来实现传输的可靠性。TCP 还采用一种称为滑动窗口的方式进行流量控制，所谓窗口实际表示接收能力，用以限制发送方的发送速度。

如果 IP 数据包中有已经封好的 TCP 数据包，那么 IP 将把它们向上传送到 TCP 层。TCP 将包排序并进行错误检查，同时实现虚电路间的连接。TCP 数据包中包括序号和确认，所以未按照顺序收到的包可以被排序，而损坏的包可以被重传。

TCP 将它的信息送到更高层的应用程序，例如 Telnet 的服务程序和客户程序。应用程序轮流将信息送回 TCP 层，TCP 层便将它们向下传送到 IP 层、设备驱动程序和物理介质，最后到接收方。

面向连接的服务（例如 Telnet、FTP、rlogin、X Windows 和 SMTP）需要高度的可靠性，所以它们使用了 TCP。DNS 在某些情况下使用 TCP（发送和接收域名数据库），但使用 UDP 传送有关单个主机的信息。

4.1.3　UDP

UDP 是面向无连接的通信协议，UDP 数据包括目的端口号和源端口号信息，由于通信不需要连接，所以可以实现广播发送。

UDP 通信时不需要接收方确认，属于不可靠的传输，可能会出现丢包现象，在实际应用中要求程序员编程验证。

UDP 与 TCP 位于同一层，但它不管数据包的顺序、错误或重发。因此，UDP 不被应用于那些使用虚电路的面向连接的服务，UDP 主要用于那些面向查询－应答的服务，例如 NFS。相对于 FTP 或 Telnet，这些服务需要交换的信息量较小。使用 UDP 的服务包括 NTP（网络时间协议）和 DNS（DNS 也使用 TCP）。

欺骗 UDP 包比欺骗 TCP 包更容易，因为 UDP 没有建立初始化连接（原因是在两个系统间没有虚电路），也就是说，与 UDP 相关的服务面临着更大的危险。

4.1.4　ICMP

ICMP 与 IP 位于同一层，它被用来传送 IP 的控制信息。它主要是用来提供有关通向目的地址的路径信息。ICMP 的 Redirect 信息通知主机通向其他系统的更准确的路径，而 Unreachable 信息则指出路径有问题。另外，如果路径不可用，ICMP 可以使 TCP 连接终止。ping 是最常用的基于 ICMP 的服务。

TCP 和 UDP 服务通常有一个客户/服务器的关系。例如一个 Telnet 服务进程开始在系统上处于空闲状态，等待着连接。用户使用 Telnet 客户程序与服务进程建立一个连接。客户程序向服务进程写入信息，服务进程读出信息并发出响应，客户程序读出响应并向用户报告。因而这个连接是双工的，可以用来进行读写。

两个系统间的多重 Telnet 连接是如何相互确认并协调一致呢？TCP 或 UDP 连接唯一地使用每个信息中的如下 4 项进行确认：

- 源 IP 地址：发送包的 IP 地址。
- 目的 IP 地址：接收包的 IP 地址。
- 源端口：源系统上连接的端口。
- 目的端口：目的系统上连接的端口。

端口是一个软件结构，被客户程序或服务进程用来发送和接收信息。一个端口对应一个 16 位的数。服务进程通常使用一个固定的端口，例如 SMTP 使用 25、X windows 使用 6000。这些端口号是广为人知的，因为在建立与特定的主机或服务的连接时，需要这些地址和目的地址进行通信。

数据帧：帧头+IP 数据包+帧尾（帧头包括源主机和目标主机 MAC 初步地址及类型，帧尾是校验字）。

IP 数据包：IP 头部+TCP 数据信息（IP 头包括源主机和目标主机 IP 地址、类型、生存期等）。

TCP 数据信息：TCP 头部+实际数据（TCP 头部包括源主机和目标主机端口号、顺序号、确认号、校验字等）。

4.2　IP 地址

在 Internet 上连接的所有计算机，从大型机到微型计算机都是以独立的身份出现的，我们称它为主机。为了实现各主机间的通信，每台主机都必须有一个唯一的网络地址，就好像每一个住宅都有唯一的门牌号一样，才不至于在传输资料时出现混乱。

Internet 的网络地址是指连入 Internet 的计算机的地址编号。所以在 Internet 中，网络地址唯一地标识一台计算机。

我们都已经知道，Internet 是由几千万台计算机互相连接而成的。而要确认网络上的每一台计算机，靠的就是能唯一标识该计算机的网络地址，这个地址就叫做 IP（Internet Protocol）地址，即用 Internet 协议语言表示的地址。

在 Internet 里，IP 地址是一个 32 位的二进制地址。为了便于记忆，将它们分为 4 组，每组 8 位，由小数点分开，用 4 个字节来表示，而且用小数点分开的每个字节的数值范围是 0～255，如 202.116.0.1，这种书写方法叫做点数表示法。

4.2.1　IPv4 概念

IPv4 是互联网协议的第 4 版，也是第一个被广泛使用并构成现今互联网技术基石的协议。1981 年，Jon Postel 在 RFC791 中定义了 IP，IPv4 可以运行在各种各样的底层网络上，比如端对端的串行数据链路（PPP 协议和 SLIP 协议）、卫星链路等，局域网中最常用的是以太网。

传统的 TCP/IP 协议基于 IPv4，属于第二代互联网技术，其核心技术属于美国。它的最大问题是网络地址资源有限，从理论上讲可编址 1600 万个网络、40 亿台主机。但采用 A、B、C 三类编址方式后，可用的网络地址和主机地址的数目大打折扣，以至 IP 地址已经枯竭。其中北美占有 3/4，约 30 亿个，而人口最多的亚洲只有不到 4 亿个。全球 IPv4 地址数已于 2011 年 2 月分配完毕，自 2011 年开始我国 IPv4 地址总数基本维持不变，截至 2016 年 6 月共计有 33761 万个，落后于 7.2 亿网民的需求。虽然用动态 IP 及 NAT 地址转换等技术实现了一些缓冲，但 IPv4 地址枯竭已经成为不争的事实。

4.2.2　IPv6 概念

在 IPv4 地址逐步枯竭的同时，互联网专家提出的 IPv6 互联网技术也正在推行，但从 IPv4 的使用过渡到 IPv6 需要很长的一段时期。中国主要用的就是 IPv4，在 2009 年微软推出的 Win 7 中已经有了 IPv6 的协议。2012 年 6 月 6 日，国际互联网协会举行了世界 IPv6 启动纪念日，这一天，全球 IPv6 网络正式启动。多家知名网站，如 Google、Facebook 和 Yahoo 等，于当天全球标准时间 0 点（北京时间 8 点整）开始永久性支持 IPv6 访问。

IPv6 是 Internet Protocol version 6 的缩写，是 IETF（互联网工程任务组，Internet Engineering Task Force）设计的用于替代现行版本 IP 协议（IPv4）的下一代 IP 协议，号称可以为全世界的每一粒沙子编上一个网址 。

与 IPv4 相比，IPv6 具有以下几个优势：

- IPv6 具有更大的地址空间。IPv4 中规定 IP 地址长度为 32，即有 $2^{32}-1$ 个地址；而 IPv6 中 IP 地址的长度为 128，即有 $2^{128}-1$ 个地址。
- IPv6 使用更小的路由表。IPv6 的地址分配一开始就遵循聚类（Aggregation）的原则，这使得路由器能在路由表中用一条记录（Entry）表示一片子网，大大减小了路由器中路由表的长度，提高了路由器转发数据包的速度。
- IPv6 增加了增强的组播（Multicast）支持以及对流的控制（Flow Control），这使得网络上的多媒体应用有了长足发展的机会，为服务质量（QoS，Quality of Service）控制提供了良好的网络平台。
- IPv6 加入了对自动配置（Auto Configuration）的支持。这是对 DHCP 协议的改进和扩展，使得网络（尤其是局域网）的管理更加方便和快捷。
- IPv6 具有更高的安全性。在使用 IPv6 网络中用户可以对网络层的数据进行加密并对 IP 报文进行校验，极大地增强了网络的安全性。

4.2.3　IPv4 地址分类

不管是学习网络还是上网，IP 地址都是出现频率非常高的词。Windows 系统中设置 IP 地址的界面如图 4-1 所示，图中出现了 IP 地址、子网掩码、默认网关和 DNS 服务器这几个需要设置的地方，只有正确设置，网络才能通。那这些名词都是什么意思呢？学习 IP 地址的相关知识时还会遇到网络地址、广播地址、子网等概念，这些又是什么意思呢？

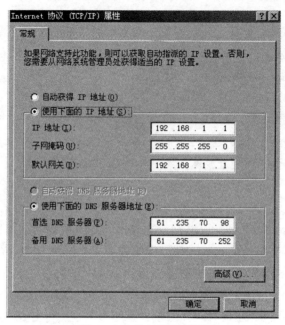

图 4-1　IP 地址设置界面

　　要解答这些问题，先看一个日常生活中的例子。如图 4-2 所示，住在北大街的住户要能互相找到对方，必须各自都要有个门牌号，这个门牌号就是各家的地址，门牌号的表示方法为"北大街+XX 号"。假如 1 号住户要找 6 号住户，过程是这样的，1 号在大街上喊了一声："谁是 6 号？请回答。"这时北大街的住户都听到了，但只有 6 号作了回答，这个喊的过程叫广播，北大街的所有用户就是他的广播范围，假如北大街共有 20 个用户，那广播地址就是北大街 21 号。也就是说，北大街的任何一个用户喊一声都能让"广播地址-1"个用户听到。

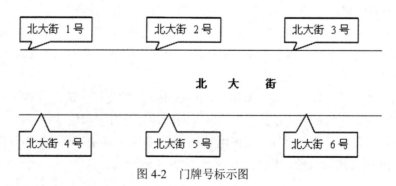

图 4-2　门牌号标示图

从这个例子中可以得出下面几个词：

- 街道地址：北大街。如果给该大街一个地址则用第一个住户的地址-1，此例为北大街 0 号，住户的号如 1 号、2 号等。

- 住户的地址：街道地址+XX 号，如北大街 1 号、北大街 2 号等。
- 广播地址：最后一个住户的地址+1，此例为北大街 21 号。

Internet 中，每个上网的计算机都有一个像上述例子的地址，这个地址就是 IP 地址，它是分配给网络设备的门牌号，为了网络中的计算机能够互相访问。IP 地址=网络地址+主机地址，图 4-1 中的 IP 地址是 192.168.1.1，这个地址中包含了很多含义，如下所示：

- 网络地址（相当于街道地址）：192.168.1.0。
- 主机地址（相当于各户的门号）：0.0.0.1。
- IP 地址（相当于住户地址）：网络地址+主机地址=192.168.1.1。
- 广播地址：192.168.1.255。

这些地址是如何计算出来的呢？为什么计算这些地址呢？要想知道这些，先要明白一个道理，学习网络的目的就是如何让网络中的计算机相互通信，也就是说要围绕着"通"这个字来学习和理解网络中的概念，而不是只为背几个名词。

注意：192.168.1.1 是私有地址，不能直接在 Internet 中应用，上 Internet 要转为公有地址。

1. 为什么需要计算网络地址

计算网络地址就是让网络中的计算机能够相互通信。先看看最简单的网络，用网线（交叉线）直接将两台计算机连起来，如图 4-3 所示。下面是几种 IP 地址设置，看看在不同设置下网络是通还是不通。

（1）对 1 号机和 2 号机的 IP 地址做如下设置：

1 号机的 IP 地址为 192.168.0.1，子网掩码为 255.255.255.0。

2 号机的 IP 地址为 192.168.0.200，子网掩码为 255.255.255.0。

这样它们就能正常通信了。

（2）如果 1 号机地址不变，将 2 号机的 IP 地址改为 192.168.1.200，子网掩码还是为 255.255.255.0，那这两台计算机就无法通信了。

（3）设置如下：

1 号机的 IP 地址为 192.168.0.1，子网掩码为 255.255.255.192。

2 号机的 IP 地址为 192.168.0.200 子网掩码为 255.255.255.192。

注意和第 1 种情况的区别在于子网掩码，1）中为 255.255.255.0，本例是 255.255.255.192，这两台计算机不能正常通信。

1 号机   2 号机

图 4-3 两台计算机连接

（1）的情况能通是因为这两台计算机处在同一网络 192.168.0.0 中，而（2）和（3）情况下两台计算机处在不同的网络，所以不通。

这里先给个结论：用网线直接连接或通过交换机连接的计算机之间要能够相通，计算机必须要在同一网络，也就是说它们的网络地址必须相同，而且主机地址必须不一样。如果不在同一个网络就无法通。这就像我们上面举的例子，同是北大街的住户由于街道名称都是北大街，且各自的门牌号不同，所以能够相互找到对方。

计算网络地址就是用来判断网络中的计算机是否在同一网络，在就能通，不在就不能通。注意，这里说的是否在同一网络指的是 IP 地址而不是物理连接。

2. 如何计算网络地址

日常生活中的地址，如北大街 1 号，从字面上就能看出街道地址是北大街，而我们从 IP 地址中却难以看出网络地址。要计算网络地址，必须借助上面提到过的子网掩码。

计算过程如下：将 IP 地址和子网掩码都换算成二进制，然后进行与运算，结果就是网络地址。与运算如下所示，上下对齐，1 位 1 位地算，1 与 1 = 1 ，其余组合都为 0 。

$$1\quad 0\quad 1\quad 0$$
$$与运算\ 1\quad 1\quad 0\quad 0$$
$$结果为\ 1\quad 0\quad 0\quad 0$$

例如，计算 IP 地址为 202.99.160.50，子网掩码是 255.255.255.0 的网络地址步骤如下：

（1）将 IP 地址和子网掩码分别换算成二进制：

将 202.99.160.50 换算成二进制为 11001010.01100011.10100000.00110010。

将 255.255.255.0 换算成二进制为 11111111.11111111.11111111.00000000。

（2）将二者进行与运算：

$$11001010\ 01100011\ 10100000\ 00110010$$
$$与运算\ 11111111\ 11111111\ 11111111\ 00000000$$
$$结果为\ 11001010\ 01100011\ 10100000\ 00000000$$

（3）将运算结果换算成十进制，这就是网络地址。

11001010.01100011.10100000.00000000 换算成十进制就是 202.99.160.0。

现在我们就可以解答上面 3 种情况的通与不通的问题了。

（1）从下面运算结果可看出两计算机的网络地址都为 192.168.0.0，且 IP 地址不同，所以可以通。

	192.168.0.1	11000000 10101000 00000000 00000001
与运算	255.255.255.0	11111111 11111111 11111111 00000000
结果为	192.168.0.0	11000000 10101000 00000000 00000000

	192.168.0.200	11000000 10101000 00000000 11001000
与运算	255.255.255.0	11111111 11111111 11111111 00000000
结果为	192.168.0.0	11000000 10101000 00000000 00000000

（2）从下面运算结果可以看出 1 号机的网络地址为 192.168.0.0，2 号机的网络地址为 192.168.1.0，不在一个网络，所以不通。

```
        192.168.1.200      11000000 10101000 00000001 11001000
与运算  255.255.255.0      11111111 11111111 11111111 00000000
结果为  192.168.1.0        11000000 10101000 00000001 00000000
```

（3）从下面运算结果可以看出 1 号机的网络地址为 192.168.0.0，2 号机的网络地址为 192.168.0.192，不在一个网络，所以不通。

```
        192.168.0.1        11000000 10101000 00000000 00000001
与运算  255.255.255.192    11111111 11111111 11111111 11000000
结果为  192.168.0.0        11000000 10101000 00000000 00000000


        192.168.0.200      11000000 10101000 00000000 11001000
与运算  255.255.255.192    11111111 11111111 11111111 11000000
结果为  192.168.0.192      11000000 10101000 00000000 11000000
```

3. IP 地址的表示方法

IP 地址的表示方法如下所示。

IP 地址	=	网络号	+	主机号
192.168.100.1	=	192.168.100.0	+	0.0.0.1
192.168.100.3	=	192.168.100.0	+	0.0.0.3
192.168.1.100	=	192.168.1.0	+	0.0.0.100

如果把整个 Internet 作为一个单一的网络，IP 地址就是给每个连在 Internet 的主机分配一个全世界范围内唯一的标识符，Internet 管理委员会定义了 A、B、C、D、E 五类地址，在每类地址中还规定了网络编号和主机编号。在 TCP/IP 协议中，IP 地址是以二进制数字形式出现的，共 32 位，但这种形式非常不适合阅读和记忆。因此 Internet 管理委员会决定采用一种"点分十进制表示法"表示 IP 地址：在面向用户的文档中，由 4 段构成的 32 位的 IP 地址被直观地表示为 4 个以圆点隔开的十进制整数，其中每一个整数对应一个字节（8 位为一个字节，称为一段）。A、B、C 类最常用，下面进行介绍（以 IPv4 为例），如图 4-4 所示。

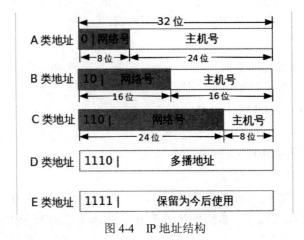

图 4-4 IP 地址结构

（1）A 类地址

A 类地址的网络标识由第一组 8 位二进制数表示。A 类地址的特点是网络标识的第一位二进制数取值必须为 0。

比如：

　　　1.x.y.z = 00000001.x.y.z

　　　10.x.y.z = 00001010.x.y.z

　　　27.x.y.z = 00011011.x.y.z

　　　102.x.y.z = 01100110.x.y.z

　　　127.x.y.z = 01111111.x.y.z

注意：127 除了第一位为 0 外，其他每位均为 1。下一个更高的二进制值将在最左位上设置 1，然而其结果不是 A 类地址，所以 127.x.y.z 是最高的 A 类地址。

A 类地址使用第一个 8 位二进制位表示唯一性网络地址，而用其余 3 个 8 位二进制位表示该网络上的主机地址。由于第一个比特位为 0，所以，在第一个 8 位二进制位中余下的 7 位用于将本网络与其他网络区分开来。而另外 24 位由每个主机使用，作为该网上标识自己的编号。

注意：重要的规则是网络地址不可以全部为 0。

这就是说，只有 127 个 A 类地址可用。这使人马上想到有 127 个网络，下面提供等式：

$$2^7-1=127$$

上式中的 2 是每比特位可能的值（1 或 0），7 是所用的位数量，1 是 7 位均为 0 的地址。

对于 127 个网络中的每个网络，每个地址使用另外 24 位组成自己的唯一性主机。24 位的所有可能组合产生了唯一性主机 IP 地址的数量，可用于 127 个网络中的每个网络，127 个 A 类网络的每个都有 $2^{24}-2=16777214$ 个可能的唯一性 IP 地址。地址的主机部分也不能全为 0，且不能全为 1。这样，每个 A 类网络的主机数量从下面公式得出：$2^{24}-2=16777214$。减去 2 是因为全为 1 和全为 0 的地址是无效的。

在 127 个可以使用的 A 类网络中，有一个地址预留出来为测试使用，即网络地址 127.x.y.z 被预留为回送地址。比如，网络管理员正测试 TCP/IP 安装时，测试 127.0.0.1 指的是被测试的主机。这样实际能使用的 A 类网络号只有 126 个。

（2）B 类地址

B 类地址的第一个 8 位二进制位的十进制数是在 128～191，比如 128.x.y.z。

用二进制数来看，B 类地址的最左边两位总是 10。

　　　128.x.y.z = 1000 0000.x.y.z

　　　151.x.y.z = 1001 0111.x.y.z

　　　165.x.y.z = 1010 0101.x.y.z

　　　191.x.y.z = 1011 1111.x.y.z

注意：191 的 8 位二进制位的每位都是 1，只有左数第 2 位是 0。下一个比它大的二进制值将在左数第 2 位上设 1，其结果就不是 B 类地址了，因此 191.x.y.z 是最高的 B 类地址。

B 类地址使用最前面的两个 8 位二进制位表示唯一性网络地址，并用另两个 8 位二进制位组成该网络上的唯一性主机地址。

因为头两位为 10，所以，就用第一个字节的其余 6 位和第 2 个字节的所有 8 位标识出本网络。主机使用 16 位在网络上标识自己。下式提供了 B 类网络的数量：

$$2^{14}=16384$$

即可以使用 16384 个 B 类网络。在这 16384 个网络中的每个网上，每个地址使用另外 16 位标识自己。这 16 位的所有可能的组合生成唯一性主机 IP 地址的数量。16384 个网络的每个均可有此数量的主机 IP 地址。16384 个 B 类网络的每个网上可能有 65534 个唯一性 IP 地址：

$$2^{16}-2=65534$$

（3）C 类地址

C 类地址的第一个字节的十进制数在 192 和 223 之间，如 192.x.y.z。

用二进制来看，C 类地址的最左边三位为 110。

> 192.x.y.z = 11000000.x.y.z
>
> 200.x.y.z = 11001000.x.y.z
>
> 210.x.y.z = 11010010.x.y.z
>
> 223.x.y.z = 1101 1111.x.y.z

注意：223 除了左数第 3 位为 0 外，其他位均为 1。下一个比它高的二进制数将在左数第 3 位上设 1，结果地址将不属于 C 类，所以 223.x.y.z 是最高的 C 类地址。

C 类地址使用前三个字节表示唯一性网络地址，并用其余的一个字节表示该网上的唯一性主机地址。因为第一个字节的前三位是 110，C 类地址的网络部分包括第一个字节剩下的 5 位、第二个字节的所有 8 位以及第三个字节的所有 8 位，总共 21 位。主机使用剩下的 8 位在该网络上标识自己。C 类网数量 $2^{21}=2097152$。也就是说，可以使用的 C 类网共有 2097152 个。在 2097152 个网络的每个网上，每个地址使用其他 8 位标识自己。8 个位的所有可能组合生成唯一性 IP 地址数量，这个数量可用于 2097152 个网络的每个网上。2097152 个 C 类网的每个网络有 254 个可能的唯一性 IP 地址，即 $2^8-2=254$。

对范围是 2^x 的理解，举个简单的例子加以说明。如 C 类网，每个网络允许有 $2^8-2=254$ 台主机是这样来的，因为 C 类网的主机位是 8 位，变化如下：

> 00000000
>
> 00000001
>
> 00000010
>
> 00000011
>
> ……
>
> 11111110
>
> 11111111

除去 00000000 和 11111111 不用外，从 00000001 到 11111110 共有 254 个变化，也就是 2^8-2 个。表 4-1 是 IP 地址的使用范围。

表 4-1   IP 地址的使用范围

网络类别	最大网络数	第一个可用的网络号	最后一个可用的网络号	每个网络中的最大主机数
A	126（27-2）	1	126	16777214
B	16384（214）	128.0	191.255	65534
C	2097152（221）	192.0.0	223.255.255	254

4.2.4　几类特殊的 IP 地址

1. 私有地址

上面提到 IP 地址在全世界范围内唯一，看到这句话你可能有这样的疑问：像 192.168.0.1 这样的地址在许多地方都能看到，并不唯一，这是为何？Internet 管理委员会规定如下地址段为私有地址，私有地址可以自己组网时用，但不能在 Internet 上用，Internet 没有这些地址的路由，有这些地址的计算机要上网必须转换成为合法的 IP 地址，也称为公网地址，这就像有许多的世界公园，每个公园内都可命名相同的大街，如香榭丽舍大街，但对外我们只能看到公园的地址和真正的香榭丽舍大街。下面是 A、B、C 类网络中的私有地址段，自己组网时可以用这些地址。

　　　　10.0.0.0～10.255.255.255

　　　　172.16.0.0～172.31.255.255

　　　　192.168.0.0～192.168.255.255

2. 回送地址

A 类网络地址 127 是一个保留地址，用于网络软件测试以及本地机进程间通信，称为回送地址（loopback address）。无论什么程序，一旦使用回送地址发送数据，协议软件立即返回之，不进行任何网络传输。含网络号 127 的分组不能出现在任何网络上。

ping127.0.0.1，如果反馈信息失败，说明 IP 协议栈有错，必须重新安装 TCP/IP 协议。如果成功，ping 本机 IP 地址，如果反馈信息失败，说明网卡不能和 IP 协议栈进行通信。

如果网卡没接网线，用本机的一些服务如 SQL Server、IIS 等就可以使用 127.0.0.1 这个地址。

3. 广播地址

TCP/IP 规定，主机号全为 1 的网络地址用于广播，称为广播地址。所谓广播，指同时向同一子网的所有主机发送报文。

4. 网络地址

TCP/IP 协议规定，各位全为 0 的网络号被解释成本网络。由上可以看出：①含网络号 127 的分组不能出现在任何网络上；②主机和网关不能为该地址广播任何寻径信息。由以上规定可以看出，主机号全 0 或全 1 的地址在 TCP/IP 协议中有特殊含义，一般不能作为一台主机的有效地址。

4.2.5　子网掩码

从上面的例子可以看出，子网掩码的作用就是和 IP 地址与运算后得出网络地址，子网掩码也是 32 位，并且是一串 1 后跟随一串 0 组成，其中 1 表示在 IP 地址中的网络号对应的位数，而 0 表示在 IP 地址中主机对应的位数。

1. 标准子网掩码

A 类网络（1～126）默认子网掩码：255.0.0.0。

255.0.0.0 换算成二进制为 11111111.00000000.00000000.00000000。

可以清楚地看出前 8 位是网络地址，后 24 位是主机地址，也就是说，如果用的是标准子网掩码，看第一段地址即可看出是不是同一网络的。如 21.0.0.1 和 21.240.230.1，第一段为 21 属于 A 类，如果用的是默认的子网掩码，那这两个地址就是一个网段的。

B 类网络（128～191）默认子网掩码：255.255.0.0。

C 类网络（192～223）默认子网掩码：255.255.255.0。

B 类、C 类分析同上。

2. 特殊子网掩码

标准子网掩码出现的都是 255 和 0 的组合，而在实际的应用中还有下面的子网掩码：

255.128.0.0

255.192.0.0

……

255.255.192.0

255.255.240.0

……

255.255.255.248

255.255.255.252

这些子网掩码的出现是为了把一个网络划分成多个子网络。

从上面的例子可知：192.168.0.1 和 192.168.0.200 如果默认子网掩码是 255.255.255.0，两个地址就是一个网络的；如果子网掩码变为 255.255.255.192，这样各地址就不属于一个网络了。下面将对子网划分作详细介绍。

当子网掩码为 255.255.255.0 时，通过下式计算网络地址为 192.168.0.0。

192.168.000.001=11000000.10101000.00000000.00000001

192.168.000.200=11000000.10101000.00000000.11001000

255.255.255.000=11111111.11111111.11111111.00000000

当子网掩码为 255.255.255.192 时，通过下式计算网络地址为 192.168.0.192。

192.168.000.001=11000000.10101000.00000000.00 000001

192.168.000.200=11000000.10101000.00000000.11001000

255.255.255.192=11111111.11111111.11111111.11000000

子网掩码换算的十进制和二进制对照见表 4-2。

表4-2   子网掩码换算的十进制和二进制对照

十进制	1	2	4	8	16	32	64	128
二进制	00000001	00000010	00000100	00001000	00010000	00100000	01000000	10000000
十进制	192	224	240	248	252	254	255	
二进制	11000000	11100000	11110000	11111000	11111100	11111110	11111111	

3. 通过IP地址和子网掩码与运算计算相关地址

知道IP地址和子网掩码后可以算出网络地址、广播地址、地址范围及本网有几台主机。与运算规则：1与1为1，1与0、0与1均为0。

【例1】IP地址为192.168.100.5，子网掩码为255.255.255.0，算出网络地址、广播地址、地址范围和主机数。

分析：

（1）分步骤计算

1）将IP地址和子网掩码换算为二进制，子网掩码连续全为1的是网络地址，后面的是主机地址。虚线前为网络地址，虚线后为主机地址。

```
                                网络地址（网络ID）              主机地址
        192.168.100.5    11000000.10101000.01100100.00000101
        255.255.255.0    11111111.11111111.11111111.00000000
与运算
结果为    192.168.100.0    11000000.10101000.01100100.00000000
```

2）本例中所给地址为C类地址，则IP地址和子网掩码进行与运算所得结果是网络地址。

```
        192.168.100.5    11000000 10101000 01100100 00000101
与运算    255.255.255.0    11111111 11111111 11111111 00000000
结果为    192.168.100.0    11000000 10101000 01100100 00000000
```

3）将上面地址中的网络地址不变，主机地址变为全1，结果就是广播地址。

```
网络地址为    192.168.100.0    11000000 10101000 01100100 00000000
```

将主机地址变为全1
```
广播地址为    192.168.100.255    11000000 10101000 01100100 11111111
```

4）地址范围就是包含在本网段内的所有主机，网络地址加1即为第一个主机地址，广播地址减1即为最后一个主机地址，由此可以看出：

● 地址范围：网络地址+1～广播地址-1。

● 本例的网络范围：192.168.100.1～192.168.100.254。

也就是说地址192.168.100.1～192.168.100.254都是一个网段的。

5）主机的数量 = $2^{\text{二进制的主机位数}}$ −2。减 2 是因为主机地址不包括网络地址和广播地址。本例二进制的主机位数是 8 位，因此主机的数量 = $2^8-2 = 254$。

（2）总体计算

把上边的计算步骤合起来，计算过程如下：

```
                    192.168.100.5    11000000 10101000 01100100 00000101
与运算              255.255.255.0    11111111 11111111 11111111 00000000
结果为网络地址：    192.168.100.0    11000000 10101000 01100100 00000000

                                    将结果中的网络地址不变   主机地址变成全 1
结果为广播地址：192.168.100.255     11000000 10101000 01100100 11111111
主机的数量：                                                 2^8-2=254
地址范围：          网络地址    192.168.100.0……广播地址    192.168.100.255
主机的地址范围：    网络地址+1  192.168.100.1……广播地址-1  192.168.100.254
```

【例 2】IP 地址为 128.36.199.3，子网掩码是 255.255.240.0，算出网络地址、广播地址、地址范围和主机数。

1）将 IP 地址和子网掩码换算为二进制，子网掩码连续全 1 的是网络地址，后面的是主机地址，虚线前为网络地址，虚线后为主机地址。

```
128.36.199.3      10000000 00100100 1100 0111 00000011
255.255.240.0     11111111 11111111 1111 0000 00000000
```

2）IP 地址和子网掩码进行与运算，结果是网络地址。

```
        128.36.199.3      10000000 00100100 1100 0111 00000011
与运算  255.255.240.0     11111111 11111111 1111 0000 00000000
结果为  128.36.192.0      10000000 00100100 1100 0000 00000000
```

3）将运算结果中的网络地址不变，主机地址变为 1，结果就是广播地址。

```
        128.36.192.0      10000000 00100100 1100 0000 00000000
广播地址：128.36.207.255  10000000 00100100 1100 1111 11111111
```

4）地址范围就是含在本网段内的所有主机，网络地址+1 即为第一个主机地址，广播地址-1 即为最后一个主机地址，由此可以看出：

● 地址范围：网络地址+1～广播地址-1。

● 本例的网络范围：128.36.192.1～128.36.207.254。

5）主机的数量 = $2^{\text{二进制位数的主机}}$ −2 = $2^{12}-2=4094$。

减 2 是因为主机不包括网络地址和广播地址。

【小结】

1）从上面两个例子可以看出，不管子网掩码是标准的还是特殊的，计算网络地址、广播地址和主机数时只要把地址换算成二进制，然后从子网掩码处分清楚连续 1 以前的是网络地址，连续 1 以后的是主机地址，进行相应计算即可。

2）地址范围就是含在本网段内的所有主机。网络地址+1 即为第一个主机地址，广播地址-1 即为最后一个主机地址。由此可以看出，地址范围是网络地址+1～广播地址-1。

3）主机的数量 $=2^{\text{二进制位数的主机}}-2$。

4.2.6 划分子网

由上面的例子可知，网络地址为 192.168.0.0，子网掩码为 255.255.255.0 的这个网络中可容纳 254 台主机，如果想把一个网络分成两个以上的网络，该如何分呢？IP 地址是由网络地址+主机地址组成的，增加网络部分的长度，减少主机地址的长度就能将一个网络划分成数个网络。具体的解决办法就是增加子网掩码中的连续 1，这样相应的主机地址就减少了。具体示例如下所示。

子网掩码由 255.255.255.0 变为 255.255.255.192 后网络位和主机位变化如下：

192.168.0.0   11000000 10101000 00000000 00 | 000000

255.255.255.192   11111111 11111111 11111111 11 | 000000

可看出当子网掩码从 255.255.255.0 变为 255.255.255.192 时，网络位由 24 位变成 26 位。IP 地址前 24 位是规定的网络位数，是不能改变的，而从主机借来的 25、26 两位是可以改变的。

11000000 10101000 00000000 00 000000

11000000 10101000 00000000 01 000000

11000000 10101000 00000000 10 000000

11000000 10101000 00000000 11 000000

如上所示，IP 地址借来的两位有四种变化：00、01、10、11。也就是说将一个网络分成了四个网络。我们称分出来的网络叫子网。

下面计算每个子网的网络地址、广播地址和地址范围。

（1）子网 1

192.168.0.0   11000000 10101000 00000000 00 000000

255.255.255.192   11111111 11111111 11111111 11 000000

与运算

网络地址：192.168.0.0   11000000 10101000 00000000 00 000000

广播地址：192.168.0.63   11000000 10101000 00000000 00 111111

地址范围：192.168.0.1～192.168.0.62

默认网关：192.168.0.1

（2）子网 2

192.168.0. 64   11000000 10101000 00000000 01 000000

255.255.255.192   11111111 11111111 11111111 11 000000

与运算

网络地址：192.168.0.64   11000000 10101000 00000000 01 000000

广播地址：192.168.0.127　　　　11000000 10101000 00000000 01 111111

地址范围：192.168.0.65～192.168.0.126

默认网关：192.168.0.65

（3）子网 3

192.168.0.128　　　　　　　　11000000 10101000 00000000 10 000000

255.255.255.192　　　　　　　11111111 11111111 11111111 11 000000

与运算

网络地址：192.168.0.128　　　　11000000 10101000 00000000 10 000000

广播地址：192.168.0.191　　　　11000000 10101000 00000000 10 111111

地址范围：192.168.0.129～192.168.0.190

默认网关：192.168.0.129

（4）子网 4

192.168.0.192　　　　　　　　11000000 10101000 00000000 11 000000

255.255.255.192　　　　　　　11111111 11111111 11111111 11 000000

与运算

网络地址：192.168.0.192　　　　11000000 10101000 00000000 11 000000

广播地址：192.168.0.255　　　　11000000 10101000 00000000 11 111111

地址范围：192.168.0.193～192.168.0.254

默认网关：192.168.0.193

从表 4-3 可以清楚地看出 4 个子网的相关数据。这里特别需要指出的是，如果所在网络中不允许使用全 0 和全 1 的网络，那子网 1 和子网 4 因为分别是全 0 和全 1 组合而不能使用，该网络只能分为第 2 和第 3 两个子网。

表4-3　4个子网划分地址范围

子网序号	网络地址	地址范围	广播地址	备注
1	192.168.0.0	192.168.0.1～192.168.0.62	192.168.0.63	全 0 组合，一般不使用
2	192.168.0.64	192.168.0.65～192.168.0.126	192.168.0.127	
3	192.168.0.128	192.168.0.129～192.168.0.190	192.168.0.191	
4	192.168.0.192	192.168.0.193～192.168.0.254	192.168.0.255	全 1 组合，一般不使用

注：每个子网中所含的主机数为 $2^6-2=62$。

【例 1】若 ISP 分配给某单位一个 B 类网络 130.20.0.0，子网掩码为 255.255.0.0，请划分为 4 个子网。

分析：计算步骤如下。

1）根据需要的子网数计算出需要从主机位借几位。

$2^2-2=2$，$2^3-2=6$，$2^4-2=14$

减 2 是因为去掉全 0 和全 1 组合，借两位分为两个子网，借 4 位分为 14 个子网，可见应该借 3 位分为 6 个子网。

2）根据借的位数改变子网掩码。

借 3 位后子网掩码由原来的

　　　255.255.0.0　　11111111 11111111 000 00000 00000000

变为

　　　255.255.224.0 11111111 11111111 111 00000 00000000

3）计算每个子网的网络地址、广播地址和地址范围，下面只列出算式给出最后结果，计算方法过程同上。

	10000010 00010100 000 00000 00000000
	10000010 00010100 001 00000 00000000
	10000010 00010100 010 00000 00000000
变化的 IP 地址	10000010 00010100 011 00000 00000000
	10000010 00010100 100 00000 00000000
	10000010 00010100 101 00000 00000000
	10000010 00010100 110 00000 00000000
	10000010 00010100 111 00000 00000000
改变后的子网掩码	11111111 11111111 111 00000 00000000

本例子网的相关数据见表 4-4。

表 4-4　8 个子网划分地址范围

子网序号	网络地址	地址范围	广播地址	备注
1	130.20.0.0	130.20.0.1～130.20.31.254	130.20.31.255	全 0 组合，一般不使用
2	130.20.32.0	130.20.32.1～130.20.63.254	130.20.63.255	
3	130.20.64.0	130.20.64.1～130.20.95.254	130.20.95.255	
4	130.20.96.0	130.20.96.1～130.20.127.254	130.20.127.255	
5	130.20.128.0	130.20.128.1～130.20.159.254	130.20.159.255	
6	130.20.160.0	130.20.160.1～130.20.191.254	130.20.191.255	
7	130.20.192.0	130.20.192.1～130.20.223.254	130.20.223.255	
8	130.20.224.0	130.20.224.1～130.20.255.254	130.20.255.255	全 1 组合，一般不使用

注：每个子网中所含的主机数为 $2^{13}-2=8190$。

A、B、C 类网络中常用子网划分对照表见表 4-5 至表 4-7（表中没有排除全 1 和全 0 组合）。

表 4-5　A 类网络中常用子网划分对照表

需要的子网数目	主机位数	子网掩码（/后面的数位全 1 的个数）	每个子网的主机数目
1～2	1	255.128.0.0 或/9	8388606
3～4	2	255.192.0.0 或/10	4194302
5～8	3	255.224.0.0 或/11	2097150
9～16	4	255.240.0.0 或/12	1048574

需要的子网数目	主机位数	子网掩码（/后面的数位全 1 的个数）	每个子网的主机数目
17～32	5	255.248.0.0 或/13	524286
33～64	6	255.252.0.0 或/14	262142
65～128	7	255.254.0.0 或/15	131070
129～256	8	255.255.0.0 或/16	65534
257～512	9	255.255.128.0 或/17	32766
513～1024	10	255.255.192.0 或/18	16382
1025～2048	11	255.255.224.0 或/19	8190
2049～4096	12	255.255.240.0 或/20	4094
4097～8192	13	255.255.248.0 或/21	2046
8193～16384	14	255.255.252.0 或/22	1022
16385～32768	15	255.255.254.0 或/23	510
32769～65536	16	255.255.255.0 或/24	254
65537～131072	17	255.255.255.128 或/25	126
131073～262144	18	255.255.255.192 或/26	62
262145～524288	19	255.255.255.224 或/27	30
524289～1048576	20	255.255.255.240 或/28	14
1048577～2097152	21	255.255.255.248 或/29	6
2097153～4194304	22	255.255.255.252 或/30	2

表 4-6 B 类网络中常用子网划分对照表

需要的子网数目	主机位数	子网掩码（/后面的数位全 1 的个数）	每个子网的主机数
1～2	1	255.255.128.0 或/17	32766
3～4	2	255.255.192.0 或/18	16382
5～8	3	255.255.224.0 或/19	8190
9～16	4	255.255.240.0 或/20	4094
17～32	5	255.255.248.0 或/21	2046
33～64	6	255.255.252.0 或/22	1022
65～128	7	255.255.254.0 或/23	510
129～256	8	255.255.255.0 或/24	254
257～512	9	255.255.255.128 或/25	126
513～1024	10	255.255.255.192 或/26	62
1025～2048	11	255.255.255.224 或/27	30
2049～4096	12	255.255.255.240 或/28	14
4097～8192	13	255.255.255.248 或/29	6
8193～16384	14	255.255.255.252 或/30	2

表 4-7 C 类网络中常用子网划分对照表

需要的子网数目	主机位数	子网掩码（/后面的数位全 1 的个数）	每个子网的主机数
1～2	1	255.255.255.128 或/25	126
3～4	2	255.255.255.192 或/26	62
5～8	3	255.255.255.224 或/27	30
9～16	4	255.255.255.240 或/28	14
17～32	5	255.255.255.248 或/29	6
33～64	6	255.255.255.252 或/30	2

1. 为什么不使用全 0 和全 1 子网

上面提到一般不使用全 0 和全 1 子网，为什么呢？

上例中 192.168.0.0 子网掩码 255.255.255.192 可分成 4 个子网，第一个子网 192.168.0.1～192.168.0.62 和最后一个子网 192.168.0.193～192.168.0.254 通常也被保留，不能使用。原因是，第一个子网的网络地址 192.168.0.0 和最后一个子网的广播地址 192.168.0.255 具有二义性。先看这个大的 C 类网络地址和广播地址。192.168.0.0 是它的网络地址，192.168.0.255 是它的广播地址。显然，它们分别与第一个子网的网络地址和最后一个子网的广播地址重复了。

那么怎样区分 192.168.0.0 到底是哪个网络的网络地址呢？答案是把子网掩码加上去。

在 192.168.0.0，255.255.255.0 中 192.168.0.0 是大 C 类网络的网络地址。

在 192.168.0.0，255.255.255.192 中 192.168.0.0 是第一个子网的网络地址。

在 192.168.0.255，255.255.255.0 中 192.168.0.255 是大 C 类网络的广播地址。

在 192.168.0.255，255.255.255.192 中 192.168.0.255 是最后一个子网的广播地址。

带上子网掩码，它们的二义性就不存在了。

所以，在严格按照 TCP/IP 协议 A、B、C、D 类给 IP 地址分类的环境下，为了避免二义性，全 0 和全 1 网段都不让使用。这种环境我们叫作 Classful（Classful Routing，有类路由）。在这种环境下，子网掩码只在所定义的路由器内有效，掩码信息到不了其他路由器。比如 RIP1，它在做路由广播时根本不带掩码信息，收到路由广播的路由器因为无从知道这个网络的掩码，只好照标准 TCP/IP 的定义赋予它一个掩码。如拿到 10.X.X.X，就认为它是 A 类，掩码是 255.0.0.0；拿到一个 204.X.X.X，就认为它是 C 类，掩码是 255.255.255.0。但在 Classless（Classless Routing，无类路由）的环境下，掩码任何时候都和 IP 地址成对地出现，这样前面谈到的二义性就不会存在了。

是 Classful 还是 Classless 取决于你在路由器上运行的路由协议，一个路由器上可同时运行 Classful 和 Classless 的路由协议。RIP1（RIP1 以广播的方式来发现路由和维护路由表，RIP2 可以广播或多点传送的方式来发现路由和维护路由表，如果网络采用 CIDR 方式来优化 IP 地址分配，就只能用 RIP2，RIP1 不支持 CIDR）是 Classful 的，它在做路由广播时不带掩码信息；OSPF、EIGRP、BGP4 是 Classless 的，它们在做路由广播时带掩码信息，可以同时运行在同一台路由器上。在 Cisco 路由器上，默认可以使用全 1 网段，但不能使用全

0 网段。所以，当你在 Cisco 路由器上给端口定义 IP 地址时，该 IP 地址不能落在全 0 网段上。如果配了，你会得到一条错误信息。使用 IP subnet-zero 命令之后才能使用全 0 网段。另外要强调的是，使用了 IP subnet-zero 命令之后，如果路由协议使用的是 Classful 的（如 RIP1），虽然定义成功了，但那个子网掩码还是不会被 RIP1 带到它的路由更新报文中，即 IP subnet-zero 命令不会左右路由协议的工作。总之，在 TCP/IP 协议中，全 0 和全 1 网段因为具有二义性而不能被使用。Cisco 默认使全 1 网段可以被使用，但全 0 网段只有在配置了 IP subnet-zero 后方可被使用。

RIP1 与 RIP2 的区别

- RIP1 是有类路由协议，它们在宣告路由信息时不携带子网掩码。
- RIP2 是无类路由协议，它们在宣告路由信息时携带子网掩码。
- RIP1 是广播发送路由更新，广播地址为 255.255.255.255。
- RIP2 是组播发送路由更新，广播地址为 224.0.0.9。

2. 无分类编址 CIDR

某企业需要 1000 个 IP 地址，按上面学的知识，有两种分配方案。一是分配 1 个 B 类地址，但这样会造成 $2^{16}-2-1000=64534$ 个地址浪费。二是分配 4 个 C 类地址，这样会造成每个路由器的路由表增加 4 个相应的项。

另外，上面说的子网划分的解决方案存在一个问题就是浪费地址，过多的子网会导致主机地址减少。在每个子网内，总是有两个地址用于网络地址和广播地址。如果子网过多，地址数量最多有可能会减少一半。举例说，一个 C 类网络通常支持 254 个主机。然而，把 C 类网络分成 64 个子网，这样每个子网分给主机的地址只有 2 个，主机地址就会从 254 个减少到 128 个。在 IPv4 中这样的做法是非常不可取的。

如何解决呢？方法就是丢弃分类地址概念，采用 CIDR（Classless Inter-Domain Routing，无类型域间路由）。

CIDR 采用 13～27 位可变网络 ID，而不是 A、B、C 类网络所用的固定的 1 字节、2 字节和 3 字节。CIDR 消除了子网的概念，IP 地址=网络前缀+主机号。使用斜线记法，在 IP 地址后加上一个斜线/，然后写上网络前缀所占的位数，例如 20.1.1.1，255.192.0.0 按 CIDR 记为 20.1.1.1/10，10 表示连续 10 个 1，也就是网络前缀占 10 位。再例如 CIDR 地址 200.1.1.2/24 表示前 24 位用作网络前缀。

CIDR 最大的好处就是大大缩减了路由器的路由表大小并减少了地址浪费。CIDR 的基本思想是取消 IP 地址的分类结构，将多个地址块聚合在一起生成一个更大的网络，以包含更多的主机。CIDR 支持路由聚合，能够将路由表中的许多路由条目合并为成更少的数目，因此可以限制路由器中路由表的增大，减少路由表项。

CIDR 最主要的特点有两个：

1）CIDR 消除了传统的 A 类、B 类和 C 类地址以及划分子网的概念，因而可以更加有效地分配 IPv4 的地址空间，并且可以在新的 IPv6 使用之前容许因特网的规模继续增长。

2）CIDR 将网络前缀都相同的连续的 IP 地址组成 CIDR 地址块，地址是连续的，不然就不可能设计出包含所需地址、但排除不需要地址的前缀。为了达到这个目的，超网块

（supernet block）即大块的连续地址就分配给 ISP，然后 ISP 负责在用户当中划分这些地址，从而减轻了 ISP 自有路由器的负担。

我们回到上面的例子，ISP 拥有地址块 200.0.64.0/18，某企业需要大约 1000 个 IP 地址，$2^{10}-1024$，所占的地址位是 10 位，ISP 分给该企业的地址块可以是 200.0.68.0/22（网络位 22 位，主机位 10 位）。

假如该企业下分四个子公司，每个子公司需要的 IP 地址是 A 公司 500 个、B 公司 250 个、C 公司 120 个、D 公司 120 个。如何用 CIDR 分配这些地址？

要解答这个问题，先分析一个不同机构的地址块。

ISP：200.0.64.0/18。

第一个地址：　　　　200. 0. 64. 0　　　11001000 00000000 01ᵎ000000 00000000

最后一个地址：　　200. 0. 127. 255　　11001000 00000000 01ᵎ111111 11111111

计算得出该 ISP 共有地址总数为 $2^{14}=16384$ 个，共有 $2^6=64$ 个 C 类网（6 是第三段地址取 6 位）。

企业需要大约 1000 个 IP 地址，$2^{10}=1024$，所占的地址位是 10 位，网络位占 22 位，将 ISP 中的 200.0.64.0/22 分给企业可满足要求。

假定企业已从 ISP 处获得 200.0.64.0/22。

第一个地址：　　　　200. 0. 64. 0　　　11001000 00000000 010000ᵎ00 00000000

最后一个地址：　　200. 0. 67. 255　　11001000 00000000 010000ᵎ11 11111111

根据各单位计算出需要的主机和网络位数，见表 4-8。

表 4-8　主机地址分配表

单位名称	需要地址	计算主机位数	主机位数	网络位数
A 公司	500 个	$2^9=512$	9 位	32−9=23 位
B 公司	250 个	$2^8=256$	8 位	32−8=24 位
C 公司	120 个	$2^7=128$	7 位	32−7=25 位
D 公司	120 个	$2^7=128$	7 位	32−7=25 位

根据表 4-8 可以将 200.0.64.0/22 再划分如下：

A 公司：200.0.64.0/23。

第一个地址：　　　　200. 0. 64. 0　　　11001000 00000000 0100000ᵎ0 00000000

最后一个地址：　　200. 0. 65. 255　　11001000 00000000 0100000ᵎ1 11111111

B 公司：200.0.66.0/24。

第一个地址：　　　　200. 0. 66. 0　　　11001000 00000000 01000010ᵎ00000000

最后一个地址：　　200. 0. 66. 255　　11001000 00000000 01000010ᵎ11111111

C 公司：200.0.67.0/25。

第一个地址：　　　200. 0. 67. 0　　　11001000 00000000 01000011 0¦0000000

最后一个地址：　　200. 0. 67. 127　　11001000 00000000 01000011 0¦1111111

D 公司：200.0.67.128/25。

第一个地址：　　　200. 0. 67. 128　　11001000 00000000 01000011 1¦0000000

最后一个地址：　　200. 0. 67. 255　　11001000 00000000 01000011 1¦1111111

当看到 CIDR 的标记方法时我们也许会发现，所示计算过程中没有/，其实把计算出的网络位数换算成十进制就行了。如 A 公司的掩码为 255.255.254.0，B 公司的掩码为 255.255.255.0，C 和 D 公司的掩码为 255.255.255.128。

从上面可以清楚看出地址聚合的概念，此例 ISP 拥有 64 个 C 类网络，如果不用 CIDR，那在与该 ISP 相连的每个路由器的路由表中都有 64 个路由项，而采用 CIDR 后，只需用路由聚合后的一个项目 200.0.64.0/18 就能找到该 ISP，用 200.0.64.0/22 就能找到该企业。这样就大大减少了路由项。关于路由的问题不是本书的重点，有不清楚的地方请参阅其他资料。另外，支持 CIDR 的协议可以用全 0 和全 1 的网络，这样大大节约了地址。

路由技术是网络中最精彩的技术，路由器是非常重要的网络设备，路由技术被用来互联网络。网络互联有两个范畴，一个是局域网内部的各个子网之间的互联，另外一个就是通过公共网络（如电话网、DDN 专线、帧中继网、互联网）把不在一个地域的局域网远程连接起来，形成一个广域网。

4.3　路由器

路由器在局域网中用来互联各个子网，同时隔离广播和介质访问冲突。

正如前面所介绍的，路由器将一个大网络分成若干个子网，以保证子网内通信流量的局域性，屏蔽其他子网无关的流量，进而更有效地利用带宽。对于那些需要前往其他子网和离开整个网络前往其他网络的流量，路由器提供必要的数据转发。

4.3.1　路由器的工作原理

我们通过图 4-5 来解释路由器的工作原理。

图 4-5 中有三个子网，由两个路由器连接起来。三个 C 类地址子网分别是 200.4.1.0、200.4.2.0、200.4.3.0。

从图中可以看到，路由器的各个端口也需要有 IP 地址和主机地址。路由器的端口连接在哪个子网上，其 IP 地址就应属于该子网。例如路由器 A 两个端口的 IP 地址 200.4.1.1、200.4.2.53 分别属于子网 200.4.1.0 和子网 200.4.2.0。路由器 B 的两个端口的 IP 地址 200.4.2.34、200.4.3.115 分别属于子网 200.4.2.0 和子网 200.4.3.0。

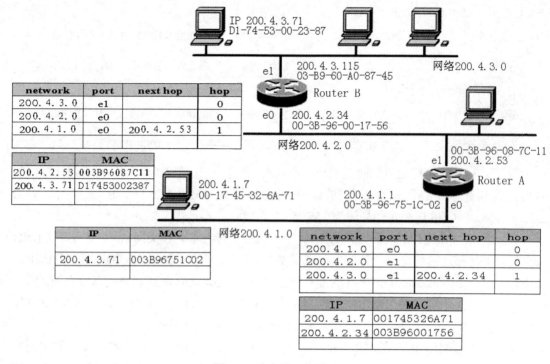

图 4-5　路由器工作原理

每个路由器中都有一个路由表，主要由网络地址、转发端口、下一跳路由器的 IP 地址和跳数组成。

- 网络地址：本路由器能够前往的网络。
- 端口：前往某网络该从哪个端口转发。
- 下一跳：前往某网络，下一跳的中继路由器的 IP 地址。
- 跳数：前往某网络需要穿越几个路由器。

下面我们来看一个需要穿越路由器的数据报是如何被传输的。

如果主机 200.4.1.7 要将报文发送到本网段上的其他主机，源主机通过 ARP 程序可获得目标主机的 MAC 地址，由链路层程序为报文封装帧报头，然后发送出去。

当 200.4.1.7 主机要把报文要发向 200.4.3.0 子网上的 200.4.3.71 主机时，源主机在自己机器的 ARP 表中查不到对方的 MAC，则发 ARP 广播请求 200.4.3.71 主机应答，以获得它的 MAC 地址。但是，这个查询 200.4.3.71 主机 MAC 地址的广播被路由器 A 隔离了，因为路由器不转发广播报文。所以，200.4.1.7 主机是无法直接与其他子网上的主机直接通信的。

路由器 A 会分析这条 ARP 广播请求中的目标 IP 地址。经过掩码运算，得到目标网络的网络地址是 200.4.3.0。路由器查路由表，得知自己能提供到达目的网络的路由，便向源主机发 ARP 应答。

请注意，200.4.1.7 主机的 ARP 表中，200.4.3.71 是与路由器 A 的 MAC 地址 00-3B-96-75-1C-02 捆绑在一起，而不是真正的目标主机 200.4.3.71 的 MAC 地址。事实上，

200.4.1.7 主机并不需要关心是否是真实的目标主机的 MAC 地址, 现在它只需要将报文发向路由器。

路由器 A 收到这个数据报后, 将拆除帧报头, 从里面的 IP 报头中取出目标 IP 地址。然后, 路由器 A 将目标 IP 地址 200.4.3.71 同子网掩码 255.255.255.0 做与运算, 得到目标网络地址是 200.4.3.0。接下来路由器将查路由表 (见图 4-5 路由器 A 的路由表), 得知该数据报需要从自己的 e1 端口转发出去, 且下一跳路由器的 IP 地址是 200.4.2.34。

路由器 A 需要重新封装在下一个子网的新数据帧, 通过 ARP 表取得下一跳路由器 200.4.2.34 的 MAC 地址。封装好新的数据帧后, 路由器 A 将数据通过 e1 端口发给路由器 B。

现在, 路由器 B 收到了路由器 A 转发过来的数据帧。在路由器 B 中发生的操作与在路由器 A 中的完全一样, 只是路由器 B 通过路由表得知目标主机与自己是直接相连接的, 而不需要下一跳路由了。在这里, 数据报的帧报头将最终封装上目标主机 200.4.3.71 的 MAC 地址发往目标主机。

通过上面的例子, 我们了解了路由器是如何转发数据报, 并将报文转发到目标网络的。路由器使用路由表将报文转发给目标主机或交给下一级路由器转发。总之, 发往其他网络的报文将通过路由器传送给目标主机。路由器的工作流程如图 4-6 所示。

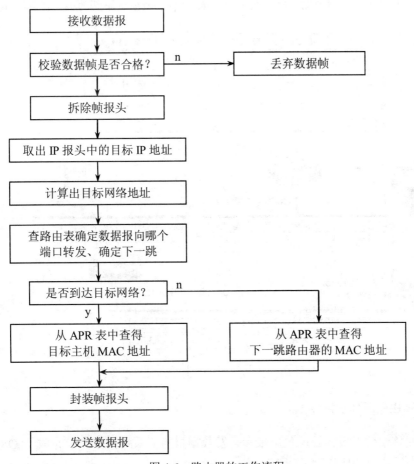

图 4-6 路由器的工作流程

4.3.2 穿越路由器的数据报

数据报穿越路由器前往目标网络的过程中的报头变化是，它的帧报头每穿越一次路由器，就会被更新一次。这是因为 MAC 地址只在网段内有效，它是在网段内完成寻址功能的。为了在新的网段内完成物理地址寻址，路由器就必须重新为数据报封装新的帧报头。

在图 4-7 中，200.4.1.7 主机发出的数据帧，目标 MAC 地址指向 200.4.1.1 路由器，数据帧发往路由器。路由器收到这个数据帧后，会拆除这个帧的帧报头，更换成下一个网段的帧报头。新的帧报头中，目标 MAC 地址是下一跳路由器的，源 MAC 地址则换上了 200.4.1.1 路由器 200.4.2.53 端口的 MAC 地址 00-3B-96-08-7C-11。当数据到达目标网络时，最后一个路由器发出的帧报头中，目标 MAC 地址是最终的目标主机的物理地址，数据被转发到了目标主机。

数据包在传送过程中，帧报头不断被更换，目标 MAC 地址和源 MAC 地址穿越路由器后都要改变。但是，IP 报头中的 IP 地址始终不变，目标 IP 地址永远指向目标主机，源 IP 地址永远是源主机。事实上，IP 报头中的 IP 地址不能变化，否则路由器们将失去数据报转发的方向了。

可见，数据报在穿越路由器前往目标网络的过程中，帧报头不断改变，IP 报头保持不变。

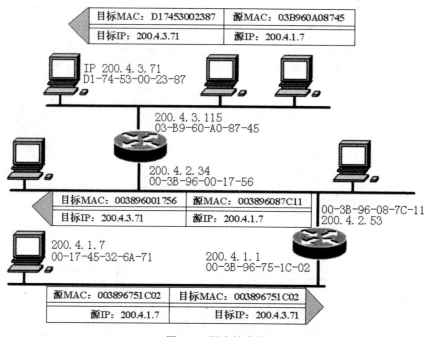

图 4-7 报头的变化

4.3.3 路由器工作在网络层

路由器在接收数据报、处理数据报和转发数据报的一系列工作中，完成了 OSI 模型中物理层、数据链路层和网络层的所有工作。

在物理层中，路由器提供物理上的线路接口，将线路上比特数据位流移入自己接口中的接收移位寄存器，供数据链路层程序读取到内存中。对于转发的数据，路由器的物理层完成相反的任务，将发送移位寄存器中的数据帧以比特数据位流的形式串行发送到线路上。

路由器在数据链路层中完成数据的校验，为转发的数据报封装帧报头，控制内存与接收移位寄存器和发送移位寄存器之间的数据传输。在数据链路层中，路由器会拒绝转发广播数据报和损坏了的数据帧。

路由器的网络间互联能力集中在它在网络层完成的工作。在这一层中，路由器要分析 IP 报头中的目标 IP 地址，维护自己的路由表，选择前往目标网络的最佳路径。正是由于路由器的网间互联能力集中在它的网络层表现，所以人们习惯于称它是一个网络层设备，工作在网络层。

如图 4-8 所示，数据报到达路由器后，数据报会经过物理层→数据链路层→网络层→数据链路层→物理层的一系列数据处理过程，体现了数据在路由器中的非线性。

非线性这个术语在厂商介绍自己的网络产品中经常见到。网络设备厂商经常声明自己的交换机、三层路由交换机能够实现线性传输，以宣传其设备在转发数据报中有最小的延迟。所谓线性状态，是指数据报在如图所示的传输过程中，在网络设备上经历的凸起折线小到近似直线。HUB 只需要在物理层再生数据信号，因此它的凸起折线最小，线性化程度最高。交换机需要分析目标 MAC 地址，并完成数据链路层的校验等其他功能，它的凸起折线略大，但是与路由器比较起来，仍然称它是工作在线性状态的。

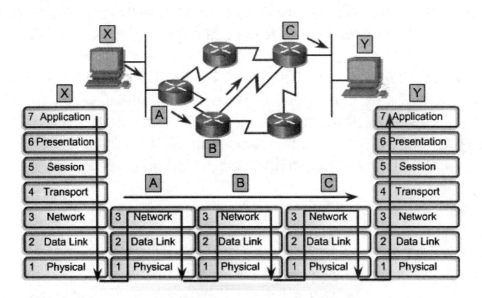

图 4-8 路由器涉及 OSI 模型最下面三层的操作

路由器工作在网络层，因此它对数据传输产生了明显的延迟。

4.3.4 路由表的生成

我们看到，就像交换机的工作全依靠其内部的交换表一样，路由器的工作也完全依靠其内存中的路由表。

图 4-9 列出了路由表的构造。

目标网络	端口	下一跳	距离	协议	定时
160.4.1.0	e0		0	C	
160.4.1.32	e1		0	C	
160.4.1.64	e1	160.4.1.34	1	RIP	00:00:12
200.12.105.0	e1	160.4.1.34	3	RIP	00:00:12
178.33.0.0	e1	160.4.1.34	12	RIP	00:00:12

图 4-9　路由表的构造

路由表主要由六个字段组成，表示能够前往的网络和如何前往那些网络。目标网络字段列出本路由器了解的网络的网络地址。端口字段标明前往某网络的数据报该从哪个端口转发。下一跳字段是在本路由器无法直接到达的网络，下一跳的中继路由器的 IP 地址。距离字段表明到达某网络有多远，在 RIP 路由协议中需要穿越的路由器数量。协议字段表示本行路由记录是如何得到的，本例中，C 表示是手工配置，RIP 表示本行信息是通过 RIP 协议从其他路由器学习得到的。定时字段表示动态学习的路由项在路由表中已经多久没有刷新了，如果一个路由项长时间没有被刷新，该路由项就被认为是失效的，需要从路由表中删除。

我们注意到，前往 160.4.1.64、200.12.105.0、178.33.0.0 网络，下一跳都指向 160.4.1.34 路由器。其中 178.33.0.0 网络最远，需要 12 跳。路由表不关心下一跳路由器将沿什么路径把数据报转发到目标网络，它只要把数据报转发给下一跳路由器就完成任务了。

路由表是路由器工作的基础。路由表中的表项有两种方法获得：静态配置和动态学习。

路由表中的表项可以用手工静态配置生成。将计算机与路由器的 Console 端口连接，使用计算机上的超级终端软件或路由器提供的配置软件就可以对路由器进行配置。

手工配置路由表需要大量的工作。动态学习路由表是最为行之有效的方法。一般情况下都是手工配置路由表中直接连接的网段的表项，而间接连接的网络的表项使用路由器的动态学习功能来获得。

动态学习路由表的方法非常简单。每个路由器定时把自己的路由表广播给邻居，邻居之间互相交换路由表。路由器通过其他路由器的路由广播可以了解更多、更远的网络，这些网络都将被收到自己的路由表中，只要把路由表的下一跳地址指向邻居路由器就可以了。

静态配置路由表的优点是可以人为地干预网络路径选择。静态配置路由表的端口没有路由广播，节省了带宽和邻居路由器 CPU 维护路由表的时间。对邻居屏蔽自己的网络情况时，就得使用静态配置。静态配置的最大缺点是不能动态发现新的和失效的路由。如果一条路由失效不能及时发现，数据传输就失去了可靠性，同时无法到达目标主机的数据报会不停地发送到网络中，浪费了网络的带宽。对于一个大型网络来说，人工配置的工作量大也是静态配置的一个问题。

动态学习路由表的优点是可以动态了解网络的变化。新增和失效的路由都能动态地导致路由表做相应变化。这种自适应特性是使用动态路由的重要原因。对于大型的网络，无一不采用动态学习的方式维护路由表。动态学习的缺点是路由广播会耗费网络带宽。另外，路由器的 CPU 也需要停下数据转发工作来处理路由广播、维护路由表，降低了路由器的吞吐量。

路由器中大部分路由信息是通过动态学习得到的。但是，路由器即使使用动态学习的方法，也需要静态配置直接相连的网段。不然所有路由器都对外发布空的路由表，互相是无法学习的。

目前流行的支持路由器动态学习生成路由表的协议是路由信息协议（RIP）、内部网关路由协议（IGRP）和开放式最短路径优先协议（OSPF）。

4.3.5　路由协议

4.3.5.1　路由协议的功能

路由协议用于路由器之间互相动态学习路由表。路由器中安装的路由协议程序被用来在路由器之间通信，以共享网络路由信息。当网络中所有路由器的路由协议程序一起工作的时候，一个路由器了解的网络信息也必然被其他全体路由器所知道。通过这样的信息交换，路由器互相学习、维护路由表，使之反映整个网络的状态。

路由协议程序要定时构造路由广播报文并发送出去。收听到的其他路由器的路由广播也由路由协议程序分析，进而调整自己的路由表。路由协议程序的任务就是要通过路由协议规定的机制，选择出最佳路径，快速、准确地维护路由表，以使路由器有一个可靠的数据转发决策依据。

路由协议程序不仅要分析出前往目标网络的路径，当有多条路径可以到达目标网络时，还应该选择出最佳的一条，放入路由表中。

路由协议程序有判断失效路由的能力。及时判断出失效的路由，可以避免把已经无法到达目的地的报文继续发向网络而浪费网络带宽，同时还能通过 ICMP 协议通知那些期望与无法到达的网络通信的主机。

路由器通常支持三个流行的路由协议：RIP、IGRP 和 OSPF。也就是说，这些路由器中配置了三种常用的路由协议程序，至少支持 RIP 协议。我们可以根据需要，选择在我们的网络中使用哪种路由协议。OSPF 协议只在互联网那样复杂的网络中使用。

RIP、IGRP 和 OSPF 的发布顺序也就是现在的排列顺序，RIP 的历史最悠久，OSPF 是新一代的路由协议。显然，新开发的路由协议一定是要克服旧协议中的一些不足的。一般来看，越新开发的协议，越具有先进性。这种先进性表现如下：

- 能够更准确地选择出前往具体网络的最佳路线。
- 当网络出现拓扑变化时能更快速地收敛。
- 更节省网络带宽。
- 支持变长子网掩码，以节省网络的 IP 地址。
- 耗费更少的路由器资源（节省路由协议程序工作所需要的 CPU 时间）。

目前的协议开发情况是，更新的路由协议，前四项指标更先进，但是最后一项指标却是下降的。这也是为什么三种路由协议会并存的原因。

路由协议的功能如图 4-10 所地。

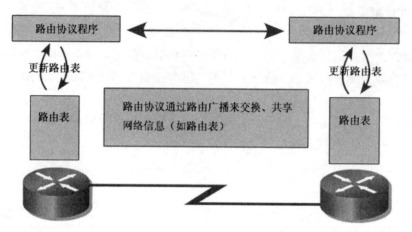

图 4-10   路由协议的功能

4.3.5.2   RIP 协议

路由信息协议（Routing Information Protocol，RIP）是内部网关协议（Interior Gateway Protocol，IGP）中最先得到广泛使用的协议。RIP 是一种分布式的基于距离矢量的路由选择协议，是因特网的标准协议，其最大优点就是实现简单，开销较小。

但 RIP 的缺点也较多。首先，其限制了网络的规模，能使用的最大距离为 15（16 表示不可达）。其次路由器交换的信息是路由器的完整路由表，因而随着网络规模的扩大，开销也就增加。最后，坏消息传播得慢，使更新过程的收敛时间过长。因此对于规模较大的网络就应当使用 OSPF 协议。然而目前在规模较小的网络中，使用 RIP 协议的仍占多数。

RIP 是一种使用最广泛的 IGP。IGP 是在内部网络上使用的路由协议（在少数情形下也可以用于连接到因特网的网络），它可以通过不断地交换信息让路由器动态地适应网络连接的变化，这些信息包括每个路由器可以到达哪些网络，这些网络有多远等。IGP 是应用层协议，并使用 UDP 作为传输协议。

虽然 RIP 仍然经常被使用，但大多数人认为它将会而且正在被诸如 OSPF 和 ISIS 这样的路由协议所取代。当然，我们也看到 EIGRP 这种和 RIP 属于同一基本协议类（距离矢量路由协议，Distance Vector Routing Protocol）但更具适应性的路由协议也得到了一些使用。

RIP 是由 Xerox 公司在 20 世纪 70 年代开发的，是 IP 所使用的第一个路由协议，RIP 已经成为从 UNIX 系统到各种路由器的必备路由协议。RIP 协议有以下特点：

- RIP 是自治系统内部使用的协议，即内部网关协议，使用的是距离矢量算法。
- RIP 使用 UDP 的 520 端口进行 RIP 进程之间的通信。
- RIP 主要有两个版本：RIPv1 和 RIPv2。RIPv1 的具体描述在 RFC1058 中，RIPv2 是对 RIPv1 的改进，其协议的具体描述在 RFC2453 中。
- RIP 以跳数作为网络度量值。

- RIP 采用广播或组播进行路由更新，其中 RIPv1 使用广播，RIPv2 使用组播（224.0.0.9）。
- RIP 支持主机被动模式，即 RIP 允许主机只接收和更新路由信息而不发送信息。
- RIP 支持默认路由传播。
- RIP 的网络直径不超过 15 跳，适合于中小型网络。16 跳时认为网络不可达。
- RIPv1 是有类路由协议，RIPv2 是无类路由协议，即 RIPv2 的报文中含有掩码信息。

RIP 所使用的路由算法是 Bellman-Ford 算法。这种算法最早被用于计算机网络是在 1969 年，当时是作为 ARPANET 的初始路由算法。

RIP 是由网关信息协议（Xerox PARC 的用于互联网工作的 PARC 通用数据包协议簇的一部分）发展过来的，可以说网关信息协议是 RIP 的最早版本。后来的一个版本才被命名为路由信息协议，它是 Xerox 网络服务协议簇的一部分。

1. RIP 工作原理

同一自治系统（Autonomous System，AS）中的路由器每 30 秒会与相邻的路由器交换子信息，以动态地建立路由表。RIP 允许最大的跳数为 15，多于 15 跳不可达。

RIP 共有三个版本：RIPv1，RIPv2，RIPng。其中 RIPv1 和 RIPv2 用在 IPv4 的网络环境里，RIPng 用在 IPv6 的网络环境里。

（1）RIPv1

RIPv1 使用分类路由，在它的路由更新（Routing Updates）中并不带有子网的信息，因此它无法支持可变长度的子网掩码。这个限制造成在 RIPv1 的网络中，同级网络无法使用不同的子网掩码。换句话说，在同一个网络中所有的子网络数目都是相同的。另外，它也不支持对路由过程的认证，这使得 RIPv1 有一些轻微的弱点，有被攻击的可能。

（2）RIPv2

因为 RIPv1 的缺陷，RIPv2 在 1994 年被提出，将子网的信息包含在内，通过这样的方式提供无类别域间路由，不过对于最大结点数 15 的这个限制仍然被保留着。另外针对安全性的问题，RIPv2 也提供一套方法，通过加密来达到认证的效果。

现今的 IPv4 网络中使用的大多是 RIPv2，它是在 RIPv1 基础上的改进。RIPv2 和 RIPv1 相比的主要区别见表 4-9。

表 4-9　RIPv1 和 RIPv2 对照表

RIPv1	RIPv2
数据包中不含子网掩码，所以要求网络中所有设备必须使用相同的子网掩码，否则就会出错	数据包中包含子网掩码
发送数据包的时候，目的地址使用的是广播地址	发送数据包的时候，目的地址使用的是组地址 224.0.0.9，这样更节省网络带宽
不支持路由器之间的认证	支持路由器之间明文或者是 MD5 认证，只有认证通过才可以进行路由同步，因此安全性更高

（3）RIPng（Routing Information Protocol next generation）

RIPng 主要是针对 IPv6 做一些延伸的规范。与 RIPv2 相比其最主要的差异如下：

1）RIPv2 支持 RIP 更新认证，RIPng 则没有。

2）RIPv2 容许附上任意的标签，RIPng 则不容许。

3）RIPv2 UDP 的端口号为 520，RIPng UDP 的端口号为 521。

一个比 RIP 更强大，且同样基于距离矢量路由协议的协议，是 Cisco 专有的IGRP。Cisco 在其现在发行的软件中已不再对 IGRP 提供支援，而且其已被EIGRP所取代。不过它与 IGRP 的关系就只有命名上的相似，亦纯粹是因为 EIGRP 依然是基于距离矢量路由协议的缘故。

TCP/IP 参考模型分为 4 层：应用层、主机到主机层、网络层和网络接入层。TCP/IP 各层协议见表 4-10。

表 4-10　TCP/IP 各层协议

TCP/IP 分层							OSI 分层
应用层	FTP	SMTP	Telnet	DNS	SNMP	RIP	5、6、7
主机到主机层	TCP,UDP						4
	EIGRP,OSPF						
网络层	IP,ICMP						3
	ARP,RARP						
网络接入层	Ethernet	TokenBus	Token Ring	FDDI	WLAN	Frame Relay	2
	V.35	UTP	Serial	FR	Coaxial cable	fibre-optical	1

RIP 作为 IGP 中最先得到广泛使用的一种协议，主要应用于 AS 系统。连接 AS 系统有专门的协议，其中最早的这样的协议是 EGP（外部网关协议），仍然应用于因特网，这样的协议通常被视为内部 AS 路由选择协议。RIP 主要设计来利用同类技术与大小适度的网络一起工作，因此通过速度变化不大的接线连接，RIP 比较适用于简单的校园网和区域网，但并不适用于复杂网络的情况。

RIP 是一种分布式的基于距离矢量的路由选择协议，是因特网的标准协议，其最大的优点就是简单。RIP 协议要求网络中每一个路由器都要维护从它自己到其他每一个目的网络的距离记录。RIP 协议将从一路由器到直接连接的网络的距离定义为 1，将从一路由器到非直接连接的网络的距离定义为每经过一个路由器则距离加 1。距离也称为跳数。RIP 允许一条路径最多只能包含 15 个路由器，因此距离等于 16 时即为不可达。可见 RIP 协议只适用于小型互联网。

RIP 2 由 RIP 而来，属于 RIP 的补充协议，主要用于扩大装载的有用信息的数量，同时增加其安全性能。RIPv1 和 RIPv2 都是基于 UDP 的协议。在 RIP2 下，每台主机或路由器通过路由选择进程发送和接收来自 UDP 端口 520 的数据包。RIP 默认的路由更新周期是 30 秒。

2．RIP 的特点

（1）仅和相邻的路由器交换信息。如果两个路由器之间的通信不经过另外一个路由器，那么这两个路由器是相邻的。RIP 协议规定，不相邻的路由器之间不交换信息。

（2）路由器交换的信息是当前本路由器所知道的全部信息，即自己的路由表。

（3）按固定时间交换路由信息，如每隔 30 秒，然后路由器根据收到的路由信息更新路由表（也可进行相应配置使其触发更新）。

RIPng：RIP for IPv6。RIPng 与 RIP 1 和 RIP 2 两个版本不兼容。

RIP 协议的距离其实就是跳数（hop count，也称跳跃计数），因为每经过一个路由器，跳数就加 1。RIP 认为好的路由就是它通过的路由器的数目少，即距离短。

RIP 与其他动态路由协议相比起来，在收敛时间和扩展性方面不如 OSPF 和 ISIS，使用的网络规模也比 OSPF 和 ISIS 小。但是 RIP 配置和管理起来容易，所占用的带宽也小。

RIP 是应用较早、使用较普遍的内部网关协议，适用于小型同类网络，是典型的距离矢量（Distance Vector）路由协议。

RIP 通过广播 UDP 报文来交换路由信息，每 30 秒发送一次路由信息更新。RIP 提供跳跃计数作为尺度来衡量路由距离，跳跃计数是一个包到达目标所必须经过的路由器的数目。如果到相同目标有两个不等速或不同带宽的路由器，但跳跃计数相同，则 RIP 认为两个路由是等距离的。

在默认情况下，RIP 使用一种非常简单的度量制度：距离就是通往目的站点所需经过的链路数，取值为 1～15，数值 16 表示无穷大。RIP 进程使用 UDP 的 520 端口来发送和接收 RIP 分组。RIP 分组每隔 30 秒以广播的形式发送一次，为了防止出现广播风暴，其后续的分组将做随机延时后发送。在 RIP 中，如果一个路由在 180 秒内未被刷，则相应的距离就被设定成无穷大，并从路由表中删除该表项。RIP 分组分为请求分组和响应分组两种。

RIP1 被提出较早，其中有许多缺陷。为了改善 RIP1 的不足，在 RFC1388 中提出了改进的 RIP2，并在 RFC1723 和 RFC2453 中进行了修订。RIP2 定义了一套有效的改进方案，新的 RIP2 支持子网路由选择、CIDR 和组播，并提供了验证机制。

RIP2 的特性：

- RIP2 是一种无类别路由协议（Classless Routing Protocol）。
- RIP2 报文中携带掩码信息，支持 VLSM（可变长子网掩码）和 CIDR。
- RIP2 支持以组播方式发送路由更新报文，组播地址为 224.0.0.9，减少了网络与系统资源消耗。
- RIP2 支持对协议报文进行认证，并提供明文认证和 MD5 认证两种方式以增强安全性。
- RIP2 能够支持 VLSM。

随着 OSPF 和 ISIS 的出现，许多人认为 RIP 已经过时了。但事实上 RIP 也有它自己的优点。对于小型网络，RIP 就所占带宽而言开销小，易于配置、管理和实现，并且 RIP 目前还在大量使用中。但 RIP 也有明显的不足，即当有多个网络时会出现环路问题。为了解决环路问题，IETF 提出了水平分割法（split-horizon），即在这个接口收到的路由信息不会再从该接口出去。分割范围解决了两个路由器之间的路由环路问题，但不能防止因网络规模较大、主要由延迟因素产生的环路。触发更新要求路由器在链路发生变化时立即传输它的路由表，这加速了网络的聚合，但容易产生广播泛滥。总之，环路问题的解决需要消耗一定的时间和带宽。若采用 RIP 协议，其网络内部所经过的链路数不能超过 15，这使得 RIP 协议不适于大型网络。

3. 防环机制

- 记数最大值（maximum hop count）：定义最大跳数（15 跳），当跳数为 16 跳时，目标为不可达。
- 水平分割（split horizon）：从一个接口学习到的路由不会再广播回该接口。Cisco 可以对每个接口关闭水平分割功能。
- 路由毒化（route poisoning）：当拓扑结构变化时，路由器会将失效的路由标记为 possibly down 状态，并分配一个不可达的度量值。
- 毒性逆转（poison reverse）：从一个接口学习的路由会发送回该接口，但是已经被毒化，跳数设置为 16 跳，不可达。
- 触发更新（trigger update）：一旦检测到路由崩溃，立即广播路由刷新报文，而不等到下一刷新周期。
- 抑制计时器（holddown timer）：防止路由表频繁翻动，增加了网络的稳定性。

RIP 是基于 D-V 算法的内部动态路由协议。它是第一个为所有主要厂商支持的标准 IP 选路协议。对于更复杂的环境，一般不应使用 RIP。

RIP1 作为距离矢量路由协议，具有与 D-V 算法有关的所有限制，如慢收敛、易于产生路由环路、广播更新占用带宽过多等。RIP1 作为一个有类别路由协议，其更新消息中是不携带子网掩码的，这意味着它在主网边界上自动聚合，不支持 VLSM 和 CIDR。同样，RIP1 作为一个古老协议，不提供认证功能，这可能会产生潜在的危险性。总之，简单性是 RIP1 广泛使用的原因之一，但简单性带来的一些问题也是 RIP 故障处理中必须关注的。

4. RIP 的版本

RIP 在不断发展完善的过程中又出现了第二个版本，即 RIP2。与 RIP1 最大的不同是 RIP2 为一个无类别路由协议，其更新消息中携带子网掩码，它支持 VLSM、CIDR、认证和多播。这两个版本都在应用，两者之间的差别导致的问题在 RIP 故障处理时需要特别注意。

5. RIP 的信息类型

信息类型分为请求信息（可以是请求一条路由的信息）和应答信息（一定是全部的路由）。

RIP 是最常使用的内部网关协议之一，是一种典型的基于距离矢量算法的动态路由协议。在不同的网络系统如 Internet、AppleTalk、Novell 等协议都实现了 RIP。它们都采用相同的算法，只是在一些细节上做了小改动，适应不同网络系统的需要。

RIP 有 RIP1 和 RIP2 两个版本，需要注意的是，RIP2 不是 RIP1 的替代，而是 RIP1 功能的扩展。比如 RIP2 更好地利用了原来 RIP1 分组中必须为零的域来增加功能，不仅支持可变长子网掩码，也支持路由对象标识。此外，RIP2 还支持明文认证和 MD5 密文认证，以确保路由信息的正确。

RIP 通过 UDP 报文交换路由信息，使用跳数来衡量到达目的地的距离。由于在 RIP 中大于 15 的跳数被定义为无穷大，所以 RIP 一般用于采用同类技术的中等规模网络，如校园网及一个地区范围内的网络。RIP 并非为复杂的、大型的网络而设计，但由于它使用简单、配置灵活，使得它在今天的网络设备和互联网中仍被广泛使用。

6. RIP 的局限性

RIP 也有它的局限性。比如支持站点的数量有限，这使得 RIP 只适用于较小的自治系统，不能支持超过 15 跳数的路由。再如，路由表更新信息将占用较大的网络带宽，因为 RIP 每隔一定时间就向外广播发送路由更新信息，在有许多结点的网络中，这将会消耗相当大的网络带宽。此外，RIP 的收敛速度慢，因为一个更新要等 30 秒，而宣布一条路由无效必须等 180 秒，而且这还只是收敛一条路由所需的时间，有可能要花好几个更新才能完全收敛于新拓扑。RIP 的这些局限性显然削弱了网络的性能。

默认情况下，配置相应版本的 RIP 只能接收和发送相应版本的 RIP 消息。可以配置设备接口限制收发 RIP 信息的类型。

RIP 不足之处如下：

（1）过于简单，以跳数为依据计算度量值，经常得出非最优路由。例如 2 跳 64Kb/s 专线和 3 跳 1000Mb/s 光纤，显然多跳一下没什么不好。

（2）度量值以 16 为限，不适合大的网络。解决路由环路问题，16 跳在 RIP 中被认为是无穷大，RIP 多用于园区网和企业网。

（3）安全性差，接收来自任何设备的路由更新。无密码认证机制，默认接收任何地方任何设备的路由更新，不能防止恶意的 RIP 欺骗。

（4）不支持无类 IP 地址和 VLSM<RIPv1>。

（5）收敛性差，时间经常大于 5 分钟。

（6）消耗带宽很大。完整地复制路由表，把自己的路由表复制给所有邻居，尤其在低速广域网链路上更以显式的全量更新。

4.3.5.3　链路状态路由协议

对最大度量值的规定限制了网络的规模是距离矢量路由协议的一大缺点。随着网络规模的不断增长，有必要使用新的路由算法替代距离矢量算法，链路状态路由协议就是其中之一。

链路状态路由协议又称为最短路径优先协议，它比距离矢量路由协议复杂得多，但基本功能和配置却很简单，甚至算法也容易理解。路由器链路状态的信息称为链路状态，包括接口的 IP 地址和子网掩码、网络类型（如以太网链路或串行点对点链路）、该链路的开销（距离）、该链路上所有的相邻路由器。

每个链路状态路由器都提供关于它邻居的拓扑结构信息。这包括路由器所连接的网段（链路）和网段（链路）的情况（状态）。

这个信息在网络上泛洪（flooding），目的是让所有的路由器都可以接收到第一手信息。链路状态路由器并不会广播包含在它们的路由表内的所有信息。相反，链路状态路由器将发送关于已经改动的路由信息。链路状态路由器将向它们的邻居发送呼叫消息，这称为链路状态数据包（LSP）或者链路状态通告（LSA）。然后，邻居将 LSP 复制到它们的路由选择表中，并传递那个信息到网络的剩余部分。这个过程称为泛洪，它的结果是向网络发送第一手信息，为网络建立更新路由的准确映射。

1. 路由协议

链路状态路由协议是层次式的，网络中的路由器并不向邻居传递路由项，而是通告给邻居一些链路状态。与距离矢量路由协议相比，链路状态协议对路由的计算方法有本质的差别。距离矢量协议是平面式的，所有的路由学习完全依靠邻居，交换的是路由项。链路状态协议只是通告给邻居一些链路状态。运行该路由协议的路由器不是简单地从相邻的路由器学习路由，而是把路由器分成区域，收集区域所有路由器的链路状态信息，根据状态信息生成网络拓扑结构，每一个路由器再根据拓扑结构计算出路由。

2. 工作过程

每台路由器都了解其自身的链路（即与其直连的网络），这通过检测哪些接口处于工作状态（包括第 3 层地址）来完成。

对于链路状态路由协议来说，直连链路就是路由器上的一个接口，与距离矢量协议和静态路由一样，链路状态路由协议也需要下列条件才能了解直连链路：①正确配置了接口 IP 地址和子网掩码并激活接口；②将接口包括在一条 Network 语句中。

（1）向邻居发送 Hello 数据包

每台路由器负责问候直连网络中的相邻路由器。与 EIGRP 路由器相似，链路状态路由器通过直连网络中的其他链路状态路由器互换 Hello 数据包来达到此目的。

路由器使用 Hello 协议来发现其链路上的所有邻居，形成一种邻接关系，这里的邻居是指启用了相同的链路状态路由协议的其他任何路由器。这些小型 Hello 数据包持续在两个邻接的邻居之间互换，以此实现保持激活功能来监控邻居的状态。如果路由器不再收到某邻居的 Hello 数据包，则认为该邻居已无法到达，该邻接关系破裂。

（2）建立链路状态数据包

每台路由器创建一个链路状态数据包（LSP），其中包含与该路由器直连的每条链路的状态。这通过记录每个邻居的所有相关信息，包括邻居 ID、链路类型和带宽来完成。一旦建立了邻接关系，即可创建 LSP，并仅向建立邻接关系的路由器发送 LSP。LSP 中包含与该链路相关的链路状态信息、序列号和过期信息。

（3）将链路状态数据包泛洪给邻居

每台路由器将 LSP 泛洪到所有邻居，然后邻居将收到的所有 LSP 存储到数据库中。接着，各个邻居将 LSP 泛洪给自己的邻居，直到区域中的所有路由器均收到那些 LSP 为止。每台路由器会在本地数据库中存储邻居发来的 LSP 副本。

路由器将其链路状态信息泛洪到路由区域内的其他所有链路状态路由器，它一旦收到来自邻居的 LSP，便不经过中间计算，立即将这个 LSP 从除接收该 LSP 的接口以外的所有接口发出，此过程在整个路由区域内的所有路由器上形成 LSP 的泛洪效应。距离矢量路由协议则不同，它必须首先运行 Bellman-Ford 算法来处理路由更新，然后再将它们发送给其他路由器。而链路状态路由协议则在泛洪完成后再计算 SPF 算法，因此达到收敛状态的速度比距离矢量路由协议快得多。LSP 在路由器初始启动期间、路由协议过程启动期间、每次拓扑发生更改（包括链路接通或断开）时、邻接关系建立或邻接关系破裂时发送，并不需要定期发送。

（4）构建链路状态数据库

每台路由器使用数据库构建一个完整的拓扑图并计算通向每个目的网络的最佳路径。就像拥有了地图一样，路由器现在拥有关于拓扑中所有目的地以及通向各个目的地的路由详图。SPF 算法用于构建该拓扑图并确定通向每个网络的最佳路径。所有的路由器将会有共同的拓扑图或拓扑树，但是每一个路由器都独立确定到达拓扑内每一个网络的最佳路径。

在使用链路状态泛洪过程将自身的 LSP 传播出去后，每台路由器都将拥有来自整个路由区域内所有链路状态路由器的 LSP，都可以使用 SPF 算法来构建 SPF 树。这些 LSP 存储在链路状态数据库中。有了完整的链路状态数据库，即可使用该数据库和最短路径优先算法来计算通向每个网络的首选（即最短）路径。

3．协议优点

与距离矢量路由协议相比，链路状态路由协议有如下优点。

（1）创建网络拓扑图

链路状态路由协议会创建网络拓扑图，即 SPF 树，而距离矢量路由协议没有网络拓扑图，仅有一个网络列表，其中列出了通往各个网络的开销和下一跳路由器（方向）。因为链路状态路由协议会交换链路状态信息，所以 SPF 算法可以构建网络的 SPF 树，有了 SPF 树，路由器可独立确定通向每个网络的最短路径。

（2）快速收敛

有几个原因使得链路状态路由协议比距离矢量路由协议具有更快的收敛速度。收到一个 LSP 后链路状态路由协议便立即将该 LSP 从除接收该 LSP 的接口以外的所有接口泛洪出去。使用距离矢量路由协议的路由器需要处理每个路由更新，并且在更新完路由表后才能将更新从路由器接口泛洪出去，即使对触发更新也是如此。因此链路状态路由协议可更快达到收敛状态，不过 EIGRP 是一个明显的例外。

（3）事件驱动更新

在初始 LSP 泛洪之后，链路状态路由协议仅在拓扑发生改变时才发出 LSP。该 LSP 仅包含受影响链路的信息。与某些距离矢量路由协议不同的是，链路状态路由协议不会定期发送更新。

（4）层次式设计

链路状态路由协议（如 OSPF 和 ISIS）使用了区域的概念。多个区域形成了层次化的网络结构，这有利于路由聚合（汇总），也便于将路由问题隔离在一个区域内。

（5）协议要求

现代链路状态路由协议设计旨在尽量降低对内存、CPU 和带宽的影响。使用并配置多个区域可减小链路状态数据库。划分多个区域还可限制在路由域内泛洪的链路状态信息的数量，并可仅将 LSP 发送给所需的路由器。

（6）内存要求

与距离矢量路由协议相比，链路状态路由协议通常需要占用更多的内存、CPU 处理时间和带宽。对内存的要求源于链路状态数据库的使用和创建 SPF 树的需要。

（7）处理器要求

与距离矢量路由协议相比，链路状态路由协议可能还需要占用更多的CPU处理时间。与 Bellman-Ford 等距离矢量算法相比，SPF 算法需要更多的 CPU 处理时间，因为链路状态路由协议会创建完整的网络拓扑图。

（8）带宽要求

LSP 泛洪会对网络的可用带宽产生负面影响。这应该只出现在路由器初始启动过程中，但在不稳定的网络中也可能导致该问题。

4．协议比较

如今，用于 IP 路由的链路状态路由协议有两种。

（1）开放式最短路径优先（OSPF）协议

OSPF 协议由 IETF 的 OSPF 工作组设计，该协议的开发始于 1987 年，如今正在使用的有 OSPFv2 和 OSPFv3 两个版本。OSPF 协议的大部分工作由 John Moy 完成。

（2）中间系统到中间系统（ISIS）协议

ISIS 协议由 ISO 设计，它的雏形由 DEC 开发，名为 DECnet Phase V，首席设计师是 Radia Perlman。

ISIS 协议最初是为 OSI 协议簇而非TCP/IP 协议簇而设计的，后来集成化 ISIS（即双ISIS）添加了对 IP 网络的支持，尽管 ISIS 协议一直以来主要供 ISP 和电信公司使用，但已有越来越多的企业开始使用它。

OSPF 协议和 ISIS 协议既有很多共同点，也有很多不同之处。有很多分别拥护 OSPF 和 ISIS 的派别，它们从未停止过对二者优缺点的讨论和争辩。

OSPF 与 ISIS 的相似之处：

- 无类别。
- 使用链路状态数据库和Dijkstra 算法。
- 用 Hello 分组来建立和维护毗邻关系。
- 用区域来组建层次化拓扑，支持区域间路由汇总。
- 在多路访问型网络中选举指定路由器。
- 链路状态的表示方式、时效（aging）和度量值。
- 更新、判断和泛洪扩散。
- 收敛能力。
- 用于 ISP 主干网络。

OSPF 与 ISIS 的不同之处：

- ISIS 不会选举 BDR（备份指定路由器）。
- 当有新的路由器加入时，ISIS 会重新选举。
- 每当 DR（指定路由）发生改变时，就会泛洪一批新的 LSA。
- ISIS 路由器和全部邻接路由器都建立毗邻关系，而不只和 DR 建立。

OSPF 与 ISIS 区域间的其他不同之处：

- OSPF 基于一个主干中心，其他区域都链接在主干上（区域边界落在 ABR 之内，每一条链路只属于一个区域）。

- ISIS 中区域边界落在链路上（每一个 ISIS 路由器完全属于一个第 2 层区域）。
- OSPF 单个区域支持 50 个路由器，ISIS 支持 100 个。
- OSPF 有更多特性，包括路由标签、完全末梢区域、NSSA、以及虚拟链路。

4.4 默认网关

默认网关是一个用于 TCP/IP 协议的配置项，是一个可直接到达的 IP 路由器的 IP 地址。配置默认网关可以在 IP 路由表中创建一个默认路径。一台主机可以有多个网关。默认网关的意思是一台主机如果找不到可用的网关，就把数据包发给默认指定的网关，由这个网关来处理数据包。现在主机使用的网关，一般指的是默认网关。一台计算机的默认网关是不可以随随便便指定的，必须正确地指定，否则一台计算机就会将数据包发给不是网关的计算机，从而无法与其他网络的计算机通信。默认网关的设定有手动设置和自动设置两种方式。

赋予路由器 IP 地址的名称，与本地网络连接的机器必须把向外的流量传递到此地址中以超出本地网络，从而使那个地址成为本地子网以外的 IP 地址的网关，也就是最常用的网关。当主机路由表目或网络输入不存在于本地主机的路由表时数据包发送到那里。

网关（gateway）就是一个网络连接到另一个网络的关口。

按照不同的分类标准，网关也有很多种。TCP/IP 协议里的网关是最常用的，在这里我们所讲的网关均指 TCP/IP 协议里的网关。

网关实质上是一个网络通向其他网络的 IP 地址。比如有网络 A 和网络 B，网络 A 的 IP 地址范围为 192.168.1.1～192.168.1.254，子网掩码为 255.255.255.0；网络 B 的 IP 地址范围为 192.168.2.1～192.168.2.254，子网掩码为 255.255.255.0。在没有路由器的情况下，两个网络之间是不能进行 TCP/IP 通信的，即使是两个网络连接在同一台交换机上，TCP/IP 协议也会根据子网掩码（255.255.255.0）判定两个网络中的主机处在不同的网络里。而要实现这两个网络之间的通信，则必须通过网关。如果网络 A 中的主机发现数据包的目的主机不在本地网络中，就把数据包转发给它自己的网关，再由网关转发给网络 B 的网关，网络 B 的网关再转发给网络 B 的某个主机。网络 B 向网络 A 转发数据包的过程也是如此。所以说，只有设置好网关的 IP 地址，TCP/IP 协议才能实现不同网络之间的相互通信。那么这个 IP 地址是哪台机器的 IP 地址呢？网关的 IP 地址是具有路由功能的设备的 IP 地址，具有路由功能的设备有路由器、启用了路由协议的服务器（实质上相当于一台路由器）和代理服务器（也相当于一台路由器）等。

4.5 实训项目

1. 试辨认以下 IP 地址的网络类型：①128.36.199.3；②21.12.240.17；③183.194.76.253；④192.12.69.248；⑤89.3.0.1；⑥200.3.6.2。

2．某单位分配到一个 B 类地址，其网络号为 129.250.0.0，该单位有 4000 多台计算机，分布在 16 个不同的地点。如选用子网掩码为 255.255.255.0，试给每一个地点分配一个子网号码，并算出每个子网的 IP 地址范围。

3．C 类网络使用子网掩码有无实际意义？为什么？

4．有关子网掩码的问题。

（1）子网掩码为 255.255.255.0 代表什么意义？

（2）一个网络的现在掩码为 255.255.255.248，问该网络能够连多少个主机？

（3）一个 A 类网络和一个 B 类网络的子网号分别为 16 位和 8 位的 L，问这两个网络的子网掩码有何不同？

（4）一个 A 类网络的子网掩码为 255.255.0.255，它是否为一个有效的子网掩码？

5．了解并掌握保留的 IP 地址的定义。

（1）实训要求

实训环境：安装了操作系统的计算机、路由器、交换机和网线。

实训重点：保留的 IP 地址及其意义。

（2）实训步骤

在互联网上的 IP 地址就像我们每个人都有一个身份证号码一样，网络里的每台计算机（更确切地说是每一个设备的网络接口）都有一个 IP 地址用于标识自己。而保留的 IP 地址段不会在互联网上使用，因此与广域网相连的路由器在处理保留 IP 地址时，只是将该数据包丢弃处理，而不会被路由器转发到广域网上去，从而将保留 IP 地址产生的数据隔离在局域网内部。我们已经知道这些地址由 4 个字节组成，用点分十进制表示以及它们的 A、B、C 分类等，下面一起来看看保留的 IP 地址及其意义。

1）0.0.0.0

严格说来，0.0.0.0 已经不是一个真正意义上的 IP 地址了。它表示的是这样一个集合：所有不清楚的主机和目的网络。这里的"不清楚"是指在本机的路由表里没有特定条目指明如何到达。如果你在网络设置中设置了默认网关，那么 Windows 系统会自动产生一个目的地址为 0.0.0.0 的默认路由。

操作步骤：开始→运行→cmd→按回车键→ping 0.0.0.0。

图 4-11 所示界面表明本机的路由表里没有特定条目指明如何到达。

2）255.255.255.255

限制广播地址。对本机来说，这个地址指本网段内（同一广播域）的所有主机。如果翻译成人类的语言，应该是"这个房间里的所有人都注意了！"

图 4-12 所示界面表明这个地址不能被路由器转发。

3）127.0.0.1

本机地址，主要用于测试。用汉语表示就是"我自己"。在 Windows 系统中，这个地址有一个别名 Localhost。寻址这样一个地址，是不能把它发到网络接口的。除非出错，否则在传输介质上永远不应该出现目的地址为 127.0.0.1 的数据包。

图 4-13 所示界面表明本地连接工作正常。

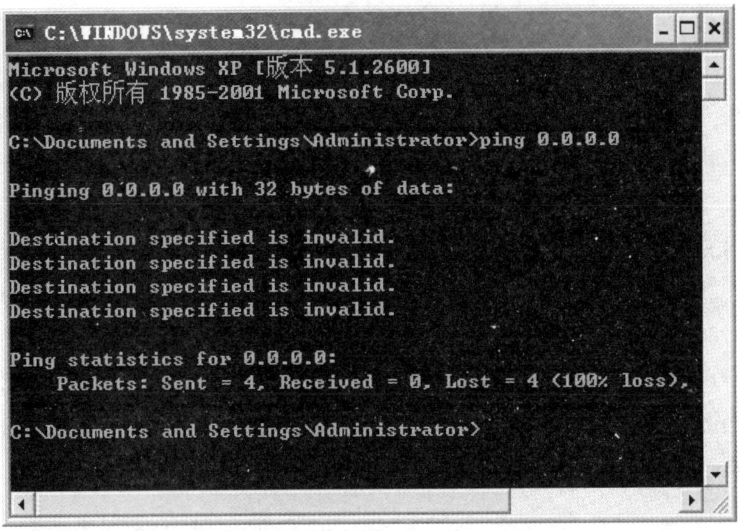

图 4-11　命令运行结果

图 4-12　命令运行结果

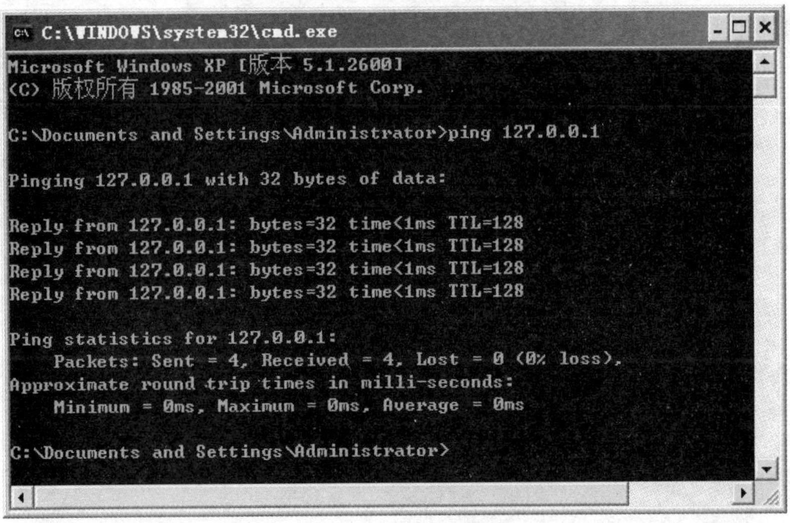

图 4-13　命令运行结果

4）224.0.0.1

组播地址，注意它和广播地址的区别。从 224.0.0.0 到 239.255.255.255 都是这样的地址。224.0.0.1 特指所有主机，224.0.0.2 特指所有路由器。这样的地址多用于一些特定的程序以及多媒体程序。如果你的主机开启了 IRDP（ICMP Router Discovery Protocol，ICMP 路由器发现协议）功能（使用组播功能），那么你的主机路由表中应该有这样一条路由。

5）169.254.x.x

如果你的主机使用了 DHCP 功能自动获得一个 IP 地址，那么如果你的 DHCP 服务器发生故障，或响应时间太长而超出了一个系统规定的时间，Windows 系统会为你分配这样一个地址。如果你发现主机 IP 地址是一个诸如此类的地址，那么说明你的网络不能正常运行了。

输入 ipconfig 可以查看。如果网络服务器能够连接到 Internet，则该主机能够上网。假如出现 169.254.x.x 的 IP 地址，那么就不能上网。

第 5 章　广域网

目前许多用户已经采用以太网等局域网技术组建了局域网，但对于那些经常需要跨地域通信的用户来说，如何与远程的其他用户及时沟通信息，并最大限度地共享资源，都是让他们困扰的问题。要打破局域网传送距离的限制，最根本的解决办法是进行远程组网。相对局域网而言，远程组网在技术上的名词为广域网。广域网并非是拉几根光纤、加几个光电转换器那么简单，它需要确保用户的私有数据在几公里到几千公里的传送过程中安全可靠。鉴于广域网的重要性，本章将介绍一些广域网的基本知识及一些常见的、典型的广域网。

5.1　广域网概述

WAN（Wide Area Network）有时也称广域网，是覆盖地理范围相对较广的数据通信网络。它常利用公共网络系统（如电信局、广电局等）提供的便利条件进行传输，可以分布在一个城市、一个国家，甚至跨越许多国家分布到全球。

众所周知，局域网技术是为一个地点的计算机之间的联网而设计的，它提供了少量的计算机之间的网络通信，其最致命的限制是它的规模：一个局域网不能处理任意多的计算机，也不能连接分布在任意多地点的计算机。如果用卫星网桥将两个局域网网段连接起来，就可以跨越任意的距离，但桥接起来的局域网段并不是广域网，这是因为其带宽的限制，使桥接起来的局域网段不能服务于任意地点的任意多的计算机。

因此，区别广域网和局域网的关键所在是其规模。广域网可以不断扩展，以满足跨地域的多个地点、每个地点都有多个计算机之间联网的需要。不仅如此，广域网还应有足够的能力使互联的多个计算机能同时通信。另外，几个不同地域的局域网（包括远程单机）经公共网络相互连接也可构成一个广域网。因此，路由选择技术和异构网的互联技术也是广域网技术的重要组成部分。

5.2　广域网的组成

广域网最基本的功能是数据通信和资源共享。相应的，广域网可从逻辑上划分为通信子网和资源子网两种。

- 通信子网：用于实现数据通信的网络。
- 资源子网：用于实现数据处理和资源共享的网络。

如图 5-1 所示为广域网的组成。

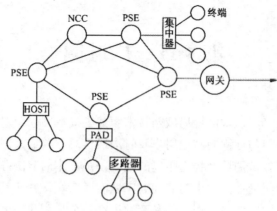

图 5-1　广域网的组成

5.2.1　通信子网

通信子网主要是由若干个分组交换设备（PSE）通过传输线路互联起来所形成的。PSE的主要作用是实现分组交换。此外，在通信子网中还有用于提高信道利用率的多路转换器、用于连接字符设备的分组组装与拆卸设备（PAD），当需要将多个网络互联在一起时，还要配置网间连接器等。

1. 传输线路

传输线路也称为传输信道，它是信息的传输路径，是由各种类型的传输介质和有关的中间通信设备所组成的。传输介质可以是有线的，如双绞线、同轴电缆、光纤等；也可以是无线的，如微波、无线电、红外线等。由于信号在传输过程中必然会有衰减，因此，每隔一定距离便须将传输的信息放大，恢复信号的幅度和相位后继续传送，此即所谓的中继功能。在传输信道中要配置许多这样的中继设备。

2. 分组交换设备（PSE）

由于分组交换网所跨越的地理范围很广，因而在一个 WAN 中通常都有许多用于实现中继和交换功能的 PSE。PSE 的功能如下：

1）对分组缓冲区的管理。为了能接收新到达的分组，在 PSE 中准备了许多定长的分组缓冲区，并形成一缓冲池，用来存储新接收的分组。

2）分组的接收。当到达新分组时，先从缓冲池中取得一缓冲区，将所接收的分组存入其中。

3）路由选择。根据分组中的目标地址，为分组选择一合理的转发路由，并将该分组按一定算法放在该路由的输出队列中。

4）分组的发送。从输出队列中取出一分组，将它从选定的路由发送出去。

5）多路转换器。在点对点的通信方式中，两个结点之间的通信线路是专用的，如果从一个结点所发出的信息流量很小，则该线路的利用率很低。一种提高线路利用率的有效方式是使多个数据源合用一条传输线路。为此，在通信系统中引入了多路转换器。多路转换器的功能如下：

- 实现由多路到一路（称为集中）的转换：把由多个源数据终端所发出的信息，有序地纳入到一条共享的传输线路中进行传输。
- 实现由一路到多路（称为分配）的转换：将从一条传输线路上传送来的多路信号，根据其目标地址分别送至对应的目标数据终端。

3. 分组组装与拆卸设备（PAD）

由于在分组交换网中所采用的通信协议是 X.25 协议，因而把该网也称为 X.25 网。任何要送入分组交换网的信息都必须按照 X.25 协议的规定先形成分组，然后把各分组依次送入分组交换网。然而一般的字符设备并不具有这种功能。为使这些设备也能接入分组交换网，可先将这些字符设备接到分组组装与拆卸设备（即 PAD）上，再把 PAD 接入 X.25 网。

PAD 可用于连接多个字符设备，其具有如下两个基本功能：

- 组装：将从字符设备输入的字符序列按照 X.25 协议构成分组后，送入分组交换网。
- 拆卸：将从分组交换网上收到的分组拆卸成字符序列后，送给相应的字符终端。

4. 网间连接器

由于在不同网络中传输的信息使用了不同的格式，还可能是使用了不同的传输速率，因此当需要把若干个不同的网络连接在一起时，必须配置相应的网间连接器，又称为网络互联设备。网间连接器有多种类型，最简单的网间连接器是网桥，它用于连接相同类型的网络；而最复杂的网间连接器则是路由器或网关，用于连接不同类型的网络。网间连接器在不同的网络之间起着硬件和软件接口的作用。例如，当一个网络 A 中的源主机要和另一个网络 B 中的目标主机通信时，由源主机发出的信息先经网络 A 传送到网间连接器，在其中对接收到的信息进行信息格式的变换后，再以适当的传输速率送入网络 B，最后由 B 传送到目标主机。

5.2.2　资源子网

资源子网的功能是实现数据处理和提供各种服务，它主要是由各种类型的主机和终端设备等硬件，以及可存储大量文件和数据的网络文件系统、网络数据库系统所组成。

1. 主机

主机是连接到通信子网上的、作为信息的源和宿的计算机，不论其大小都称为主机。

最小的主机可以是微型机。接入网络的大多数主机的主要用途是获取网络所提供的各种服务，但在 WAN 上则必须要配置一批大中型机，用于向广大的网络用户提供各种类型的服务。在某些主机上驻留了大量的、可供共享的文件或数据，而在有些主机上则开设所谓的邮箱，以便为用户提供电子邮件服务，还有的主机则用于帮助用户到浩瀚的文件海洋中去查找所需文件。通常，把这些专门用于提供服务的主机称为服务器，如网络文件服务器、网络数据库服务器、电子邮件服务器等。

2. 终端设备

除上述的可以直接接至通信子网上的主机外，还有那种本身不具有形成分组能力的终端设备，可通过 PAD 连接到通信子网上。用户可以通过这些终端设备取得网络服务，这些终端设备同样是网络的信源和信宿。

图 5-2 所示为 WAN 子网标准和 OSI 参考模型之间的关系。

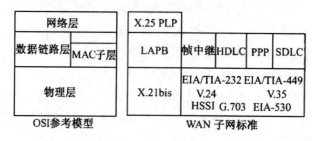

图 5-2　WAN 子网标准和 OSI 参考模型之间的关系

3.　点到点通信

电话网络是分布最广的通信网络，经过调制解调器，能够传输 9600b/s 或更高速率的数据。它使用起来相对简单，而且对用户来说具有很大的流动性和灵活性。通过电话网连接远程计算机特别适合家庭用户和出差人员与总部联络的情况。通过电话网传输的主要问题在于话路质量，在话路质量较高的情况下，可以有比较高的传输速率和可靠的传输性能，而话路质量低会严重影响通信质量。

Internet 是由众多的主机和路由器及将它们连接在一起的通信基础设施构成的。在一个大楼里，人们广泛使用各种局域网，但大部分 WAN 基础设施是借助于点到点的租用线。

通常点到点的通信主要适用于两种情况：第一种情况是有成千上万个局域网，每个局域网都含有众多主机和一些联网设备，以及连接至外部的路由器，通过点到点的租用线和远端路由器相连；第二种情况是成千上万个用户在家里使用调制解调器和拨号电话线连接到 Internet，这是点到点连接的最主要应用。

无论是路由器对路由器的租线连接，还是拨号主机到路由器的连接，都需要指定点到点的数据链路协议，用以组成帧，进行差错控制，以及实现其他数据链路层功能。有两种协议广泛用于 Internet，即串行 IP 协议（Serial Line IP，SLIP）和点对点协议（Point to Point Protocol，PPP）。

（1）SLIP 协议

SLIP 协议是 1984 年制定的，协议文本描述于 RFC1055，协议十分简单。当工作站发送 IP 分组时，在帧的末尾带一个专门的标志字节（OxCO），如果在 IP 分组中含有同样的标志字节，则在其后添加两个填充字节（OxDB，OxDC）；如果 IP 分组中含有 OxDB，则加同样的填充字节。有的 SLIP 实施时，在 IP 分组头尾都加上标志字节。

SLIP 的最近版本则对 TCP 和 IP 分组头进行压缩，这种优化措施描述于 RFC1144。虽 SLIP 仍广泛被使用，但这种协议存在一系列问题，具体如下：

- SLIP 无任何检错和纠错功能，对各种丢失分组或出错分组的处理需要高层协议进行。
- SLIP 只支持 IP 分组，当 Internet 不断发展和扩大且包含很多非 IP 协议的网络时，SLIP 便不再适用。
- 每一方需要知道另一方的 IP 地址，且在设置时不能动态赋予 IP 地址。由于 IP 地址的短缺，不可能给每个家庭用户一个固定 IP 地址，SLIP 这个缺点就显得格外明显。

- SLIP 不提供任何身份验证，因此无法知道真正对话者的身份，这对拨号用户是一个问题。
- SLIP 未被接受为 Internet 标准，因此有很多不同的版本存在，不易互操作。

（2）PPP 协议

为了解决 SLIP 存在的问题，Internet IETF 成立了一个组来制定点对点数据链路协议的 Internet 标准。该标准命名为 PPP，即点对点协议。该协议文本描述于 RFC1661 及改进后的文本 RFC1662 和 RFC1663。PPP 能支持差错检测和多种协议，在连接时 IP 地址可赋值，具有身份验证功能，以及很多对 SLIP 功能的改进。虽然目前很多 Internet ISP 同时支持 SLIP 和 PPP 这两种协议，但从今后发展看，很明显 PPP 是主流，它不仅适用于拨号用户，而且适用于租用的路由器对路由器线路。PPP 提供以下 3 个功能：

- 成帧的方法可清楚地区分帧的结束和下一帧的起始，帧格式还可以进行差错检测。
- 链路控制协议（Link Control Protocol，LCP）用来协商如何建立、配置、测试和关闭通信线路。
- 网络层任选功能的协商方法独立于使用的网络层协议，因此可适用于不同的网络控制协议（Network Control Protocol，NCP）。

下面用一个拨号用户的使用实例说明如何运用 PPP 提供的功能来建立连接。首先 PC（个人计算机）通过调制解调器呼叫 ISP 的路由器，然后路由器一边的调制解调器响应电话呼叫，建立一个物理连接，接着 PC 对路由器发送一系列的 LCP 分组，用这些分组及其响应来选择所用的 PPP 参数。

当双方协商一致后，PC 发送一系列的 NCP 分组以配置网络层。通常 PC 运行 TCP/IP 协议，所以需要一个 IP 地址。由于没有足够的 IP 地址，因此需要动态分配。ISP 一般拥有一批 IP 地址，当新的用户建立连接时，动态分配一个 IP 地址，NCP 的功能就是动态分配 IP 地址。然后，PC 就成为一个 Internet 主机，可以发送和接收 IP 分组。当 PC 用户完成发送、接收功能后不需再联网时 NCP 用来断开网络层连接，并且释放 IP 地址，然后 LCP 断开链路层连接，最后 PC 通知调制解调器断开电话，释放物理层连接。

PPP 的帧格式类似于 HDLC（高级数据链路控制）的帧格式，如图 5-3 所示，但前者是面向字符的，后者是面向位的。PPP 一般不采用编号帧来提供可靠的传送，但是在干扰大的环境中有时也可采用编号帧来实现可靠传送，如 RFC1663 所描述。帧中的数据长度是可变的，默认值是 1500 字节。

Flag 01111110	Address 11111111	Control 00000011	Protocol 8/16bits	Info	FCS 16/32bits	Flag 01111110

图 5-3　PPP 的帧格式

PPP 帧格式适用于采用调制解调器、HDLC 串行位线、SONET 和其他物理层的多协议成帧机制，它支持差错检测、任选功能的协商、分组头的压缩和可靠传送 HDLC 帧等功能。图 5-4 所示是家庭个人计算机使用调制解调器、拨号电话线和 PPP 协议（或 SLIP 协议）连接 Internet 的连接图。

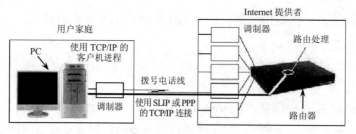

图 5-4　连接 Internet 的家庭个人计算机

5.3　广域网中的路由

在有更多的计算机连入广域网时，网络必须发展。广域网有两种扩展方式，对于增加少量计算机来说，可以增加单独的交换机的 I/O 端口硬件，或使用速度更快的 CPU，但这只能使网络小规模地扩展。网络大规模扩展需要增加新的分组交换机。增加网络的分组交换能力不需要增加计算机，只需将交换机加入网络内部，专门处理网络负载。这样的交换机没有连接计算机，叫做内部交换机。直接与计算机相连的交换机叫外部交换机。

在广域网中传送的数据单元称为分组（Packet）。在广域网的交换结点，采用存储转发技术，即当分组到达交换结点（或称交换机）时，交换机将其放入一个队列，直到可以发送它们去目的地。这项技术使交换机可以缓冲同时到达的小批量的、突发性的分组。

从概念上讲，分组交换机就是一个小计算机，有处理器、存储器和用于收发分组的 I/O 设备。早期的广域网中用的分组交换机由微处理器完成分组交换任务，在现代的高速广域网中，分组交换机由专门的硬件处理分组交换。具体的硬件取决于广域网技术和速度要求。当然，交换机之间的链路通常比交换机和计算机之间的链路速度要高得多。分组交换机就是广域网的基本组件之一。分组交换机互相连接起来，传递分组，构成广域网。通过增加分组交换机可以扩展广域网，覆盖更多的地点，连接更多的计算机。

不论内部交换机还是外部交换机，都有一张路由表，都能转发分组，这样网络才能正常工作。而且路由表必须保证具备以下性质：

- 路由完备性：一个交换机内的路由表必须包含通往所有目的地的下一站信息。
- 路由优化性：路由表所指的路径必须是最短路径。

如图 5-5 所示为一个广域网及其相应的示意图，我们可利用图论知识来考虑广域网中的路由问题。用图中的结点代表网络中的交换机，结点之间的线代表交换机之间有直接相连的链路。

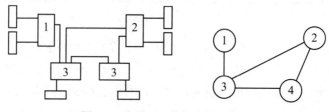

图 5-5　广域网及其相应的示意图

可以利用示意图来理解和计算网络中的路由。表 5-1 所示为图 5-5 网络中各交换机的路由表。在表 5-1 中有不少的重复表项。为了限制表项的重复，简化路由表的内容，大多数广域网都采用默认路由机制，即用一条默认路由代替一长串下一站地址相同的表项。任何路由表中只允许有一条默认路由，而且默认路由的优先级低于其他路由。转发机制对于给定的目的地如果找不到一条明确的路由，它就使用默认路由。利用默认路由，表 5-1 可简化成表 5-2。

表 5-1　图 5-5 中每个交换机的路由表

交换机 1		交换机 2		交换机 3		交换机 4	
目的地	下一站	目的地	下一站	目的地	下一站	目的地	下一站
1	—	1	(2，3)	1	(3，1)	1	(4，3)
2	(1，3)	2	—	2	(3，2)	2	(4，2)
3	(1，3)	3	(2，3)	3	—	3	(4，3)
4	(1，3)	4	(2，4)	4	(3，4)	4	—

表 5-2　有默认路由的路由表

交换机 1		交换机 2		交换机 3		交换机 4	
目的地	下一站	目的地	下一站	目的地	下一站	目的地	下一站
1	—	2	—	1	(3，1)	2	(4，2)
*	(1，3)	4	(2，4)	2	(3，2)	4	—
		*	(2，3)	3	—		(4，3)
				4	(3，4)		

注：表中·表示默认路由。

默认路由是可选的（只有在多个目的地的下一站相同时，才有默认路由），例如表中交换机 3 没有默认路由，因为交换机 3 通往每个方向的下一站都不相同。而交换机 1 则从默认路由中获益匪浅，因为除了它自己，通往所有方向的下一站都一样。

关于路由表如何构造，虽然小型网络中可通过人工计算完成，但对于大型网络却是不现实的，必须用软件来计算完成。计算路由表的方法有以下两种。

静态路由算法：分组交换机启动时由程序计算而后设置路由，此后路由不再改变。最短路径优先算法、泛洪法、基于网络拓扑和流量的路由算法等都属于静态路由算法。这种方法的主要优点是简单，开销小；缺点是缺乏灵活性，路由不易改变。

动态路由算法：分组交换机启动时由程序设置初始路由，当网络变化时随时更新。距离矢量法、链路状态法等都属于动态路由算法。大多数网络都采用动态路由，因为它能使网络自动适应变化，例如，可随时检测网络中的流量及网络硬件的状态，然后由软件根据实际情况修改路由。

　　无论采用哪种方法构造路由表，都应保证算法的正确性、简单性、强健性、稳定性、公平性和最优性。

5.4　高速广域网

　　高速广域网和现有广域网的区别在于不仅要求宽频，而且要求低的延迟。由于高速广域网的延迟主要由传送延迟决定，而不是由传输速率决定，因此适用于兆位级速率的通信技术和网络协议，对高速 WAN 不一定有效。

　　发展高速广域网有如下 4 个重要原因：

- 近二十多年来，计算机的速度提高了百万倍，而网络的速度只提高了几千倍，因此网络的速率已成为瓶颈。
- 终端用户不仅要求传输数据，还需要传输声音、图像等多介质信息，而且网络环境下的应用日益增多，因此要求网络有更宽的频带。
- 大量光缆的铺设解决了传输介质的频宽问题，而瓶颈转为交换系统的速率和频宽。
- 美国政府高性能计算和通信计划（HPCC）的推动，尤其是当前各国政府正在加紧规划国家信息基础设施，以及西方七国关于全球信息社会建设的 G7 会议决议。

　　驱动高速 WAN 发展的最基本动力是应用，因此，要研究什么样的应用需要几百兆位到几千兆位的速率，研究哪些用户通信负载的形式会推动高速广域网需求的发展。

　　异步传输模式（ATM）和同步光纤网络（SONET）是实现高速网络底层的主要技术和设施。用于广域网的 ATM 的速率为 155Mb/s～622Mb/s，SONET 速率为 51.8Mb/s～9.953Gb/s。

5.4.1　X.25 分组交换网

　　X.25 分组交换网是为适应计算机通信而发展起来的一种先进通信手段，其在 20 世纪 80 年代后期蓬勃发展。它以 CCITT X.25 协议为基础，将数据信息按照一定的规则分割成若干定长的分组数据报，采用存储转发的方式在交换网上传输，到达目的地后，再组装还原成原先完整的数据信息传送给用户。X.25 分组交换网可以满足不同速率、不同类型终端的互通，从而实现存储在计算机内的信息资源共享。

　　1．X. 25 概述

　　公共分组交换网诞生于 20 世纪 70 年代，它是一个以数据通信为目标的公共数据网（PDN）。在 PDN 内，各结点由交换机组成，交换机间用存储转发的方式交换分组。为了使用户设备经 PDN 的连接能标准化，国际电信联盟远程通信标准委员会（ITU-T）制定了 X.25 规程，它定义了用户设备和网络设备之间的接口标准，所以习惯上称 PDN 为 X.25 网，它有如下特点：

　　1）能接入不同类型的用户设备。由于 X.25 网内各结点具有存储转发能力，并向用户设备提供了统一的接口，从而使不同速率、码型和传输控制规程的用户设备都能接入 X.25 网，并能相互通信。

2）可靠性高。X.25 网设计思想着眼于高可靠性。X.25 由底三层协议组成，在分组层为用户提供了可靠的面向连接的虚电路服务，在链路层上也有可靠性措施。在 X.25 PDN 内部，每个结点（交换机）至少与另外两个交换机相连，当一个中间交换机出现故障时，能迂回路由传输。

3）多路复用。当用户设备以点对点方式接入 X.25 网时，能在单一物理链路上同时复用多条逻辑信道（即虚电路），使每个用户设备能同时与多个用户设备进行通信。两个固定用户设备在每次呼叫建立一条虚电路时，中间路径可能不同。

4）流量控制和拥塞控制。当某结点的输入信息量过大，超过其承受能力时，就会丢失分组，丢失的分组需要重传，重传加重了网络负担，最终导致网络性能下降。X.25 采用滑动窗口技术来实现流量控制，并用拥塞控制机制防止拥塞。

5）点对点协议。X.25 协议是点对点协议，不支持广播。

2. X.25 协议分层

X.25 规程定义了最低三层协议：物理层、数据链路层和网络层（又叫分组层）协议。这三层协议功能恰好是通信子网的全部功能。

X.25 第一层，即物理层。其定义了二进制流传送的机械、电气、功能和规程等特性，用于激活和断开 DTE（用户设备）与 DCE（网络设备）之间在物理介质上的连接，为物理层间提供无特征位的二进制流传送，ITU-T 的 X.21 建议定义了 DTE 和 DCE 之间的数字同步传送方式。当采用模拟传送线路调制解调器时，或采用具有 V 系列接口的 DTE 时，可采用 X.21 建议，这时 DTE 和 DCE 的接口实际是采用 V.24 建议。V.24 与 RS-232 大体相当，仅接口线数稍多些。

X.25 第二层，即数据链路层。其采用 LAPB 规程为 DTE/DCE 链路上定义了帧格式。X.25 第三层（即网络层）的分组作为无意义的数据被封装在 LAPB 帧中经物理层传输。LAPB 非常类似于 HDLC 中的异步平衡模式（ABM），允许连接的两端中的任一端（DTE 和 DCE）都能发起初始化主叫另一端。LAPB 仅适用于点对点连接的场合，它和 HDLC 有相同的帧格式、帧类型和字段。帧内所含的 FCS 校验字段采用循环冗余码（CRC）进行检错，具有确认应答机制，保证帧序列的无差错传输。

LAPB 帧包括帧头、封装在帧中的数据和帧尾，如图 5-6 所示。

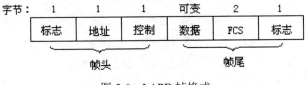

图 5-6 LAPB 帧格式

- 标志域：标志 LAPB 帧的开始和结束。
- 地址域：指示帧中携带的是命令信息还是响应信息。
- 控制域：限定当前帧是命令帧还是应答帧，并指出该帧是 I 帧、S 帧或 U 帧。另外，该帧还包含当前帧的序号和它的功能（如指示接收者准备好或中断连接等）。控制帧的长度因帧的类型而异。

- 数据域：包含以分组形式封装的高层协议数据。
- FCS 域：该域用于错误检测，保证数据传输的完整性。

X.25 第三层对应于 ISO/OSI 模型的网络层。其规定了 DTE 和 DCE 之间进行信息交换的分组格式以及采用分组交换的方法，在一条逻辑信道内对分组流量、分组传送差错执行独立的控制。分组级协议的主要内容如下：

- 分组级 DTE/DCE 接口的描述。
- 虚电路规程。
- 分组格式。
- 用户自选业务的规程与格式。
- 分组级 DTE/DCE 接口状态变化。

3. X. 25 网的设备

（1）分组交换机

分组交换机是分组交换网的枢纽，根据它在网中所处的地位可分为中转交换机和本地交换机。交换机具有以下主要功能：

- 为网络的基本业务和可选业务提供支持。
- 进行路由选择和流量控制。
- 实现 X.25、X.75 等多种协议的互联。
- 完成局部的维护、运行管理、故障报告、诊断、计费及网络统计等。

现代的分组交换机大多采用多处理器模块式结构来实现，具有可靠性高、可扩充性好、服务性好等特点。

（2）用户接入设备

分组交换网的用户接入设备主要是用户终端。用户终端分为分组型终端和非分组型终端两种。其中非分组型终端要使用 PAD 接入网络。分组交换网根据不同的用户终端来划分用户业务类别，提供不同速率的数据通信服务。

（3）传输线路

目前分组交换网的中继传输线路主要有模拟信道和数字信道两种形式。模拟信道利用调制解调器可转换成数字信道，速率为 9600b/s、48Kb/s 和 64Kb/s；PCM（脉冲编码调制）数字信道的速率为 64Kb/s、128Kb/s 和 2Mb/s。用户传输线路也有两种形式，即利用数字电路或利用电话线路加调制解调器，速率为 1200b/s～64Kb/s。

分组交换技术从 20 世纪 70 年代开始普及，到了 20 世纪 80 年代末期，世界上几乎所有的数据通信网都采用这一技术，其根本原因是分组交换技术在降低通信成本、提高通信可靠性和灵活性等方面取得了巨大成功。

随着分组交换技术的进一步发展，分组交换网的性能不断提高，功能不断完善，分组交换机的分组处理能力、交换机间的中继线速率不断提高，分组交换机时延不断缩短。这些都意味着现有的分组交换网的能力几乎达到了极限，这促使人们研究新的分组交换技术，于是，帧中继、ATM 等快速分组交换技术便应运而生。

5.4.2 帧中继

帧中继（Frame Relay，FR）是为解决在地理上分散的局域网实现相互通信的一种通信技术。它结合了基于 X.25 分组交换网和专线网络的特点，为分布式计算机系统的通信提供了最好的选择。帧中继网可以是一个公用网（共享的），也可以是专用网或混合网。帧中继通过减少链接到多个远端局域网的接口数量来达到节省硬件和连接的消耗，从而成为一种正迅速发展起来的高速分组交换传输方式的网络。

1. 帧中继技术概述

帧中继是使局域网及其应用互联的一种协议，是从 X.25 协议发展而来的。X.25 是建立起来的分组交换数据网的基础。CCITT X.25 建议定义了终端和分组交换网络接口，X.25 是提供低速分组服务十分有效的工具。在 X.25 发展的初期，网络传输设施基本是借用模拟电话线，这种线路非常容易受到噪声的干扰而出现误码，因此在 X.25 中为了保证传输的无差错，在每个结点都需要做大量的处理，因而 X.25 网络的体系结构不适合高速交换，不能很好地提供高速服务。

20 世纪 80 年代后期，许多应用都迫切需要增加分组交换服务的速度。一方面，传统的 X.25 PDN 由于其协议复杂、分组长度较大、传输速度低、时延不定且较长、不具备多协议的支持能力、费用较高等缺陷，不能适应新的需要。另一方面，由于数字电路的大量投入使用，尤其是光纤网的使用，极大地提高了通信传输速率，如 SOH（同步数字体系）取代传统的模拟传输系统，带宽提高到了数千 Mb/s，通信网的传输误码率降低到了 10^{-9} 以下，因此网络的纠错功能已不能成为评价网络性能的主要指标。为简化 X.25 的某些差错控制过程，提高传输速率，帧中继技术应运而生。帧中继发展迅速，在 20 世纪 90 年代初就已有产品投入市场，并出现了迅猛发展的势头。

帧中继是一种很重要的 WAN 技术。它是在需要通信的工作站之间创建虚电路的面向连接的技术，它提供永久虚电路 PVC（Permanent Virtual Circuit）和交换虚电路 SVC（Switched Virtual Circuit）两种类型的服务。随着 Internet 网络在全世界范围内迅速普及，原来主要使用电话网接入的用户普遍感到速度太慢，而帧中继能提供 64Kb/s～2Mb/s 或更高速率的网络接口，因此帧中继将成为接入 Internet 的经济有效的方式。

2. 帧中继技术的基本工作原理

帧中继技术本质上仍是分组交换技术，它沿用了分组交换技术把数据组成帧，以帧为单位进行发送、接收和处理。为了克服分组交换开销大、时延长的缺点，帧中继协议在体系结构上进行了简化。

帧中继的原理很简单，我们不妨认为传送帧基本上不会出错，只要一知道帧的目的地址就立即开始转发该帧。也就是说，一个结点在接收到帧的首部后，就立即开始转发该帧的某些部分。实验结果表明，采用帧中继时一个帧的处理时间可以比 X.25 减少一个数量级。这种方法有一个明显问题，若出现差错该如何处理？按上述方法，只有当整个帧被接收后，结点才能检测到差错。但是当该结点检测到差错时，很可能该帧的大部分已经发送到了下一个结点。解决这一问题的方法实际上非常简单：当检测到有误码的结点时就立即中止这次传输，当中止传输的指示到达下个结点后，下一结点立即中止该帧的传输，最后该帧就从网络中消除。使用这种方法时上述出错的帧已经到达了目的结点，不会引起不可弥补的损失。不管是上述哪一种情况，源站将用高层协议请求重发该帧。帧中继网络在纠正一个差错所用的时间要比传统的分组交换网稍多一些。因此只有帧中继网络本身的误码率非常低时，帧中继技术才是可行的。

　　帧中继协议与 OSI 参考模型的对应关系如图 5-7 所示。帧中继舍弃了 X.25 的网络层协议，减小了差错恢复等规程，将差错控制的职责交给传输层处理。故帧中继协议与 OSI 的物理层和数据链路层相对应，帧中继实际上是对 X.25 协议的一种改进与简化。

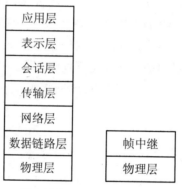

图 5-7　帧中继与 OSI 参考模型的对应关系

　　图 5-8 是一般分组交换网络和帧中继网络中端到端传输情况的对比。帧中继网络的各结点没有网络层，并且数据链路层也只是一般网络的一部分，端到端的确认由第二层进行，而不是第四层。

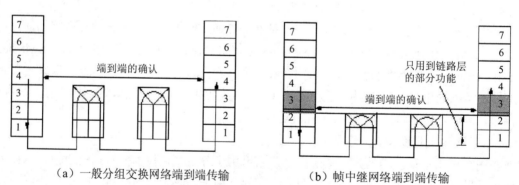

（a）一般分组交换网络端到端传输　　　（b）帧中继网络端到端传输

图 5-8　一般分组交换网与帧中继方式在层次关系上的比较

　　图 5-9 所示是两种网络情况下，从源站到目的站传送一帧的示意图。图 5-9（a）所示是一般分组交换网络的情况，每一个站点在收到一帧后都要发回确认帧，目的站则在收到一帧后发回端到端的确认，同时也要逐站进行确认。图 5-9（b）所示是帧中继网络的情况，它的中间站只转发帧而不发确认帧，即在中间站没有逐段的链路控制能力，只有在目的站收到一帧后才向源站发回点对点的确认帧。所以在帧中继网络的情况下，第三层是不需要的。帧中继没有数据链路层的流量控制能力。和差错控制相似，流量控制也由高层来完成。

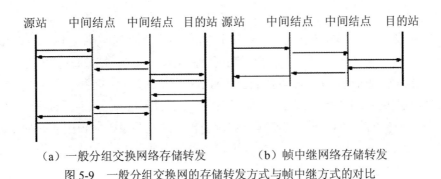

（a）一般分组交换网络存储转发　　　（b）帧中继网络存储转发

图 5-9　一般分组交换网的存储转发方式与帧中继方式的对比

帧中继帧的结构如图 5-10 所示，它由帧头字段和信息字段组成，帧头有 2 字节。

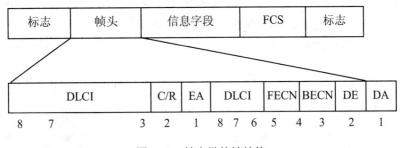

图 5-10　帧中继的帧结构

数据链路标识符（Data Link Connection Identifier，DLCI），当采用 2 字节地址时，DLCI 长为 10 位。它用于标识永久虚电路、呼叫控制和管理信息，见表 5-3。

表 5-3　帧中继的 DLCI 说明

范围	使用说明
0	为呼叫控制信令保留
1～15	保留
16～1007	分配给永久虚电路
1008～1022	保留
1023	本地网络管理接口

命令/响应位 C/R，长 1 位。

扩展地址 EA，长 1 位。通过 EA 可将帧头扩展至 3～4 字节。

前向显式拥塞通知（Forword Explicit Congestion Notification，FECN），长 1 位。若某结点将 FECN 置 1，表明与该帧在相同方向传输的帧可能受到网络拥塞的影响而产生时延。

后向显式拥塞通知（Backward Explicit Congestion Notification，BECN），长 1 位。若某结点将 BECN 置 1，表明与该帧在相反方向传输的帧可能受到网络拥塞的影响而产生时延。

丢弃资格指示（Discard Eligibility，DE），当由用户置为 1，表明在网络发生拥塞时，为了维持网络的服务水平，该帧将首先被丢弃。

3. 拥塞管理

帧中继协议一个最大的优点是，它对其上的高层协议具有很高的透明性。这与 X.25 不同，X.25 过多地干涉高层协议，常常会引起问题并会严重影响网络的性能和吞吐量。

但是简化是有代价的，缺乏流量控制会使网络有拥塞的危险。拥塞意味着最终要丢弃帧，丢弃帧会使高层协议重新发送所丢弃的帧，这将进一步加剧拥塞，从而导致网络的崩溃。

拥塞管理的目的是规划网络，使其能够承受预期的业务量，并使用实时的手段减少拥塞发生的可能性。一旦发生拥塞也可进行平稳的恢复，并把拥塞的后果"合理"地分摊到受影响的用户身上。

在帧中继的帧结构中，有两个控制位用于向用户传送拥塞指示，它们是 FECN 和 BECN。一旦帧中继交换机检测出拥塞的发生，通常是发现传输队列长度超过了预定的门限值，交换机就把当前经过它的全部帧头中的 FECN 和 BECN 置位。如图 5-11 所示，帧头 FECN 置位的帧传向接收端，接收端使用高层协议使发送端降低其传送速率，表 5-4 是 FECN 和 BECN 值为不同状态时所对应的拥塞状态。

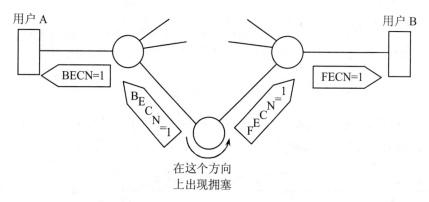

图 5-11   FECN 和 BECN 指示拥塞

表 5-4   FECN 和 BECN 值为不同状态时所对应的拥塞状态

帧传输方向	拥塞状态	FECN 值	BECN 值
A→B	无拥塞	0	0
B→A	无拥塞	0	0
A→B	拥塞	1	1
B→A	拥塞	1	1
A→B	拥塞	1	0
B→A	无拥塞	0	1
A→B	无拥塞	0	1
B→A	拥塞	1	0

拥塞管理也可以采用另一种方法。发生拥塞的交换机通过一种叫作增强链路层管理 CLLM（Consolidated Link Layer Management）的报文，可以向网络边缘的交换机成批地传

送拥塞信息。CLLM 消息通过第二层管理连接（DLCI=1007）发送，它含有一个当前受拥塞影响的虚拟连接的 DLCI 清单。边缘结点可以采用适当的措施，采用 FECN、BECN 或 CLLM 消息向有关终端通知拥塞的发生。

除了这些显式的拥塞表示外，终端还可以通过帧的丢弃或网络延时的增加而感觉到网络拥塞的发生。有时这种情况叫做隐式拥塞通知。

当终端收到拥塞通知时，都需要降低对网络的使用要求，协助控制拥塞。除了这种显式的拥塞通知外，还有 DE，这个控制位既可以由用户设置也可以由网络设置，一旦网络拥塞发生，DE 置位的帧要先于未置位的帧被丢弃。

4. 帧中继的应用

在帧中继出现之前，局域网通过 WAN 互联只有两种方法：一种是租用专线，另一种是使用 X.25。租用专线一般比较昂贵，特别是国际连接更是如此，而且不能很好地适应局域网业务量所具有的突发性特点。X.25 是一个复杂的协议，一般会严重妨碍所支持的上层协议，X.25 通常严重地降低网络的吞吐量。

帧中继的高速度和对于高层协议良好的透明性，使得其成为局域网互联较为理想的选择。局域网中的分组在发送端被放入帧中继的用户信息字段中，在接收端再原封不动地取出，帧中继不知道也不关心用户信息字段中的内容，这就意味着多种局域网协议（如 TCP/IP、IPX、DECnet、Appletalk 等）都可以由一条虚电路支持。

如图 5-12 所示，在局域网互联时，使用帧中继可以带来很大的方便。图 5-12（a）所示的例子表示不使用帧中继时 5 个局域网通过 5 个路由器与广域网互联。在不使用帧中继时，要使任何一个局域网可以通过广域网和任何一个其他局域网进行有效的通信（即足够小的时延），就必须在广域网中使用专线，这样共需 10 条长途专线和 20 条本地专线，而且每一个路由器需要 4 个端口。使用帧中继技术后，在帧中继网络中只需设立 6 个具有帧中继交换机的结点，这样就只需要 5 条长途专线和 5 条本地专线，如图 5-12（b）所示。这时，每个帧中继交换机之间都建立了一条永久虚电路，其效果与专线一样。

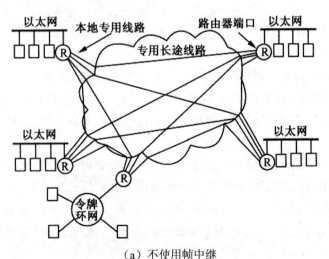

（a）不使用帧中继

图 5-12　使用帧中继实现局域网互联

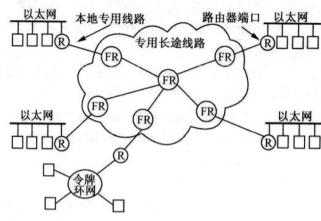

R：路由器。

FR：帧中继交换机。

（b）使用帧中继

图 5-12　使用帧中继实现局域网互联（续）

此外，帧中继还可以用于如下领域：

- 文件传输，一般用于传输长文件。对于长文件，要获得比较满意的传输时延，必须有较大的流量。
- 支持多个低速设备的复用，利用帧中继服务的复用能力，可为较多的低速应用提供更经济的服务。
- 字符交互，如文字编辑，其特点是短帧、短时延和低流量。
- 块交互数据，这类应用主要是高分辨率图形的数据传输，如高分辨率可视图文和一些 CAD、CAM 文件的传输。这种应用的特点是时延短和流量大。

5.4.3　综合业务数字网

综合业务数字网（Integrated Services Digital Network，ISDN）是自 20 世纪 70 年代发展起来的新兴技术，它提供从终端用户到终端用户的全数字化服务，是实现了语音、数据、图形、视频等综合业务的全数字化传输方式。

1. ISDN 概述

ISDN 是在计算机技术、通信技术、VLSI 技术飞速发展的前提下产生的。ISDN 的目标是提供经济的、有效的、端到端的数字连接，以支持广泛的通信服务，包括声音的和非声音的服务，用户只需通过有限的网络连接及接口标准，就可以在很大的区域范围乃至全球实现信息的共享。

众所周知，传输系统和交换系统是通信网的两个重要组成部分，随着技术的发展，数字技术越来越多地用于模拟通信网中的传输系统或交换系统。当一种通信网络的传输系统和交换系统都采用数字技术时，该网络称为综合数字网（Integrated Digital Network，IDN），这里的综合是指将数字链路与数字结点合在一个网络中。随着经济的迅速发展和技术的不断进步，原有的电话网不能满足用户的需求。满足用户不断增长的需求可有两个途径：一个是利用原有的电话网络开发新的业务，另一个则是开发新的网络。由于利用旧的网络开发新业务在传输速度上和经济上都受到限制，为了克服这种限制，人们不得不建设新的网络，如传真网、用户电报网、各种速率的电路交换数据网、分组数据网、各类专业网等。然而多种网络的建立给用户和网络的经营者带来了许多新的问题。由于网络多、设备多、接口种类多、规范多，使用与管理都不方便。而从通信事业的总体来看也是不经济的。因此在 20 世纪 70 年代初，许多学者和专家提出了将语音、数据、图像等信息综合在一起，建立一个提供多种综合业务的网络，即综合业务数字网。20 世纪 70 年代提出的 ISDN，经过 10 年的努力已由设想变成了现实，以 64Kb/s 为基础的 ISDN 技术已趋于成熟。美、日、法、德等经济发达国家经过全面实验，于 1988 年开始了 ISDN 的商业业务，因而有人称 1988 年是"ISDN 元年"。目前，通常将只能提供一次群速率（1.5Mb/s～2Mb/s）以内的电信业务的 ISDN 称为窄带 ISDN（Narrow-ISDN，N-ISDN），常简称 ISDN。随着人们对以图像为中心的各种高速通信业务的需求日益迫切，CCITT 正着手制定基于异步传输模式（ATM）的宽带 ISDN（Broadband-ISDN，B-ISDN）的技术标准，现在已有大量的 ATM 产品投入市场。本节将着重讨论 N-ISDN。

1984 年 10 月，CCITT 推荐的 ISDN 标准中对 ISDN 定义如下："ISDN 是由电话 IDN 发展起来的一个网络，它提供端到端的数字连接以支持广泛的服务，包括声音和非声音的，用户的访问是通过少量、多用途、用户网络接口标准实现的。"可归纳如下几点：

- ISDN 是以综合电话网 IDN 为基础发展起来的通信网。
- ISDN 支持各种电话业务和非电话业务，提供多种服务。
- ISDN 提供开放的用户网络标准接口。
- ISDN 提供端到端的数字连接。
- 用户通过端到端的公共通道、端到端的信令，实现灵活的智能控制。

2. ISDN 的标准化

CCITT 为 ISDN 的标准化制定了一系列国际建议，为指导 ISDN 的发展和应用起到了关键作用。ISDN 的国际建议主要以 I 系列建议为主，I 系列建议详细地规定了 ISDN 的技术规范，充分考虑到对今后新业务的引入和技术进步的适应性，能够满足不同国家在不同的 ISDN 发展过程中 ISDN 和电话网的互通。

CCITT 的 I 系列建议书是在各国建设 ISDN 之前制定的，这就使各国电信部门和有关厂商在开始研究和开发 ISDN 之前便有章可循，因而为 ISDN 的发展提供了有利的条件。正是由于有了统一的 ISDN 规范，才使得 ISDN 技术迅速发展，使得不同国家的 ISDN 网络得以互联。

CCITT 的 I 系列建议书主要包括以下内容：

- I.100 系列，主要描述 ISDN 的基本概念、结构建议、术语和一般方法。
- I.200 系列，主要描述 ISDN 业务特性。
- I.300 系列，主要描述网络的结构运行。
- I.400 系列，主要规定用户/网络接口的特性和技术规范。
- I.500 系列，提供了 ISDN 网间接口的原则。
- I.600 系列，描述了 ISDN 的维护原则及操作和其他特性。

I 系列建议书的结构及在 ISDN 中的位置与作用如图 5-13 所示。

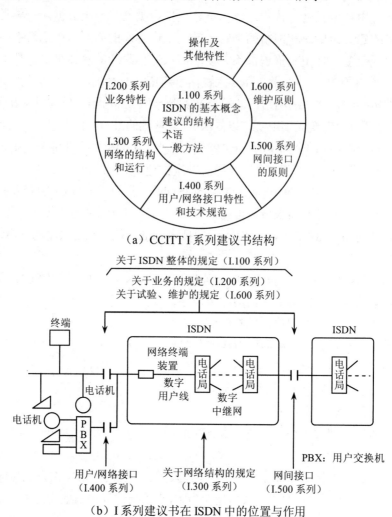

（a）CCITT I 系列建议书结构

（b）I 系列建议书在 ISDN 中的位置与作用

图 5-13　I 系列建议书的结构及在 ISDN 中的位置与作用

3. ISDN 的特点

ISDN 具有以下特点：

1）多种业务的兼容性。ISDN 能够通过一对电话线为用户提供多种综合业务，包括电话、传真、图像、可视电话等。

2）数字传输。ISDN 能够提供端到端的数字连接，具有优良的传输性能，而且信息的传输速度快。

3）标准化的用户接口。ISDN 使用了标准化的用户接口，易于接入各种用户终端。标准化的接口能够保证终端间的互通。一个 ISDN 的基本速率用户接口最多可以连接 8 个终端。

4）费用低廉。ISDN 是通过电话网的数字化发展而成的，因此只需在已有的通信网中添加或更改部分设备即可以构成 ISDN 通信网。ISDN 能够将各种业务综合在一个网内，提高通信网的利用率。此外 ISDN 节约了用户资金的投资，可以在经济上获得较大的利益。

4. ISDN 的业务分类

ISDN 的业务可以分为提供基本传输功能的承载业务（Bearer Services）和包含终端功能的用户终端业务（Teleservice）。除了这两种基本业务外，还规定了变更或补充基本业务的业务，称为补充业务（Supplementary Services）。

承载业务提供在用户之间实时传递信息的手段，而不改变信息本身所含的内容，这类业务对应于 OSI 参考模型的低层。用户终端业务不仅使用信息传递的低层功能，同时还包括高层功能。补充业务可以一种或多种承载业务与用户终端业务相结合，但不能单独使用，见表 5-5。

表 5-5 ISDN 业务的分类

承载业务		用户终端业务	
基本承载业务	基本承载业务+补充业务	基本用户终端业务	基本用户终端业务+补充业务

5. ISDN 的体系结构

图 5-14（a）所示的体系结构用于家庭和小单位的配置，图 5-14（b）所示的体系结构用于大企业或公司的配置。

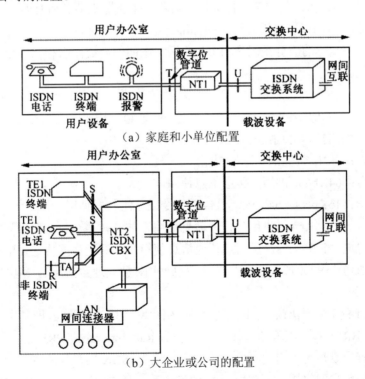

（a）家庭和小单位配置

（b）大企业或公司的配置

图 5-14 ISDN 体系结构举例

在用户设备和 ISDN 交换系统之间放置一网络终端设备 NT1，NT1 靠近用户端，可接入多个 ISDN 设备，包括电话、终端、报警装置等。NT1 具有网络管理、测试和性能监控等功能，同时也有总线仲裁逻辑，当几个设备同时访问总线时，由 NT1 裁决哪一设备获得总线的访问权。

- NT1 是网络终端 1，其功能等效于 OSI 参考模型的物理层，是用户传输线路的终端装置。
- NT2 是网络终端 2，它既包括物理层功能，又包括高层的业务功能，相当于用户内部的网络设施，如用户交换机 PABX 和 ISDN 接口的局域网。
- TE1 是一类终端设备，符合 ISDN 用户网络接口的协议，是标准的 ISDN 终端，如 ISDN 电话机。
- TE2 是二类终端设备，它不遵循 ISDN 用户网络接口的协议，是非标准的 ISDN 终端，如 X.25 协议的分组型终端和模拟电话机等。

TA 是终端适配器，它能够将非 ISDN 终端适配为 ISDN 终端。

CCITT 在各种设备间定了 4 类参考点——R、S、T、U。具体介绍如下：

- U 参考点是 ISDN 交换机与 NT1 的接口，目前采用铜双绞线，将来可能用光纤。
- T 参考点是 NT1 与用户设备的接口。
- S 参考点是 NT2（ISDN PBX）和 ISDN 终端的接口。
- R 参考点是终端适配器 TA 与非 ISDN 终端的接口。

其中 U、T、S 参考点是 ISDN 标准化的对象，R 参考点涉及所有非 ISDN 终端与终端适配器的连接点，范围极广且没有统一的标准。

在 ISDN 中最基本的成分是用户与 ISDN 网络之间的连线，它相当一个数字位管道。

6. 通道类型

通道是提供业务用的具有标准传输速率的传输信道。通道通常有两种主要类型：一类是信息通道，为用户传送各种信息；另一类是信令通道，用于传送信令信息。根据 CCITT 的建议，在用户网络接口处向用户提供的通道有以下类型：

- A 通道：4kHz 带宽的标准模拟话路。
- B 通道：64Kb/s，供用户传递信息使用。
- D 通道：16Kb/s 或 64Kb/s，供传送信令或分组数据使用。
- H0 通道：384Kb/s，供用户传递信息使用，如立体声节目、图像等。
- H11 通道：1536Kb/s，供用户传递信息使用，如高速数据传送、电视会议等。
- H12 通道：1920Kb/s，供用户传递信息使用，如高速数据传送、电视会议、图像等。

7. 接口结构

根据 CCITT 的 I 系列建议，标准化的 ISDN 用户网络接口有两类，即基本速率接口（Basic Rate Interface，BRI）和一次群速率接口（Primary Rate Interface，PRI）。

基本速率接口是规定现有电话网的普通用户线为 ISDN 用户线的接口，它是 ISDN 最常用的、最基本的用户网络接口。它由两条 B 通道和一条 D 通道构成，即 2B+D。这种接口是 ISDN 最低速的接口，为最广大的 ISDN 用户而设计。

一次群速率接口传输的速度与 PCM 的基群速度相同。由于国际上有两种规格的 PCM，即 1.5444Mb/s 和 2.048Mb/s，所以 ISDN 用户网络接口也有两种速度，即 T1 为 23B+D 和 E1 为 30B+D。我国主要采用 E1 接口。

当用户需要通信容量较大时，一个一次群速率接口就不能满足用户的要求了，这时可以多装几个一次群的用户网络接口，以增加通道数量。当存在多个一次群速率接口时，不必每个接口都设置一个 D 通道，可以让多个接口合用一个 D 通道。对于那些需要使用更高速率的用户来说，可以采用不同的 nB+D 接口结构，还可采用 nB+mH0+D、H11+D 或 H12+D 等结构。

8．信令系统

正如人类社会必须有一个语言系统一样，任何通信网也都必须有一个信令系统。信令系统用于指导终端、交换系统及传输系统协同运行，以及在指定的终端信源和信宿之间建立临时的通信信道，并维护网络本身的正常运行。

通信网中信令传输与用户消息传输的差别可用图 5-15 来说明。对于终端产生的消息，所有网络设备的作用仅相当于一条直接的信号通路。但对于信令传输，所有终端及网络设备都必须完成信令的发、收和处理，因而它们均是信令系统的终端。信令既可通过专门的信令通道，也可借用消息信道传输。

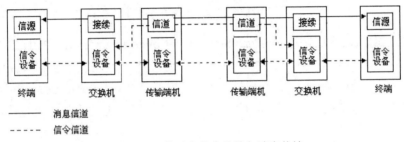

图 5-15 通信网中信令传输与消息传输

在信令系统中一般包括以下三方面的内容：

● 信令的定义：信息系统必须定义一组信令，这些信令应包括指导通信设备话路和维护自身及整个网络正常运行所需的所有命令。

● 信令的编码：确定每一条信令的信号形式。

● 信令的传输：信令在通信网中的传输过程及信令网络的组织。

ISDN 的一个主要特征是使用了共路信令技术，即利用一个公共信令通道传送许多路的信令。共路信令系统除了具有呼叫监视、选择和运行功能外，还具有交换局间和交换局与各种特种服务中心间进行的各种数据信息交换的功能。此外，还能完成电路群监视、地址性质、电路性质和回声抑制器控制，以及附加路由器、附加地址和主叫用户标识等功能。

7 号信令是根据 ISO 的 OSI 参考模型设计的多功能分层模块化信令系统。图 5-16 所示是 7 号信令协议与 OSI 协议的对应关系。

图 5-16 中，MTP（Message Transfer Part）是 7 号信令的最低层，MTP 完成在信令网中提供可靠的信令传送功能。MTP 的功能分为三级，其中第一级为信令数据链路功能，提供信令的双向传送通道，相当于 OSI 的物理层。MTP 的第二级是信令链路功能，为两个直接连接的信令之间传递信令消息，提供可靠信令所需的功能。信令链路的功能主要包括信号单元的分界、初始定位、差错控制、流量控制等。MTP 的第三级是信令网络功能，它负责

信令消息处理和信令网络管理。其中信令消息处理包括消息选路、消息识别和消息分配，信令网络管理包括信令业务管理、信令路由管理和信令链路管理。

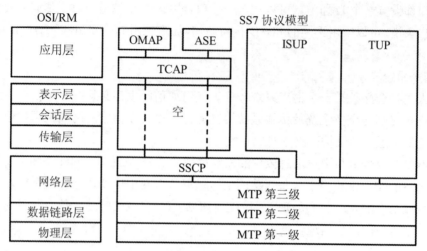

图 5-16　7 号信令协议与 OSI 协议的对应关系

MTP 的上面是信令连接控制部分（Signalling Connection Control Part，SCCP），它和 MTP 的第三级结合起来相当于 OSI 的网络层，扩展了 MTP 的功能，与 MTP 相比，增加了零用全地址（GT）和子系统号码（SSN）的寻址能力。UP（User Part）提供呼叫控制协议，它可分为 TUP 和 ISUP 两部分。TUP 可以满足数字电话网的电话业务功能的要求，ISUP 可以满足 ISDN 的业务要求。

事务能力应用部分（Transaction Capabilities Application Part，TCAP）主要包括移动应用部分（MAP）及运营、维护和管理部分（Operations Maintenance and Administration Part，OMAP），其作用是提供 7 号信令网络的维护和管理功能。

9. ISDN 的典型应用

综合业务数字网 ISDN 能够为用户提供范围广泛的业务，用户可以根据需要将它们应用于不同的领域。ISDN 的应用几乎涉及各个方面，可为用户在语音通信、计算机联网、图像传递、多介质信息存取等方面带来很大的方便。

（1）语音/数据综合通信

使用 ISDN 的基本接口（2B+D），用户可以同时传送语音和数据业务，ISDN 数字话机能够提供语音服务和各种 ISDN 补充业务，包括呼叫等待、呼叫转移等。ISDN 话机还兼作 ISDN 适配器，将普通的 PC 通过 V.24 接口适配为 ISDN 标准接口，使 PC 之间能够进行数据通信。

（2）局域网的扩展和互联

ISDN 可以用于多个局域网互联，取代了局域网间的租用线路。如图 5-17 所示，使用 ISDN 可使用户节省费用，在这种应用中，局域网只是 ISDN 的一个用户。ISDN 可以在用户需要通信时建立高速、可靠的数字连接，而且还能使主机或网络端能够分享多个远程设备的接入，这种特性比租用专线灵活和经济。

在这种应用中，每一端的局域网 ISDN 适配器都可以支持一个或多个 2B+D 的端口，而 ISDN/LAN 适配器是以 ISDN 用户号码接入 ISDN 网络的，所以在每一端的局域网中都应增加相应的号码寻址功能。

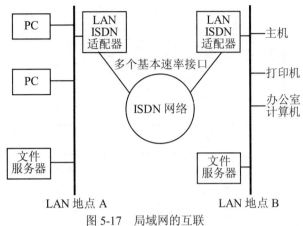

图 5-17 局域网的互联

（3）桌面电视会议系统

桌面电视会议系统是近年来较受用户欢迎的 ISDN 应用之一。桌面电视会议系统可以使两个或两个以上的用户之间进行可视文件、图像数据图表的信息交换。ISDN 具有支持多介质信息的传送能力。

图 5-18 所示是一桌面电视会议系统应用的示例，图中可视终端可以使用标准的 ISDN 基本接口接入 ISDN 网络。

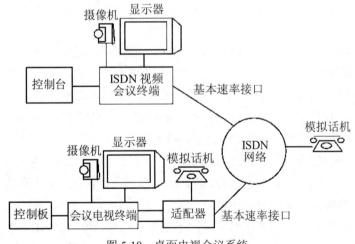

图 5-18 桌面电视会议系统

ISDN 终端及话机可以向被叫用户显示主叫用户号码，使被叫用户可以应答、拒绝或转移呼叫，如果用户不方便应答呼叫，则可以将呼叫转移到语音信箱。

ISDN 的主叫号码标识业务可以用于紧急情况的呼叫处理，该业务广泛使用在公安指挥、交通指挥、医疗急救等领域中。如公安的 110 报警服务系统，当报警人拨通了 110 报警电话后，被叫方可以立即得到主叫用户的电话号码，并可从数据库中查出主叫用户的地址等信息，因而可以迅速、准确地对案发地点进行定位，尽快采取措施。如图 5-19 所示为 ISDN 主叫用户号码标识的应用示例。

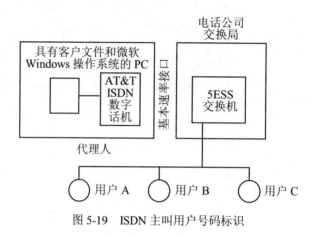

图 5-19　ISDN 主叫用户号码标识

5.4.4　异步传输模式（ATM）

在 1990 年，国际电报电话咨询委员会（CCITT）正式建议将 ATM 作为实现 B-ISDN（宽带综合业务数字网）的一项技术基础。这样，以 ATM 为机制的信息传输和交换模式也就成为了电信和计算机网络操作的基础和 21 世纪通信的主体之一。尽管目前世界各国都在积极开展 ATM 技术研究和 B-ISDN 的建设，但以 ATM 为基础的 B-ISDN 的完善和普及却还要等一段时间，所以称 ATM 为一项新兴的通信技术。不过，ATM 技术仍然是当前国际网络界所关注的焦点，其相关产品的开发也是各厂商想要抢占网络市场的一个制高点。

1. ATM 概述

ATM（Asynchronous Transfer Mode），即异步传输模式。它是未来 B-ISDN 的底层传输技术。使用 B-ISDN，可以在一个网络上以统一的方式提供多种服务。而现在的网络都是为了特殊的应用目的而设计的，为了提供不同的服务，人们不得不建造不同的网络，分别用于传输电话、电视和数据。同时运行三种不同的网络，维护起来复杂，在经济上也不合算。B-ISDN 就是为了统一电信网络而设计的网络传输技术。

ATM 网络的基本思路就是把数据分割成固定长度的信元（Cell）来传输。每个信元有 5 字节的信头和 48 字节的净荷（Payload）。信元的长度固定，信头又非常简单，这些使得 ATM 网络可以用硬件来实现信元的快速转发。

和其他 WAN 技术一样，ATM 网络采用星型拓扑结构。每一个 ATM 端系统通过专用的线路连接到 ATM 交换机，ATM 交换机之间又用高速的通信线路（一般为光纤）连接起来。信元从端系统发出后，通过多个 ATM 交换机的转发，最终到达目的地。标准规定每个 ATM 端系统接口基本的发送速率为 155Mb/s。这么高的速率即使对高清晰度的电视或视频点播等应用来说都是足够的。

ATM 网络提供面向连接的服务。在发送数据之前，进行通信的端站点之间必须存在连接。该连接可以是永久性的，也可以是动态建立的。在一条物理链路上可以存在多条虚连接，这些连接共享网络链路的带宽，根据各自的需要发送信息。这种虚链路复用模式提高了链路的总利用率。

不同的网络应用对服务质量的要求是不一样的。ATM 可以适应不同的网络应用对带宽的要求，提供多种网络服务。ATM 标准中对子网络服务质量制定了详细的规范，并提供了一系列机制保证各种不同应用的服务质量。

ATM 技术的基本特点可以归纳为面向连接、固定信元长度、统计复用和提供多种服务类型。

自从 1989 年 ITU-T 提出 ATM 技术以来，ATM 技术已经得到了充分的发展，ITU-T 的标准化工作进展迅速。ATM 的标准包括在 Q 系列建议和 I 系列建议中，这些标准主要侧重于建立 ATM 电信网的一些规范。

另外还有由多家著名厂商参与的 ATM 论坛（ATM Forum），它也是一个 ATM 技术的研究和标准化组织。因为人们预测 ATM 技术将用于建立专用网络，所以 ATM 论坛侧重于 ATM 专用网络的标准化，保证专用网络中不同厂家的设备之间的互通和互操作。ITU-T 和 ATM 论坛这两个标准化组织常常相互借鉴，共同制定一些标准。

在 ATM 层，连接被分为两个层次：虚信道和虚通道。虚信道（Virtual Channel，VC）是指一条单向 ATM 信元传输信道，有一个唯一的标识符。该标识符称为虚信道标识符（VCI）。

虚通路（Virtual Path，VP）也是指一个单向的 ATM 信元传输信道，不过一条虚信道中包含有多条虚通路，所有这些虚通路有相同的标识符，该标识符称为 VPI。同样，在一条物理链路中，可以有多条虚信道。一条物理链路中的虚电路由其 VPI 和 VCI 共同确定。物理链路、虚信道和虚通道的关系如图 5-20 所示。

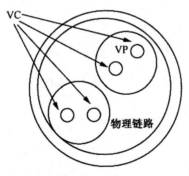

图 5-20　物理链路、VP 和 VC 的关系

把虚连接分为两个层次有很多优点。例如，通过预定义虚信道可以构造虚拟专用网，保证在同一个虚拟专用网中数据的保密性。使用虚信道还可以简化网络的管理。例如，在主干网上可以预先定义两个结点间的虚信道，为它保留足够的资源。如果用户要建立的虚通道通过该虚信道，则在资源预约时，仅需要在 VP 的入口点处理连接请求，在 VP 中间的结点不必处理，这样可以简化整个网络的连接处理。另外，如果一条 VP 所经过的网络链路

出现故障，网络的路由机制可以为该 VP 找到另外一条路由，此时可以一次性地把所有属于该 VP 的虚通道都移到新的路径上去，并且路由的改变对于每个虚通道都是透明的。

用户和用户之间、用户和网络之间、网络和网络之间都可以建立 VC，也可以建立 VP。表 5-6 列出了这两种连接的用途。

表 5-6　VC 和 VP 的用途

	VC	VP
用户到用户	传送用户数据、信令	局域网互联
用户到网络	访问与本地连接相关的功能（如用户网络信令）	连接交换机或服务器
网络到网络	网络流量管理、路由信息	预定义网络流量的路径

VCI 和 VPI 都在信元头部，表示信元所属的虚通路。应该注意的是，VCI 和 VPI 只是本地编号，不具有全局的含义。因此，不同 VP 中的 VC 可以具有相同的 VCI 值，不同的物理链路上的 VP 可以具有相同的 VPI 值。虚信道和虚通路都是单向的，不过在建立连接时，可以同时建立起一对正向和反向的通道，形成一个双工信道。两个方向上的 VPI 和 VCI 值是不一样的，其带宽也可以是不相同的。因为在许多情况下（如 VOD 等应用），需要下载的图像信号量远远大于上行的控制信号。

虚通路和虚信道可以是点到点的，也可以是点到多点的多播方式（Multicast），这是为了满足视频会议等应用而设计的。在这种情况下，常常是一个人发言，向多个目标发送。利用这种多播方式可以把信号发送到这个组中的每一个成员，而且比采用点到点方式时要求的带宽小，发送方的负载也小。

2. ATM 的连接

ATM 连接分为两种：永久虚连接和交换虚连接。永久虚连接相当于租用线路，它是预先建立好的，在任何时候都可以使用。而交换虚连接则像使用电话一样，每次在使用时都需要建立。本节讲述如何建立交换虚连接。

在建立和拆除连接时，要使用如下一些消息（见表 5-7）。

表 5-7　ATM 建立和释放连接的消息类型及含义

消息类型	含义
SETUP	请求建立连接
CALL PROCEEDING	正在建立连接
CONNECT	接受该连接请求
CONNECT ACK	对 CONNECT 的应答
RELEASE	请求释放连接
RELEASE COMPLETE	连接释放完成

ATM 网络上释放连接的过程相对比较简单。连接的任何一方都可以发出 RELEASE 消息，表示要释放连接。对此，每个交换机都发送回 RELEASE COMPLTET，表示释放完成。

这个消息沿着连接的路径一直传到目的主机。此时交换机释放为该连接保留的资源，包括缓冲区、VPI/VCI 值、带宽等。

3. ATM 业务类型

ATM 技术的最大特点之一就是能够根据所传输的应用业务需要进行不同的处理和转发，从而满足多介质实时业务的需要。为了综合处理和转发各种不同类型的多介质业务，ATM 把这些业务划分为五类：恒定比特率（Constant Bit Rate，CBR）业务、实时可变比特率（Real Time Variable Bit Rate，RT-VBR）业务、非实时可变比特率（Not Real Time Variable Bit Rate，NRT-VBR）业务、可用比特率（Available Bit Rate，ABR）业务和非特定比特率（Unspecified Bit Rate，UBR）业务。

CBR 业务为用户提供固定带宽连接，业务时延受到严格限制，它与租用线路业务类似，适用于实时视频应用或仿真 T1、E1 线路等。

RT-VBR 业务可以用可变速率发送数据，同时又以严格的要求提供服务，例如使用 MPEG 压缩技术的视频会议系统。虽然这些应用的数据速率是不断变化的，但仍然要求 ATM 网络以尽量小的延迟把数据传送到目的端，否则图像的显示会出现明显的抖动和变形等。也就是说，网络传输的延迟及延迟的变化都要得到很好的控制，偶尔的数据丢失在这类应用中反而是允许的，在这种情况下，应用程序会忽略这些数据。

NRT-VBR 业务的应用同样要求将数据及时传输到目的地，但是它可以容许一定的延迟抖动（Jitter）。例如，在查看包含图像的多介质邮件时，一般是等到数据传输到本地之后才显示，所以传输的延迟不会明显影响应用的效果。

两种 VBR 业务的发送速率本身是变化的，它会确定一个最小的带宽要求，在保证满足用户最基本需求的条件下，VBR 允许在一定范围内超过带宽设置的基本值发送数据。所以在处理突发性业务方面，VBR 比 CBR 更有效、更经济。

ABR 业务适用于对吞吐量和时延要求不确定，对信元丢失率要求不高的应用。信元发送速率可以根据网络的要求而变化。用户根据 ATM 网络的反馈信息，在定义好的最大值和最小值之间调整信息发送速率。ABR 也是这五种业务中 ATM 唯一为它提供反馈的业务类型。

UBR 业务最适合非紧急应用，或是对业务质量没有特定要求的应用。这类应用对时延、时延变化和误码率要求都不高，信源可以发送不连续的突发数据。UBR 不规定每个连接的带宽，对每个连续的信元丢失率和信元传送时延也不作定量的承诺。如果网络有足够的带宽，网络会尽量发送 UBR 的数据。如果发生拥塞，则 UBR 的数据首先被丢弃，并且不对发送者发送反馈信息，它放慢发送速度。表 5-8 是这五种业务类型的对照表。

表 5-8 ATM 业务类型对照表

服务特征	CBR	RT-VBR	NRT-VBR	ABR	UBR
是否要保证带宽	Y	Y	Y	Y	Y
是否适于实时应用	Y	Y	N	N	N
是否适于突发应用	N	N	Y	Y	Y
是否有拥塞反馈	N	N	N	Y	N

4. ATM 局域网仿真

ATM 网络虽然有很多优点，但是相比之下，其配置和使用比以太网等局域网都要复杂得多。用户希望在向 ATM 转化的过程中仍然保留现有局域网的业务，使得整个过渡能够平稳进行。为此 ATM 论坛定义了一种 ATM 业务，即局域网仿真（LAN Emulation，LANE）。

简单地说，局域网仿真就是要在 ATM 网上模拟传统局域网的一些特性，在 ATM 网上构造新的局域网，让 ATM 网络上的设备和传统局域网上的设备能够透明通信。使用局域网仿真技术进行通信的网络构成仿真局域网（Emulated LAN，ELAN）。

传统的以太网等局域网和 ATM 网络差别很大，主要表现如下：

- 以太网等是无连接的，而 ATM 网络提供有连接服务。
- 以太网采用广播媒质，而 ATM 本质上是一种点到点服务。
- 以太网上的 MAC 地址与网络拓扑无关，而 ATM 地址由网络分配确定。

局域网仿真主要就是要仿真局域网上的一些特性。在使用局域网仿真技术时，一个大的 ATM 网络被划分为多个逻辑的子网，每个子网为一个 ELAN。ELAN 实际上是定义了一个逻辑组，广播消息只在这个组之内传播。ATM 网上的设备到底属于哪一个 ELAN 由管理员配置，和其物理位置无关。一个 ATM 设备也可以同时属于多个 ELAN。

局域网仿真协议在 ATM 主机和 ATM 网桥等设备上出现。这两类设备都称为 ATM 网络端设备。局域网仿真和传统的局域网技术有很好的兼容性，解决了一个仿真局域网之中 ATM 端系统间的通信问题。不过不同的仿真局域网之间的通信仍然要通过路由器设备。

5.4.5 MPOA

新桥公司（New Bridge）于 1996 年提出了 MPOA 技术。MPOA 技术是一种在 ATM 网络上使用的路由机制，使用 MPOA 技术，可以解决在 ATM 网络上的路由器瓶颈的问题。

为了管理方便，一个大的 ATM 网络常常被分为多个小的 ATM 子网。在 IP 协议中，一个子网称为逻辑 IP 子网（LIS）或本地地址组（LAG）。一个 LIS 内部的所有主机都具有相同的子网地址，可以直接进行通信，但是跨子网的通信仍然必须通过路由器，即使源主机和目的主机都在同一个 ATM 网络上。由于路由器本身协议的复杂性，路由器的转发性能很难得到提高，路由器成为通信的瓶颈，高速的 ATM 网络资源不能得到充分利用。另外，在互联网络上日益丰富的多介质应用对于传输延迟等服务质量具有较严格的要求，但是路由器的介入加大了数据报的传输延迟及其延迟的不确定性。这种完全基于路由器的网络互联结构已经不能满足网络发展的需要。

MPOA 通过在进行通信的源端和目的端之间建立直接的 ATM 连接，把路由器从传输路径中短路，从而提高网络的传输能力。它本质上是把一个数据流（Flow）直接映射到一个 ATM 的 VC 连接上，这样就可以充分利用 ATM 交换机的高效率和低时延的特性。由于数据流和 VC 之间具有直接的对应关系，所以可以把应用对服务质量的要求直接转换为 ATM 的服务质量参数，给应用程序提供可靠的服务质量保证。另外，MPOA 可以在 ATM 网上同时支持多种互联协议，如 IP、IPX 等。

MPOA 并不是一种全新的技术。它是综合了 ATM 论坛的局域网仿真和传统的路由器技术而形成的一种新的技术。

局域网仿真技术是 MPOA 技术不可分割的一部分。在 MPOA 中，ATM 主机之间使用局域网仿真技术实现在一个逻辑子网内的通信。

使用了 MPOA 技术后，整个 ATM 网络就变成了一个虚拟路由器（Virtual Router），ATM 网络的边缘设备相当于虚拟路由器的接口网络卡，ATM 交换机相当于虚拟路由器中的总线或交换网络，而路由服务器相当于虚拟路由器中的路由处理器，进行路由的计算。ATM 的边缘设备包括 ATM 网上的主机、ATM 网桥或 ATM 路由器，它们是 ATM 网络的入口点或数据的产生点。从边缘设备到达的数据，经过 MPOA 的路由，转发到另外的边缘设备上去。也就是说，一台主机所处的子网与它的物理位置无关，而是由其 IP 地址或网络层的其他地址决定的，这增加了配置和管理的灵活性。

第6章 局域网组网技术

局域网（Local Area Network，LAN）可定义为在较小区域内互连各种通信设备的一种通信网络。所谓较小区域可以是一个建筑物，或者是有几幢建筑物组成的园区，如校园、社区等。通信设备范围较广，主要是各种类型的计算机，也可以是终端、外部设备、传感器等。局域网是通信网络，仅为用户提供通信服务，加上高层协议后才可构成计算机网络。

局域网与其他通信网络相比的另一个特点是局域网属于某一组织所有，是私有的网络而不是公共服务网络，因此有可能获得较高的综合利用。

局域网在技术上有以下特点：

- 数据传输速率从 0.1Mb/s 到 1Gb/s，甚至更高。
- 距离在 0.1km 到 10km。
- 误码率从 10^{-8} 到 10^{-11}。

数据传输速率和距离是局域网区别于多处理机系统和广域网的两个主要参数，图 6-1 给出了这三种系统传输速率和距离的关系。从图中可以看出局域网实际上是距离和传输速率之间的一种折中选择。与广域网相比，局域网的误码率低得多，通信代价也低得多，因此性能价格比也显著不同。多处理机系统是紧耦合的，通常需要中央控制，而局域网上各个设备是独立的。事实上，第一代局域网就是某种形式的多处理机系统，这些处理机和外部设备采用专用的高速数据传输线路相互连接。

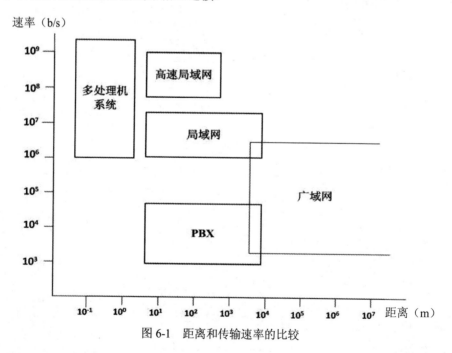

图 6-1　距离和传输速率的比较

由多种网络设备连接而成的网络主要目的在于信息交换的资源共享，局域网具有同样的目的。分散的微机系统利用局域网互连后，用户使用微机仍能像在集中式主机系统上那样进行报文交换、访问公共文件和数据库，使用公共的外部设备，如大容量存储器和高性能打印机等。

局域网的种类较多，主要有以太网、令牌总线网、令牌环网。自最早的 ALOHA 无线系统应用了共享数据传输信道之后，在 1972 年，由 Palo Alto 研究中心（PARC）首次创建了以太网。自此，局域网技术得到了迅速发展，例如有数据通用公司 MCA 和 DATAPOINT 公司的 ARCnet 局域网络、IBM 的 Token Ring 局域网络等。由于以太网技术的标准化工作最早被 DEC、Intel、Xeror 三家公司完成，并且具有低成本和灵活性的特点，从而逐渐取得了广泛的应用。真正意义上的以太网产品则由 3Com 公司在 1980 年推出。

从 20 世纪 80 年代开始，在局域网的应用中，以太网始终占据着主导地位。同时以太网也不断地在技术上得到改进，产生了快速以太网、交换以太网、全双工以太网、千兆以太网等技术。局域网技术仍在发展，其主要研究目标集中于继续提高网络传输速度和提供高质量的业务服务保证，包括可接受的传输延迟、可靠性、可容忍的差错率等。

6.1 信息系统

随着各行各业现代化建设的需要，越来越多的企事业单位需要建立起一个先进的基于计算机的信息系统。各个单位都有自己的行业特点，因此所需要的计算机系统千变万化。从工厂的生产销售管理系统到证券市场的证券管理系统，从政府的办公室系统到医疗单位的管理系统，不同的系统之间区别很大。信息系统集成的目标就是规范地为各种单位及应用设计和实施计算机信息系统。

6.1.1 计算机信息系统的结构

现代的计算机信息系统具有随时给用户提供大量信息、支持用户间信息直接交互的功能。系统建立在计算机网络上，可分成网络平台、传输平台、操作系统平台、信息处理系统、系统管理和系统安全等模块。

1. 网络平台

网络平台处在最下面，是信息系统的基础，包括了网络连接和综合布线系统两部分，为信息系统提供通信服务。目前常用的通信媒体有双绞线、同轴电缆、光纤等。网络有局域网和广域网两种类型。局域网目前大多选择以太网技术和设备，如集线器、交换机、路由器等。整个网络可以全部由以太网技术构成，也可以由以太网和其他网络技术混合组成。

2. 传输平台

在网络平台上集成了 TCP/IP 协议集，形成了传输平台。TCP/IP 协议集往往包含在网络操作系统和计算机操作系统内。运行操作系统的设备有服务器、工作站、终端、磁盘阵列等。

3. 系统平台

在传输平台基础上增加了应用服务软件，如 TCP/IP 协议集上常规的应用服务、数据库管理系统（DBMS）、群件、支撑软件以及开发工具（包括语言）等软件。常用的 DBMS 有 Informix，SQL，Oracle 等。

4. 信息处理系统

在系统平台上进行应用开发后形成了应用软件层，从而构成信息处理系统。常规的应用软件包括办公自动化系统 OA、管理信息系统 MIS、决策支持系统 DSS 以及信息发布和查询等。现代网络应用软件包括了诸多的网络多媒体应用（如电视会议、广播电视、IP 电话和 IP 可视电话等）以及电子商务等。

5. 系统管理

在基于网络的信息系统中，为了了解、维护和管理整个系统的运行，必须配置相应的软硬件进行系统管理。系统管理包括了网络和应用管理两部分内容。网络管理的对象主要是网络平台涉及的软硬件设备，负责网络平台故障、效能和配置的管理。应用管理比较复杂，其对象是系统服务和应用服务，涵盖了故障管理、效能管理、配置管理、安全管理和记账管理五个方面。

由于计算机信息系统的组成日益复杂，多厂商、跨技术领域的系统环境和不同的管理制度、文化背景，使得系统管理的难度越来越大，任何厂商都难以提供一个产品化的完整的管理方案。需要有针对用户的、基于标准管理框架的软硬件构成系统管理模块。

6. 系统安全

对于计算机信息系统，安全问题至关紧要。计算机信息系统内可能存放着政府的机密数据、企业的商业机密、个人的隐私等，安全是不同层次的用户共同关心的问题。安全不仅仅是技术方面的问题，还涉及到社会环境、法律、心理等方面。在技术上，从底层的网络平台直到应用系统均存在安全问题，因此需要配置相应的安全措施，保护重要数据的安全。为了保障信息系统的数据安全，安全措施包括数据的软硬件加密、防火墙、访问控制、认证、防病毒和数据备份等。

6.1.2　信息系统的集成

所谓集成是要把各个独立部分组合成具有全新功能的、高效和统一的整体。系统集成则是指在系统工程学指导下，提出系统的解决方案，将部件或子系统综合集成，形成一个满足设计要求的自治整体的过程。系统集成是一种制导系统规划、实施的方法和策略体现了改善系统性能的目的和手段。

信息系统的集成在计算机领域已成为提供整体解决方案、提供整套设备、提供全面服务的代名词。与系统集成对象相对应，系统集成的任务可以分成 4 个层次。下面描述系统集成的任务，以利于认识和了解信息系统集成。

1. 应用功能的集成

应用功能的集成是指将用户的实际需求和应用功能在同一系统中加以实现。常见的应用需求有信息查询、信息检索、信件收发、数据分析等。用户通过应用功能是否实现来判定系统建设的成败。因此，应用功能的集成反映了系统集成者对用户系统建设目标的理解，同时也直接影响到后续层次的集成。应用功能的集成是在系统需求分析、系统设计及应用软件开发等阶段完成的，最终通过应用软件和支撑环境实现。

2. 支撑系统的集成

支撑系统的集成是指为了实现用户的应用需求和功能而必须建立的支撑环境的集成。例如，用户需要远程查询功能，系统集成者不仅要为用户解决远程访问的通信手段，而且还要建立供查询使用的查询信息库和相应的服务器。于是系统就应建立三个平台：网络平台、数据库平台和服务器平台。这三个平台又共同组成了远程查询应用的支撑平台。

支撑环境可分为两大部分：一部分是直接为应用软件的开发提供开发工具和环境的软件开发平台；另一部分用于实现数据处理、数据传输和数据存储，即由服务器平台、网络平台及数据库平台共同构建的基础支撑平台（这三个平台是现代信息系统建设过程中必不可少的部分，往往需要投入较多资金）。支撑环境的集成难点主要表现在如何使不同的平台能够协调一致地工作，使系统整体性能达到优良水平。

3. 技术集成

无论是功能目标及需求的实现，还是支撑系统之间的集成，实际上都是通过各种技术之间的集成来实现的。例如，在网络平台的建设过程中，往往不仅要采用局域网技术，还需要广域网技术；不仅需要数据通信技术，还需要多媒体通信技术；甚至在一个局域网环境中，往往也继承了 10Mb/s、100Mb/s、1Gb/s 以太网技术，交换以太网技术和 ATM 技术等。又如，在信息系统平台中，可能需要客户机/服务器为主的结构和浏览器/服务器访问方式的集成；在操作平台上会有 UNIX 或者 Windows NT 等其他操作系统的集成。

以上是在统一支撑平台上不同技术的集成问题，即使在不同平台之间，技术集成的问题也大量存在。例如，异种机网络互联就是服务器平台与网络平台集成过程中的典型技术集成问题。

技术集成是整个系统集成中的核心，优秀的系统集成者必须熟知各种技术及相应的产品，还要有把握总体技术集成的能力和具体实施的方法。

4. 产品集成

产品集成是系统集成最终、最直接的体现形式，它可以把不同类型、不同厂商能实现不同应用目的的计算机设备和软件依照设计要求有机地组合在一起。应用功能、支撑系统和技术的集成最终都将落实在具体产品和设备的集成上。例如，要实现交换以太网技术，就要选择能支持该技术的产品设备；为实现远程查询功能，就要选择可支持远程拨号能力的网络产品和操作系统。

产品集成首先要建立在上述三个层次集成的调查、设计的基础上。其次，对所集成的设备或产品要有深入、透彻的了解，最好有这些产品的集成经验，至少应使用过同类产品。系统集成者应掌握各种厂商的众多产品，一般来讲，掌握的产品设备越多，系统集成能力就越强。

6.2　局域网概念

局域网是计算机网络的一个分支，主要为信息系统提供网络平台和传输平台。局域网组网是信息系统集成的基础，与系统集成的四个层次都有关系。同时，网络的集成技术也是局域网的核心技术。

网络系统是由几个子系统集成的。这些子系统可分成网络结构、网络设备、网络服务器、网络工作站、综合布线、网络操作系统和网络数据库等。网络设计的任务就是要把这几个模块按照组网目标和设计原则有机地集成在一起，组合成具有全新功能的、高效和统一的整体。

组网工程涉及网络的设计、网络施工、网络测试、网络维护和管理。网络设计无疑是组网能否成功的关键性环节。组网工程需要在网络设计时确定组网目标，制定组网的设计原则，然后再进行网络系统方案的设计。

设计原则是设计时要考虑的总体原则，它必须满足设计目标中的要求，遵循系统整体性、先进性和可扩充性原则，建立经济合理、资源优化的系统设计方案。

对于一个单位的网络系统建设，首先要进行详细的调查分析，了解网络上必要的应用服务和预期的应用服务，以书面的形式列出系统需求，供该单位的有关人员讨论，然后才能确定网络系统的总体设计内容和目标。

在设计目标中指出网络系统需要达到的功能和性能，如网络能提供的服务以及服务形式；指出网络的规模，如网络上最大站点数和网络的最大覆盖范围等；指出网络应采用的体系结构和协议栈，如是 TCP/IP 模型还是 OSI 模型；指定网络的正常运转要求，应达到的速度和处理的数据量等。

就一项工程而言，按用户的需求有时需要分阶段进行，即存在工程的近期目标和远期目标。这时必须明确各个阶段的建设目标是什么，网络建设要达到怎样的规模，满足用户怎样的需求。

6.2.1　局域网体系结构

计算机网络是由多台独立的计算机和各类终端通过传输介质连接起来的复杂系统，相互通信的两个计算机系统必须高度协调地工作。计算机网络体系结构给出了协调工作的方法和计算机必须遵守的规则。

6.2.2　网络的体系结构和 OSI 参考模型

代表现代计算机网络的计算机网络体系结构按高度结构化方式进行设计，是网络通信功能的层次结构和隔层的通信协议标准的集合模型。

计算机网络体系结构以层为单位来组织，每一层都建立在它的下层之上（除了最底层）。每一层次都在逻辑上相互独立，且都具有特定的功能。不同的网络体系结构，其层次的数量，各层的名字、内容和功能都不一样。然而，在所有的网络体系结构中，每一层的目的都是向上一层提供一定的服务。提供服务时，服务用户和服务提供者之间需要用服务原语交换信息，以表示需要本地或远端的对等实体做什么。相邻层之间有接口标准，接口定义了低层向高层提供的服务。相邻两层的信息交换处称为服务访问点 SAP。网络体系结构中位于不同计算机系统的相同层次的实体之间用协议进行通信。

这种功能分层次模型摒弃了传统的面向传输硬件的网络概念，十分适用于以业务为基础的现代网络概念。它使传送网成为一个独立于业务和应用的灵活、可靠和低成本的基础网，专门用于信息比特流的传送。而在此基础平台之上又可以组建各种各样的业务网，适应各式各样的业务和应用的需要。

计算机网络上的数据通信发生在不同系统的实体之间。实体是指能发送和接收信息的任何东西，如用户应用程序、进程、浏览器、电子邮件软件、数据库管理系统等。系统则是指一个物理的物体，可以是计算机、终端设备、网络设备等。系统中可以存在一个或多个实体。两个实体要成功地交换信息就必须具有同样的语言。交换什么、怎样交换及何时交换，都必须遵从互相都能接受的一些规则，这些规则的集合称为协议。协议主要由说明数据格式和结构的语法、定义数据每一位意义的语义、描述事件实现顺序的定时关系三个部分组成。

每个协议都用于特定目的，所以各个协议的功能是不一样的。但是也有一些功能会经常出现在不同的协议中，如差错检测和纠正、对数据块的分块和重组、微数据块编号排序、发送和接收速度的协调匹配等。

协议的设计过程通常要考虑网络系统的拓扑结构、信息的传输量、所采用的传输技术、数据存取方式，还要考虑其效率、价格和适用性等问题。

在组建网络的过程中，考虑到网络设备各方面的特性，用户会要求把不同厂商生产的设备互联在一起。为使这些设备能正常工作，需要制定各个生产厂商都要遵守的标准，以保证设备间协同工作的能力。尽管标准有时会增加产品的开发时间，降低设计的灵活性，但是来自用户的需求使工业界认识到使用标准的必要性，以及标准的形式、作用和应该具有的特性。目前，标准已被网络设备的制造者所接受，并正在起到促进技术发展的作用。

为解决不同公司生产的计算机之间能互联成网，国际标准化组织 ISO 在 1977 年提出了开放系统互联 OSI（Open System Interconnection）参考模型。经过若干年的工作，在 1983年形成了开放系统互联基本参考模型的正式文件，即 ISO7498 国际标准。OSI 参考模型是连接异种计算机的标准框架，为连接分布式的开放系统提供了基础。所谓开放就是指遵循OSI 标准后，一个系统就可以和其他也遵循该标准的系统进行通信了。

在 OSI 标准制定过程中采用了前面所说的分层的体系结构方法，即将整个庞大而复杂的计算机互联问题划分为若干个较容易处理的、范围较小的问题。OSI 采用了 7 个层次的体系结构，每层根据其功能来命名，分别称为物理层、数据链路层、网络层、传输层、会话层、表示层和应用层。

物理层建立在物理媒体上，是 OSI 参考模型的最低层，负责在物理媒体上传输数据位。所有的通信设备和计算机等均需要用物理媒体互连起来，因此物理层是组成计算机网络的基础。物理层的功能是通过物理媒体建立、维护和拆除实体之间的物理连接，实现实体之间的比特传送，向数据链路层提供一个透明的比特流传送服务。

数据链路层最主要的作用就是通过一些数据链路层协议，在相邻结点的物理链路上建立数据链路，实现可靠的数据传输，从而保证数据通信的正确性。数据链路层的主要功能包括数据链路的管理、帧同步、差错检测和恢复、信息流量控制、数据的透明传输、寻址等。

网络层的任务是将数据信息从源端传输到目的端。从源端到目的端可以经过许多中继结点，也可能要经过好几个通信子网，这是网络层与物理层、链路层的主要区别。网络层是处理端到端数据传输的最低层，应具备的功能有路由选择、拥塞控制等。

传输层的目标是为用户在网络上提供有效、可靠和价格合理的数据传输服务。传输层是整个协议层次结构中最关键的一层。较低层的协议一般要比运输层简单，且容易理解。对于两个需要利用网络进行通信的主机来说，端到端的可靠通信还是要靠传输协议解决。另外，许多网络应用也只需要在两台机器之间进行可靠的比特流传输，不需要任何会话层和表示层的服务。

会话层给会话用户提供一种称为会话的连接，并在其上提供以普通方式传输数据的方法。会话层的主要功能是数据的交换，它分为三个阶段：会话的建立、使用和拆除。表示层的主要功能是保证所传输的数据经传输后不改变意义。这是因为各种计算机都有自己的数据信息表示方法，不同的计算机之间交换数据信息需要经过一定的转换，这样才能使数据的意义在不同计算机内保持一致。

应用层是 OSI 的最高层，它借助于应用实体（AE）、应用协议和表示服务来交换信息，并给应用进程访问 OSI 环境提供手段。应用层的作用是在实现多个进程相互通信的同时，完成一系列业务处理所需要的服务功能，这些服务功能与业务功能（如远程文件操作、远程报文分发等）有密切的关系。

在 OSI 参考模型中，发送进程的应用信息传递的路径是从发送端系统的第七层向下依次传到第一层，然后再通过网络的物理媒体，经过可能存在的中继系统传送到接收端系统，在接收端系统内依次往上传送到第七层，最后到达接收进程。

6.3 局域网组网

局域网组网是信息系统集成的基础，其目的是为信息系统提供网络通信平台和提供基本的数据信息传输服务。局域网组网是一项工程性工作，有一定的工作步骤和规范，而确定正确的组网原则和目标对完成组网工程具有指导意义。

6.3.1 局域网组网的原则

组建网络系统时，原则上应该考虑几方面的要求，力求做到具有实用性、先进性、开放性、可扩展性、安全性和可靠性等，使系统更合理、更经济、具有更好的性能。

1. 实用性

实用性是网络建设的首要原则，是对用户最基本的承诺。网络必须最大限度地满足用户的需求，保证网络服务的质量。同时，网络的建设又是一个不断发展的过程，网络设备的技术在不断地进步，设备的价格也在不断下降，因此建设目标定位应合理，一般是未来3～5 年内的需求，避免过分超前。网络系统也应是经济的，应尽可能地利用现有的系统，使其发挥最大的效益，不至于产生设备上的投资浪费。

2．先进性

网络建设投资较大，网络应用的发展又非常快，要保证网络在数年内仍能满足用户的需要，网络设计时要注意网络方案的先进性，充分利用当前的新技术。先进性包括设计思想、网络结构、软硬件设备以及使用的开发工具的先进性。网络设计也要保证所选用技术的标准性和成熟性。符合国际标准的设备和技术可保证多种设备的互操作能力、兼容、可维护和对前期投资的保护。先进的技术可能为网络带来较高的性能，但如果不是技术发展的主流，不能成为工业标准，则有被淘汰的可能，因此在技术的选择上也要注意技术的成熟程度。

3．开放性

开放的系统才是具有生命力的系统。网络技术和信息技术日新月异，新产品不断涌现，网络系统的设计要考虑网络部件的兼容性、互操作性和未来新发展对系统的影响，以保证能跟上世界通信、网络和计算机技术的发展潮流。

4．可扩展性

由于用户的需求会不断增加和变化，网络系统的建设是逐步进行的。随着信息量的增多和应用面的扩大，网络将在规模和性能两个方面进行一定程度的扩展。因此网络设计要考虑网络的扩展能力，要充分考虑部件级、系统级、应用级的模块化扩充能力，这样网络系统才会有较强的适应力。

5．安全性和可靠性

系统的安全和可靠是保证整个系统正常运转的前提条件和基础。安全性指确保系统内部的数据和数据访问以及传输的信息是安全的，避免非法用户的访问和攻击。可靠性是保证网络能不间断地为用户提供服务，即使发生某些部分的损坏和失效，也要保证网络系统内信息的完整、正确和可恢复。

6.3.2　组网模式

局域网的组网模式从网络规模上可以分成群组模式、部门模式和企业模式三种类型，不同模式的网络采用的组网技术也不尽相同。

1．群组模式

这是一种在组、室、科或处等办公室环境中用局域网技术组织计算机网络的模式。该模式的特点是用少量计算机组成一个小型局域网，提供属于办公室专用的网络平台。该模式下也可以通过电话线等连接若干个远程站点，接受指定用户的访问。

2．部门模式

属于一个部门范围内的局域网组网模式。在部门模式中存在多个相对独立的分属于不同专业群组的局域网，各局域网又以交换机和路由器进行互连，构建成主干网，有自己的服务器和信息源，形成部门级的网络平台。部门用户可以共享网上资源和相互通信。

3．企业模式

一个中大型企业的网络由多个部门模式的网络通过路由器互连组成。这些部门网络通过公网、专网或 Internet 进行互联以达到各个站点共享网上资源和相互通信。考虑到企业模式下网络覆盖范围较大，互联技术一般采用广域网技术，特殊情况下也可以用局域网技术。

在部门网络中必须配置连接公共网络、专用网络或 Internet 的网间路由器。

4. 计算模式

局域网为各种应用建立了良好的信息共享平台，在此基础上人们进一步要求局域网系统能够支持共享资源的合理流动和任务的合理分配，使用户的请求能在局域网上由最合适完成该任务的设备组织完成，以提高系统效率。为此，随着技术的发展出现了各种方法，成为计算模式，来实现这个目标。

（1）专用服务器模式

专用服务器模式可以认为是一种"工作站/服务器"结构，工作站和服务器用局域网连接在一起。工作站除了读取自己机器上的文件外，还可以存取服务器上的文件。每台工作站都具有独立的运算处理能力，完成数据处理的全部工作。服务器仅完成数据文件的集中管理，这些文件可以由各个工作站共享，也可以专用。

由于工作站完成数据处理，因此服务器的任务就比较简单，影响了服务器功能的发挥和任务的合理划分。同时由于有大量的数据要传送，网络的负荷也较重，网络的性能也会受到影响。这些是专用服务器模式的缺点。

（2）客户/服务器（Client/Server）模式

专用服务器模式的发展引出了客户/服务器模式。客户/服务器模式简称为 C/S 模式，是由一个或多个客户机和一个或多个服务器通过网络相互通信的一个复合系统。C/S 系统完成信息的协作式和分布式处理，提供了一种开放的和可伸缩的计算环境。C/S 模式与专用服务器模式在硬件组成、网络拓扑和通信方式上基本相同。

在 C/S 模式下，应用任务通常分为前端和后端，前端由客户机完成，后端由服务器完成。客户机部分是每个用户专有的，运行在工作站上，完成用户接口处理、采集数据、提出用户请求等。服务器部分由多个用户共享所需的功能和信息组成，可以控制共享资源的存取，如最基本的数据库管理。

C/S 模式通过计算任务的分解，把复杂的计算和重要的资源交给服务器完成，而把一些需要频繁地与用户打交道的计算任务交给客户机完成，实现了计算任务的合理划分，也降低了网络的信息流量，保证了网络的效率。

（3）浏览器/服务器（Browser/Server）模式

随着 Internet 应用的发展，WWW 服务逐渐成为核心服务。用户在浏览器上能得到网络提供的各种服务，WWW 服务器和应用服务器的组合也能实现各种应用功能。这种基于浏览器、WWW 服务器和应用服务器的计算结构称为浏览器/服务器模式，又称为 B/S 模式。B/S 模式实际上是 C/S 模式进一步的发展，具有更加开放、与软硬件平台无关、开发和维护方便等优点。

B/S 模式目前正朝着面向对象技术的协同事务处理方向发展，强调事务处理的实时性，因此对网络平台的带宽、体系结构、标准、协议和工具提出了新的要求。

6.3.3 局域网组网的步骤

局域网组网工程是一系列工作的集合，因此有必要在实施前制定一个实施计划，以保证工程的顺利执行。对于组网工程而言，具体实施可按先后顺序分成构思、准备、设计、部件准备、安装调试、测试验收、用户培训、维护等几个阶段。

1. 构思阶段
- 用户调查
- 需求分析
- 系统规划
- 资金落实
- 组织实施人员

2. 准备阶段
- 网络系统初步设计
- 系统招标和标书评审
- 确定集成商和供货商
- 合同谈判

3. 设计阶段
- 网络系统详细设计
- 端站点详细设计
- 中继站点详细设计

4. 部件准备阶段
- 机房装修
- 设备订货
- 设备到货验收
- 电源的准备和检查
- 网络布线和测试
- 远程网络线路租借

5. 安装调试阶段
- 计算及安装和分调
- 网络设备安装和分调
- 网络系统调试
- 软件安装和分调
- 系统联调

6. 测试验收阶段
- 系统测试
- 系统初步验收
- 系统最终验收

7. 用户培训阶段
- 人员培训
- 考察设备和软件的开发基地及系统集成商的样板工程

8. 维护阶段

● 系统维护

● 系统管理

很明显，上述的各个阶段中有些是可以并行进行的。对于不同类型的组网工程项目，其规模、大小、内容、要求、现状和投资等都不尽相同，因此工程的实施步骤也不会完全相同，工程实施人员应根据实际情况具体制定与之相适应的实施计划、上面列出了各阶段的工作内容，在 6.4 至 6.8 节将详细介绍组网工程的几项关键工作和方法：组网规划和需求分析、局域网的设计、设备选型、网络系统的测试和验收、网络系统的维护。

6.4 组网规划和需求分析

组网工程的第一步是进行需求分析，其任务是了解用户的具体要求，掌握用户目前的状况，提出工程的目标，制定系统概要设计书。用户需求分析做得越细，对网络工程目标的确定、新系统的设计和实施方案的制定就越有利，后期开放中可能出现的问题也就越少。

6.4.1 用户需求分析

用户需求分析首先要进行用户基本情况的调研，获取用户的需求信息。一般主要有如下几方面的信息需要了解：

1）网络系统建设的总体目标：要建设的网络类型，网络支持的信息系统的类型，网络的技术指标，建立该网络所要达到的目的。

2）信息系统的数据情况：数据流量、数据流向、数据处理流程、数据源和数据宿的分布，也要了解信息系统数据的流动特征，如实时性、突发性等。

3）对新的网络系统的技术要求：主干网传输速率、要连接的计算机站点数量与物理分布情况，是否与其他网络互联等。

4）现有的通信环境：现有通信设备的功能和性能，是否可提供网络建设所需的程控电话、ISDN、X.25.DDN 或帧中继线路等。

5）原有的计算机环境（如果有的话）：计算机网络系统的功能、拓扑结构、计算机终端数量与分布，原有系统软件和数据库的种类、版本，应用软件的功能。

6）拟开发的新系统对原有环境的影响，如是否要形成新的组织结构、是否要对原机房环境进行改造、对原有数据库的影响等。

7）要开放的网络系统所处的地理环境：用户单位的楼宇及办公场所的物理位置和分布情况，相互之间的距离，建筑结构概况，如果要进行结构化综合布线或智能大厦的设计，则要获得建筑物的建筑施工图，了解大楼的建筑结构、配电间或管道井及计算机房的位置分布与电源系统的结构等信息，了解附近是否有强的电磁干扰源、有无对通信线路架设或埋伏的限制等。

8）系统建设可能获得的经费预算。

9）对人员的培训要求。

在基本情况调研的基础上，对准备建立在计算机网络上的有关业务进行分析，解决哪些部分可以实现计算机网络化及如何实现等问题。然后提出网络系统的概要设想，形成系统概要设计书。基本的用户需求分析工作可按如下步骤进行：

1）现行计算机环境和业务的调查分析，对计算机系统和业务现状进行调查和分析。

2）调查分析和整理用户的需求和存在的问题，研究解决的办法，包括对硬件环境和应用软件开发的需求。

3）提出实现网络系统的设想，在需求调查的基础上对系统作概要设计，可以根据不同的要求提出多个方案。

4）计算成本、效益和投资回收期。新系统的框架构成后，就要估算建成这个系统所需的成本，分析网络系统建成后可能带来的各种效益（包括经济效益和社会效益），计算投资的回收期。

5）设计人员内部对所设想的网络系统进行评价，给出多种设计方案的比较。

6）编制系统概要设计书，对网络系统作出分析和说明。用户需求分析的主要结果就是系统概要设计，它是组网工程的纲要性文件。

7）概要设计的审查，对基本调研的结果是否与用户需求一致进行验证，重点是对系统概要设计书进行审查。基本调研审查由设计人员和管理人员共同参与。特别是要通过质量管理人员的参与来保证整个网络系统的质量。

8）把基本调研情况连同系统概要设计书提交给用户，并作出解释。

9）用户对基本调研的工作和系统概要设计书进行评价，提出意见。

10）确认系统概要设计书，设计人员采纳用户意见，对系统概要设计书进行修改，使用户需求分析的工作获得用户的最终认可。用户负责人应在系统概要设计书上签字以表示认可。

6.4.2 可行性报告的撰写

在充分地了解用户对目标网络系统的详细需求后，应该按照国家指定的有关规定，写出系统开发和建设的可行性报告。该报告将向用户和上级主管部门说明拟议中的网络开发建设项目的必要性、可行性、可产生的经济效益和社会效益，分析用户单位目前的信息技术使用状况和不足，给出系统概要设计书的具体内容、硬件选型方案和可供选择的其他技术方案，给出与应用系统的关系说明和计算机网络建设所需的经费预算，提出完成规划设计的其他保证等，作为审批立项的参考。

可行性报告一般可以按照下述内容编写：

1. 可行性研究的前提

- 项目要求，如系统应具备的功能、性能、数据流动方式、安全要素、与其他系统的关系以及完成期限等。

- 项目目标，如提高自动化程度、处理速度、人员利用率，提供信息服务和应用信息平台等。

- 项目的假定条件和限制条件，如系统运行寿命、系统方案选择比较的时间、经费的来源和限制、法律和政策方面的限制、运行环境和开发环境的限制、可利用的信息和资源等。

- 可行性研究的方法，说明使用的基本方法和策略，系统的评价方法等。
- 评价尺度，说明对系统进行评价时所使用的主要尺度，如费用、功能、开发时间、用户界面等。

2. 现有状况的分析

- 分析用户目前的计算机使用状况，以进一步说明组建新的计算机网络的必要性。
- 说明目前的计算机系统的基本情况、数据信息处理的方法和流程。
- 计算机系统承担的工作类型和工作量。
- 现有系统在处理时间、响应速度、数据存储能力、功能等方面的不足。
- 用于现有系统的运行和维护人员的专业技术类别和数量。
- 计算机系统的费用开支、人力、设备、房屋空间等。

3. 建议建立的网络系统方案

说明建议建立的网络系统方案如何实现其目标，具体内容如下：

- 方案的概要，为实现目标和要求将使用的方法和理论依据。
- 建议的网络系统对原有系统的改进。
- 技术方面的可行性，如系统功能目标的技术保障、工程人员的数量和质量、规定期限内完成工程的计划和依据。
- 建议的网络系统预期带来的影响，包括新增设备和可使用的老设备的作用、现存的软件和新软件的适应和匹配能力、用户在人员数量和技术水平方面的要求、信息的保密安全、建筑物的改造要求和环境实施要求、各项经费开支等。
- 建议的网络系统存在的局限性，以及这些问题未能消除的原因。

4. 可供选择的其他网络系统方案

- 提出各种可供选择的方案，说明每一种方案的特点和优缺点。
- 与建议的方案作出比较，指出未被选中的原因。

5. 投资与效益分析

- 对建议的方案说明所需要的费用，包括基本建设费用（如设备、软件、房屋和环境实施、线路租用等）、研究和开发费用、测试和验收费用、管理和培训费用、非一次性支出费用等。
- 对建议的方案说明能够带来的效益，如日常开支的缩减、管理运行效率的改进、其他方面效率的提高，也可以说明可能产生的社会效益。
- 给出建议建立的网络系统的收益/投资比值和投资的回收周期。
- 估计当一些关键因素（如系统生命周期长度、系统的工作负荷量、工作负荷的类型、处理的速度要求、设备的配置等）产生变化时，对收益和开支的影响。

6. 社会因素

- 法律方面的可行性，包括合同责任、专利侵权等。
- 用户的工作制度、行政管理等方面是否允许使用该方案。

- 用户的工作人员是否已具备使用该系统的能力。

7. 结论

可行性研究报告应给出研究结论，并作出简要说明。这些结论可以是如下内容：

- 可以立即开始实施。
- 需要等待某些条件满足后才能实施。
- 需要对系统目标作出某些修改后才能实施。
- 不能实施或不必实施。

6.4.3 网络系统实施计划

用户认可了用户需求报告和可行性报告后，组网工程就可以进入制定网络系统工程计划的阶段了。此阶段的工作就是把拟议中开发的网络系统的概要设计变成为具体的实施计划，编制"网络系统工程计划书"。下面是"网络系统工程计划书"的主要内容：

- 网络系统工程计划书编制的目的。
- 网络系统工程的主要工作。
- 主要参加人员以及技术水平。
- 网络系统的结果（网络的构造、交给用户的文件、向用户提供的服务）。
- 网络系统的验收标准，说明制定标准的依据。
- 工程的完成期限。
- 工程中各项任务的分解与人员分工。
- 工程接口人员及其职责。
- 工程进度计划，如每阶段的开始日期和结束日期，各项任务完成的先后次序，完成的标志等。
- 工程预算和来源。
- 工程的关键问题和技术难点。
- 工程可能带来的风险。
- 工程实施过程中对施工环境的要求。
- 需要使用的工具和来源。
- 用户需要承担的工作。
- 合作单位需要提供的条件。
- 专题计划要点，如分合同计划、培训计划、测试计划、安全保密计划、系统安装计划等。

6.5 局域网的设计

局域网的设计包括局域网技术的选择、网络站点的设计、网络性能的设计和网络可靠性的设计等。

6.5.1　选择局域网技术

在选择局域网技术时，应根据用户的计算机及网络的应用水平、业务需求、技术条件、费用预算等，作出恰当、合理的选择。尽管目前存在很多局域网技术，但是以太网技术仍然是应用最广的，其他局域网技术则用在一些比较特殊的应用场合。在使用以太网时，可以选择使用纯以太网技术组网，也可以混合使用以太网和其他网络技术组网。在前面的章节中已经介绍了有关的局域网技术和适用范围，它们是局域网设计的基础。

选择了局域网技术后，就可以根据局域网的特点进行局域网总体设计，确定局域网实际的物理结构和逻辑结构。

从通信网络的角度讲，局域网的总体设计只关心媒体的访问技术和数据交换技术。如果需要为应用系统提供网络服务，则还要在组网中考虑网络之间的互联技术、网络使用的传输协议和应用协议。

目前占主导地位的网络互联协议和传输协议是 TCP/IP 协议，其他类似的协议栈还有 Novell 网的 IPX/SPX 协议及 Microsoft 的 NetBIOS/NetBEUI 协议等。基于 TCP/IP 协议的应用协议主要有支持电子邮件服务的 SMTP、POP3、MIME 等协议，支持 WWW 服务的 HTTP 协议，支持文件传输服务的 FTP 协议，支持远程终端访问服务的 Telnet，支持网络管理的 SNMP 协议，支持分布处理和访问服务的 NFS、RPC 协议等。

6.5.2　网络的分层设计

从逻辑上讲，设计大型网络时可以从中心开始把网络划分为核心层、分布层和接入层（如图 6-2 所示），每层完成的功能不一样，都有各自的特点。然后按层次，用不同的要求设计网络。层次化设计网络有以下优点：

- 简单：通过将网络分成许多小单元，降低了网络的整体复杂性，使故障排除或扩展更容易，能隔离广播风暴的传播、防止路由循环等潜在的问题。
- 设计灵活：网络容易升级到最新的技术，升级任意层次的网络不会对其他层次造成影响，无须改变整个环境。
- 可管理：层次结构降低了设备配置的复杂性，使网络更容易管理。

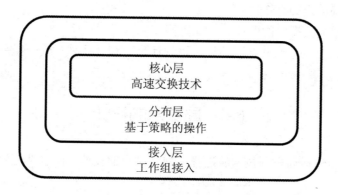

图 6-2　网络层次的划分

1. 核心层

核心层为后面两层提供优化的数据传输功能。核心层由一个高速的骨干网组成，其作用是尽可能快地交换数据包。核心层不应卷入到对具体的数据包的运算中去（如过滤等），否则会降低数据包的交换速度。核心层的主干交换机一般采用最快速率的链路连接技术，在与分布层骨干交换机相连时要考虑采用建立在生成树基础上的多链路冗余连接，用以保证与骨干交换机之间存在备份连接和负载均衡，完成高带宽、大容量网络层路由交换功能。这样当交换机之间的线路出现故障时，传输的数据会快速自动切换到另外一条线路上进行传输，不影响网络系统的正常工作。

2. 分布层

分布层提供基于统一策略的互连性，它是核心层和接入层的分界点，定义了网络的边界，对数据包进行复杂的运算。分布层内的千兆位交换机、防火墙和服务器群（包括域服务器、文件服务器、数据库服务器、应用服务器、WWW 服务器等）、网管终端及主干链路均可采用千兆模块进行生成树冗余链路连接。局域网的分布层主要提供如下功能：

- 地址的聚集。
- 部门和工作组的接入。
- 广播域、组播传输域的定义。
- VLAN 路由。
- 任何媒体的转换。
- 安全控制。

分布层设计需支持网络的高接口密度、高性能和高可用性等特性，应该与服务质量（QOS）机制、智能应用技术以及安全性设计结合在一起。用户可以通过分布层高效地利用其接入层网络，增加终端业务（如多点广播、语音和视频应用、ERP 应用等），而不影响网络性能。分布层交换机和接入层交换机之间可以利用全双工技术和高传输率网络互联，保证分支主干无带宽瓶颈。分布层的设计要满足核心层、分布层交换机和服务器集合环境对千兆端口密度、可扩展性、高可用性以及多层交换的不断增长的需求，要支持大用户量、多媒体信息传输等应用。

3. 接入层

接入层的主要功能是为最终用户提供对网络访问的途径。该层也可以提供进一步的调整，如访问列表过滤等。在网络环境中，接入层主要提供如下功能：

- 带宽共享。
- 交换带宽。
- MAC 层过滤。
- 网段微分。

接入层设计时可以采用可网管、可堆叠的以太网交换机作为网络的接入级交换机，以适应高端口密度的部门级大中型网络。交换机的普通端口直接与用户计算机相连，高速端口用于上连高速率的分布层网络交换机，用以有效地缓解网络骨干的瓶颈。

接入层网络设计也应考虑 Internet 接入。目前局域网接入 Internet 的方式主要有局域网接入、广域网专线接入、ADSL 接入、Cable Modem 接入等。

6.5.3 网络站点设计

网络站点是网络的基本元素，它们所处的位置不同，作用也不一样，因此设计的内容也有区别。网络站点的设计一般要考虑下列因素：

- 根据网络协议体系结构，确定站点应实现的协议。
- 根据网络通信的数据流量、流向和传输速率，确定站点的通信处理能力和存储转发能力。
- 根据网络拓扑确定站点的通信端口数。
- 根据通信媒体的种类和接口标准，确定站点通信端口的物理接口标准。
- 根据网络管理的需要，确定是否加载网络管理模块，以实现对全网的监视和控制。
- 根据网络的可靠性要求，确定站点是否配备双电源、双控制模块及备用站点，并确定站点是否应具有 VLAN 的功能等。
- 根据网络的扩充需求，确定站点是否应具有扩充能力。

网络站点可分成端站点和中继站点。网络的端站点构成网络的资源子网，提供用户可以共享的应用资源，如各种类型的服务器、微机、外部设备、系统软件和应用软件等。网络的中继站点和通信线路一起构成网络的通信子网，为端站点提供通信服务。

1. 端站点设计

端站点指工作站、服务器和终端设备（打印机等）。对于端站点而言，可以利用的媒体访问技术或交换技术有很多，而且各有特点。以太网、快速以太网、交换以太网仍将是今后端站点最常用的技术和协议。高速网的其他组网手段，如 FDDI/CDDI、千兆以太网和 ATM，则可适应多站点、大数据量和多媒体传输的需要。至于端站点到底选用哪种网络技术组网，则可根据具体情况（如需求、资金、技术水平等）具体确定。

由于 Internet 应用十分广泛，端站点应该在网络层和传输层支持 TCP/IP 协议，同时根据用户的实际需要支持 Novell 网的 IPX/SPX 协议和 Microsoft 的 NetBEUI/NetBIOS 协议。

端站点的高层协议主要是网络层的应用协议，如支持 WWW 访问的 HTTP 协议、支持邮件服务的 SMTP 协议等，根据端站点在网络中的作用而定。

2. 中继站点设计

中继站点是负责网络连接和用户数据传输的通信设备，包括中继器、HUB、网桥、交换机、路由器、访问服务器，主要涉及网络模型的底下三层，即物理层、数据链路层和网络层。

局域网中的中继站点可以采用和端站点相同的媒体访问技术或交换技术。但是，由于中继站点要为众多的端站点服务，因此中继站点之间的传输速率应明显高于端站点，尤其是那些构成核心层网络的中继站点。

为了实现网络之间的连接，中继站点路由器应提供完善的路由选择功能和局域网与广域网的互联功能。在 TCP/IP 协议体系结构下，路由器应实现 RIP、OSPF、IGP、BGP（边界网关协议）等路由协议。与广域网相连时路由器端口应满足广域网的协议，常见的有 PPP、HDLC、X.25、帧中继、ATM 等。

6.5.4　网络性能设计

局域网的性能主要是指分组转发速率（针对交换机、网桥和路由器）、吞吐量、分组丢失率、事务处理速率（针对应用服务器）、响应时间（针对任何需要应答的事务）、网络延迟时间、数据传输速率等。网络的性能又与应用方面的需要、所连设备的性能及运行环境等诸因素密切相关，既涉及硬件技术，又涉及软件技术。因此，很难以一两个参数对局域网的性能作出全面评价。

网络性能设计的目标是使网络系统能满足用户应用对网络的要求。网络都是根据用户需求来构造的，然而当网络建成后，在性能上似乎总是无法满足用户的需求。这主要有以下几个原因：

● 网络通常不是为某类特定的用户设计的，而是作为一个通用系统为各种不同的用户服务。
● 用户需求的特点是时过境迁，即需求随时间不断变化。
● 用户和服务提供者之间的相互行为经常与预想的情况有很大的出入。

为了避免和解决各种可能出现的性能问题，在设计阶段需要尽可能避免出现网络的性能瓶颈，根据应用数据流的特点，设计性能监控和优化机制。在网络运行时则注意监控某些关键站点和线路的活动，维持必要的 QOS，进行网络的可用性检测和流量管理等工作。具体的性能设计应建立在对网络技术全面了解的基础上。

6.5.5　网络可靠性设计

计算机网络的可靠性主要指系统的容错能力，即当网络系统发生故障时，系统能够继续工作及迅速恢复的能力。在一些重要场合的网络系统，如国防、交通、金融证券等部门，会对系统的可靠性提出很高的要求，如长时间不间断地运行、系统即使发生故障也能继续运行等。在一般的具有一定规模的网络系统中，也应要求网络的核心层和关键设备具有一定的可靠性，使得整个网络系统能够平稳地运行。因此在设计网络系统时有必要考虑系统的容错能力和可靠性。

提高网络系统容错能力和可靠性的手段，除了保证系统本身的质量外，主要是设计冗余部件，即构建系统的备份体系。备份体系包括运行环境备份、业务数据备份、备份策略和恢复方案。运行环境和业务数据的完整备份，再加上周密的恢复方案可使系统在出现故障后迅速恢复，而这一切又依赖于良好的备份策略和严格的日常管理。好的备份策略应该做到易操作和数据完整，而且对主业务没有太多的影响。

1.　硬件容错

硬件容错措施有设备热备份技术、模块热备份技术、网卡冗余技术、磁盘冗余技术（包括磁盘镜像和磁盘阵列）等。

（1）设备热备份技术

设备热备份指采用设备冗余来保证在一台设备发生故障时另一台设备能接管故障设备的工作。设备可以是计算机、服务器，也可以是网络设备（如路由器、交换机等）。两台设备通过专用网络线路相连。正常情况下，两台设备根据网络系统的配置各自完成自己的任务，并互为备份机，在运行时同时交换各自的运行数据。当某台设备发生故障时，该设备的控制权将切换到备份设备。备份设备此时除了完成自己的任务外，还要接管故障设备的坏境和数据，处理故障设备原来承担的任务和数据。故障设备修复后，设备控制权须再切换回到该设备上，使系统恢复正常冗余工作模式。这种备份关系也可以扩展到多台计算机之间，构成所谓的计算机簇。

（2）模块热备份技术

模块热备份技术以设备内的硬件模块为单位进行热备份，冗余硬件在系统正常运行的绝大多数时间内不作任何工作，仅仅处于所谓的热备份状态。一旦系统发生故障，冗余部件就会接管有故障的部件，使系统继续正常运行。最常见的冗余硬件有服务器中的网卡、磁盘，网络设备中的端口模块、电源模块等。

（3）网卡冗余技术

网卡冗余技术是在服务器和交换机之间建立冗余连接，即在服务器上安装两块网卡，一块为主网卡，另一块作为备用网卡，然后用两根网线将两块网卡都连到交换机上。在服务器和交换机之间建立主连接和备用连接。一旦主连接断开，备用连接会在几秒钟内自动顶替主连接的工作，通常网络用户不会觉察到任何变化，同时也不会对服务器操作系统造成压力。网卡冗余技术在服务器和网络之间建立的冗余连接包括冗余网卡、网线、集线器或交换机端口。

（4）磁盘冗余技术

磁盘冗余技术可分成两种：磁盘镜像技术和磁盘阵列技术。

在磁盘镜像技术中，主机把所有数据同时存储到两个同样大小的自由磁盘空间上，这两份数据构成镜像关系，它是通过每次往磁盘写入数据时，数据被复制后同时写入镜像另一半的自由空间上而实现的。这样在磁盘镜像的一半发生错误时，另一半仍可保证系统继续工作。

磁盘阵列技术将小容量、廉价的驱动器组合在一起，使它们对系统表现为一个单一磁盘驱动器，通过数据冗余提高安全性保护。典型的工作原理是：每次向磁盘写数据时，数据写在阵列中的所有磁盘上，同时数据的校验信息也写到所有的磁盘。这样，如果阵列中的一个磁盘发生了故障，该盘上的数据可以根据其他磁盘上的校验信息进行恢复。与磁盘镜像不同的是磁盘阵列可以防止多个硬盘出现故障，而磁盘镜像只能防止单个硬盘的物理损坏。两台计算机互为备份时可共享磁盘阵列系统。这时以双主机加共享的磁盘阵列柜构成双机容错方案，磁盘柜通过 SCSI 线连接到两台主机上，能同时被两个系统——主系统和备份系统访问。共享磁盘柜存放关键数据，正常运行时它的控制权在主系统上。当主系统发生故障后，控制权就切换到备份系统，备份系统成为主系统。原来的主系统修复后变成备份系统，实现主备角色互换，双机系统进入正常冗余工作模式。双机共享磁盘阵列系统具有更完备的硬件容错能力。

2. 软件容错

软件容错技术一般用在服务器中，其特点是能有效地避免来自服务器、交换机、电源、磁盘和网卡等设备和部件故障所造成的停机、业务中断和数据丢失等重大损失，可保证系统的在线热切换，提供失效切换后的重新恢复资源能力。

具有容错能力的软件采用了以下的特殊运行方式：

- 通过软件锁定机制来管理共享磁盘上的数据，以防止多个服务器在同一时间内访问数据。它能够自动在被应用程序定义为共享资源的磁盘卷上设置锁定。当被保护的应用程序由一个服务器移动或转换到另一个服务器时，可以控制这些锁定，以保证激活服务器对磁盘共享卷的访问。
- 在快速检查和深入检查时执行预先定义行为的机制，用以察看资源本身是否失效。如果检查工作在局部范围内失败，系统将尝试局部恢复资源。如果尝试失败，系统将向其他服务器进行失效切换，否则就不进行失效切换。
- 指定主要的服务器失败时，重新恢复的操作。在发生故障的服务器正常运行时，恢复操作可以把被失效切换的程序都切换回到该服务器上；也可以把被失效切换的程序留在它们被失效切换到的服务器上，等待管理员决定何时再进行切换。

要实现网络的可靠性，网络主干的拓扑结构应考虑容错能力，采用冗余技术，包括交换机设备的冗余、交换机之间链路的冗余和服务器通信通道的冗余。图 6-3 是一个带有冗余交换机和链路的网络结构。

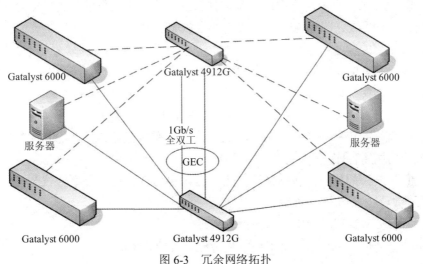

图 6-3　冗余网络拓扑

在图 6-3 中，网络采用了两台 Cisco 的 Gatalyst 4912G 作为网络的核心层，实现设备冗余。交换机之间采用 Cisco 千兆位带宽聚合（GEC）技术相连，提供 4Gb/s 的无阻塞通道。两交换机间既互为备份，又可均衡负载，从而保证了核心层的任一台交换机出现故障都不会影响网络的运行。

在 4 台 Gatalyst 6000 交换机上配置一个双端口千兆位上连模块，并使用两条千兆位线路分别上连到两台中心千兆位交换机 Gatalyst 4912G，建立两条逻辑链路。通过配置生成树的参数，指定一条链路为主链路，另外一条千兆位链路将自动成为备份链路，实现链路冗余。这样，当主链路或主链路所连的千兆位交换机失效时，Gatalyst 6000 将自动启用备份链路，并通过另一台千兆位交换机访问服务器。

服务器是网络应用的核心，即使所建网络的结构达到相当高的可靠程度，如果服务器采用一条线路接入，网络依然会出现单点故障，对用户来说依然没有可靠性可言。解决方法是在服务器上安装两块千兆位服务器网卡，分别连接两台千兆位交换机，利用网卡容错技术实现两块网卡间的容错。当主网卡或该网卡所连的交换机发生故障时，服务器会立刻将该网卡上的流量转移到备份网卡上。

通过以上三个方面，可以看到该方案能够做到任何一台中心交换机的故障都不会导致整个网络瘫痪，并提供最快速的故障恢复方案，保证了网络的可靠性。

6.6　设备选型

组成一个网络系统所需的设备很多，有电缆连接器件，也有网络连接设备（如集线器、交换机、路由器以及服务器和电源等）。电缆连接器件和网络连接设备的选型已在前面的章节作了介绍，所以本节在介绍设备选型的一般方法后，再介绍服务器和电源的选择方法。

6.6.1　设备选型的一般方法

选择网络设备主要有两个方面：一是选择符合用户应用需要的设备，二是在众多产品中选择性价比高的产品。设备选型时一般需要注意如下事项：

- 设备采用的技术应该具有先进性。
- 在满足基本的功能和性能要求的条件下，设备的性价比要高。
- 设备功能的扩展能力以及对新技术的适应能力要强，升级和扩展要方便、经济。
- 设备应有可靠性，主要设备的关键模块应有热备份能力。
- 应有良好的售后服务，包括设备的保修期、在线服务、处理的响应时间和在本地或国内的备件库。
- 设备生产商的信誉，包括经济实力、技术实力、市场占有率、按时交货的能力以及能否提供系统解决方案。
- 设备维护、管理和使用的方便程度。
- 所选择的设备在其他网络工程中是否已有成功的案例。
- 设备资料齐全。
- 培训的保证。

6.6.2　网络服务器的选型

服务器是指在网络环境下运行服务软件，提供网上共享资源（包括信息、存储、计算、打印等）的设备。服务器与一般的计算机相比具有性能高、可靠、吞吐能力强、存储容量大、连网功能强、人机界面友好等特点，是网络环境中实现网络计算的关键设备。随着网络应用的发展，服务器得到愈来愈广泛的应用，因此选择合适的服务器在网络建设中具有重要意义。

1. 服务器的技术特点

作为网络应用的关键设备，对服务器的技术要求与对普通台式机或工作站的技术要求有很大不同，下面从服务器使用的处理器（芯片）类型、处理器使用技术、I/O 技术、可靠性等方面分析服务器的技术特点。

目前服务器的处理器类型主要分为两大类。一类是 CISC（复杂指令集计算机）处理器，其特点是有较大的基本指令集，指令比较复杂，一条指令可以完成更多工作，这类芯片以 Intel 的处理器为代表。另一类是 RISC（精简指令集计算机）处理器，其特点是使用了少数简单的处理器指令，它们是完成复杂任务的基本构件，这类芯片有 DEC 的 Alpha、SUN 的 SPARC 以及 PowerPC 等。从技术的发展角度来看，这两类技术有交叉融合的趋势，如在 Intel 新的处理器中有许多 RISC 成分。根据实测显示，处理浮点数运算时 RISC 更胜一筹，这也是在许多大型服务器中采用 RISC 的原因之一。

服务器可以使用多处理器技术提高服务器性能。常见的多处理器系统有对称多处理器（SMP）系统、群集（Cluster）系统、大规模并行处理（MPP）系统。SMP 是被经常采用的多处理器技术，在 SMP 结构中，操作系统的多线程能力能够得到较大程度的发挥。群集技术可以在物理上连接并紧密集成多台服务器，这些被集成的服务器不仅能独立完成自身的特定任务，当其中某台 PC 服务器或应用程序发生意外故障时，群集中的另一台或另外所有服务器会在继续进行自己份内工作的同时，接过发生故障的 PC 服务器的所有任务，维持系统的正常工作。群集技术可以使整个系统免于瘫痪，且便于排除操作系统和应用层次的故障。大规模并行处理系统常用在大型关键性任务中。

对于小型应用服务器，单个 CPU 虽能满足目前要求，但从系统的扩展性角度考虑，可以采用一个以上的处理器。对于使用企业级或部门级服务器的大型数据库应用和并发事务处理而言，虽然操作系统支持多任务多进程，但所有任务最终仍由一个 CPU 承担，对 CPU 来说仍是分时处理。因此只用一个 CPU 可能会影响系统的吞吐性能，造成系统瓶颈。这种情况下一般使用多处理器系统。

为了满足网络应用的需要，服务器的 I/O 技术与普通台式机或工作站有很大不同。服务器的 I/O 设备必须满足传输速率快、存储容量大、具有容错能力的要求。目前数据传输速度最快的硬盘接口技术标准是 SCSI。SCSI 接口技术又分为两类：单端 SCSI（SE-SCSI 或 Ultra/Wide SCSI，传输速率为 40MB/s）和差分 SCSI（Ultra2 SCSI，传输速率为 80MB/s）。对于小型应用，投资额不大，任务繁忙程度不高，可以选择 Ultra/Wide SCSI 标准的产品；而对于大型应用，应考虑采用 Ultra2 SCSI 标准的产品。

服务器的可靠性与硬件故障有很大关系。一般硬件故障占所有服务器故障的 20%～50%，剩余的异常情况则由软件引起。按照递减顺序，服务器中最有可能出现硬件故障的部件依次是磁盘驱动器、电源、风扇、内存、插卡以及 CPU。

磁盘驱动器的容错技术是解决驱动器故障的主要手段，包括磁盘镜像、磁盘双工和廉价磁盘冗余阵列（RAID）技术。RAID 技术现在已经被服务器普遍使用。服务器同时使用热插拔驱动器技术来方便磁盘驱动器的更换。在 I/O 通道上，服务器使用光纤通道仲裁回路或者串行存储结构等一些较新的串行接口，这两种接口都提供双重回路以增强容错性。

2. 服务器的分类

服务器按用途可分为网络服务器（如 Web 服务器、电子邮件服务器、Internet 接入服务器等）、数据库服务器、文件服务器、打印服务器等。

从用户应用的角度，服务器通常根据其所支持的网络规模分为以下几类：

1）工作组服务器。这是一种初级服务器，可支持用户数为 20～40，主要用于文件共享和打印服务，也可作为小型应用服务器满足中小型网络用户数据处理、Internet 接入以及简单数据库应用的需求。这种服务器通常采用单个 Intel 处理器，磁盘阵列为可选，机箱为小型或中型的落地机箱。

2）部门服务器。属于中型服务器，可支持用户数为 30～150，可扮演文件和打印服务器的双重角色，还能作为中型的应用服务器使用。该级别的服务器、磁盘阵列、ECC 内存及冗余电源供应通常是标准设备。CPU 采用 RISC 或高档的 Intel 处理器，其设计是可支持至少两个处理器的 SMP 系统，机箱是落地式的，也可能是双倍宽的立方体或可组装机柜。

3）企业服务器。属于高档产品，可支持用户数为 100～500，支持大型应用服务器功能，用于事务处理环境中。该级别的服务器有容错及冗余部件，如磁盘阵列、ECC 内存及双电源等标准配置。CPU 采用高档 RISC 或 Intel 处理器，提供至少 4 个处理器的 SMP 支持。机箱庞大，可提供几十个驱动器托架。

当然，这一分类中存在着许多重叠。事实上，一个配置完全的低档服务器在价格和功能方面甚至会超过一个最小配置的中档服务器。

3. 服务器的选择

在选择服务器之前应该对用户的业务和发展进行定位，确定服务器的网络环境和应用类型，以此作为选择服务器的依据。然后再尽可能地选择那些性能好、扩展性强、可用性好、易管理、可靠性高、能适应未来业务发展且费用能够承受的产品。

服务器性能指标以系统响应速度和作业吞吐量为代表。系统响应速度是指用户从输入信息到服务器完成任务给出响应的时间。作业吞吐量是整个服务器在单位时间内完成的任务量。假定用户不间断地输入请求，则在系统资源充裕的情况下，单个用户的吞吐量与响应时间成反比，即响应时间越短，吞吐量越大。

可扩展性具体表现在两个方面：一是留有富余的机箱可用空间，二是充裕的 I/O 带宽。随着处理器运算速度的提高和并行处理器数量的增加，服务器性能的瓶颈将会出现在总线和附属设备上。高扩展性的意义在于用户可以根据需要随时增加有关部件，在满足系统运行要求的同时保护投资。

可用性以设备处于正常运行状态的时间比例作为衡量指标，例如 99.9% 的可用性表示每年有 8 小时的时间设备不能正常运行，99.999% 的可用性表示每年有 5 分钟的时间设备不能正常运行。部件冗余是提高可用性的基本方法，通常是对发生故障给系统造成危害最大的那些部件（例如电源、硬盘、风扇和 PCI 卡）添加冗余配置，并设计方便的更换机构（如热插拔），从而保证这些设备即使发生故障也不会影响系统的正常运行。

可管理性旨在利用特定的技术和产品来提高系统的可靠性，降低系统的购买、使用、部署和支持费用。服务器的管理性能直接影响服务器的易用性。可管理性是用户的总体拥有成本（TCO）的各种费用之中所占比例最大的一项。有研究表明，系统的部署和支持费用远远超过了初次购买所花的费用。另外，工作效率的降低、商业机会的丧失和营业收入的下滑所带来的财务损失也不可忽视。因此，系统的可管理性既是信息技术部门的迫切要求，又对企业经营效益起着非常关键的作用。可管理性产品和工具可通过提供系统内部的有关信息而达到简化系统管理的目的。通过网络实现远程管理，技术支持人员在自己的桌面上即可解决问题，不必亲赴故障现场。系统部件可自动监视自己的工作状态，如果发现故障隐患可随时发出警告，提醒维护人员立即采取措施。

尽可能地减少计算机系统的中断时间，保证关键应用在任何情况下都可以连续运行，这是用户对系统可靠性的一个基本要求。日常维护工作和意外的灾难均会导致计算机的中断。导致日常维护工作中断的原因有主机升级、硬件维护或安装、操作系统升级、应用文件升级或维护、文件重组、全系统备份等。意外的灾难包括硬盘损坏、系统故障、软件故障、用户错误、电源掉电、人为破坏和自然灾害等因素。

选择服务器时，首先要了解服务器所承担的任务。如提供文件和打印共享，这对服务器而言是一个相对较轻的负荷。这时，CPU 速度是次要因素，应该优先考虑磁盘子系统和网络 I/O 的性能。另外，文件服务器对内存的要求也相对较低。对应用服务器的要求就比文件服务器要高，因为用户程序大部分在服务器中运行，这时需要服务器有更强的处理能力。可以考虑采用适当数量的 CPU 构成 SMP 或采用群集技术来提高处理能力；采用更多的内存，以支持用户程序在服务器中运行；使用更高性能的磁盘，支持运行大量频繁访问磁盘的数据库应用程序；采用更稳定、健壮的操作系统，能够对大量用户的并发操作作出有效的响应而不会崩溃。另外，传统的应用服务器对 I/O 要求相对较低，但对于诸如多层应用、电子商务这类应用服务器往往有较高的要求。

其次，要考虑网络的规模和用户的数量。显然，在一个对应用服务器要求不高的小型网络中和在一个有数百客户使用共享文件和打印机的大型网络中，后者的文件服务器的性能通常要高出前者应用服务器的性能。

第三，要考虑用户需要多大的容错能力和对应的投资。如果服务器支持的是关键性的或重要的应用任务，那么最好将容错、冗余以及维护列在优先考虑的范围。现代的专用服务器都是为减少故障而设计的，并且具有许多固有的容错特性，用户可以根据需求结合前面所讲的技术特性来选择合适的产品。这部分在整个服务器费用中占有相当的比例，因此用户要认真考虑对此项的要求及投资。

最后一个要考虑的重要因素是用户要选择的服务器厂商的信誉和服务。服务器的停机可能使企业损失数以万计的利益，因此服务器的可靠性和服务问题是选择服务器十分重要的一个方面，购买时用户要十分注意厂家的承诺、服务范围以及响应时间。

6.6.3　不间断电源 UPS 的选型

由于供电网络和负载的复杂性以及自然界雷击、地电等的影响，供给负载的交流电并不是稳定的标准的正弦波。供电网络有可能出现持续的高压或低压、浪涌、高压尖脉冲、高压瞬态、电子干扰、下陷、频率漂移、断电等现象，对网络设备的稳定运行构成威胁。

在供电线路和网络设备之间安装 UPS，可以有效地降低上述现象在网络系统中产生的影响。

　　UPS 与网络系统关系紧密，已成为组网工程中一个不可缺少的环节。组网人员应在项目实施中充分考虑到 UPS 电源与其他设备的集成，使 UPS 电源与计算机等其他网络设备的管理融为一体，这样不仅保证了网络系统的电源安全需求，又能满足电源系统的可管理性和易维护性。

　　1. UPS 的种类

　　UPS 电源可以分为以下四种类型：

　　1）在线式 UPS 电源，其单机输出功率为 0.7kVA～1500kVA，可以向用户提供高质量的正弦波电源。当用户在采用多机冗余配置方案时，可将 6～9 台具有相同功率输出和相同型号的 UPS 电源直接并机而形成 7000kVA～8000kVA 的大型 UPS 供电系统。

　　2）在线互动式 UPS 电源，其单机输出功率为 0.7kVA～20kVA。当供电网络在 150V～264V 范围内时，UPS 向用户提供经铁磁谐振稳压器或经变压器抽头调压处理的一般市电电源。仅当供电网络电压低于 150V 或高于 264V 时，它才有可能向用户提供 UPS 逆变器高质量的正弦波电源。因此，有的厂家将它称为"准在线式 UPS"或"三端口 UPS"。

　　3）Delta 变换器型 UPS 电源，其单机输出功率为 10kVA～480kVA。当供电网络电压变化在±15%之内时，UPS 向用户提供的电源是由 85%以上的普通电源和 Delta 逆变器产生的逆变器电源叠加而成的交流稳压电源。当市电电压超过±15%时，其逆变器在电池放电的条件下，向用户提供真正的 UPS 逆变器高质量正弦波电源。

　　4）后备式方波输出 UPS 电源，其单机输出功率为 0.25kVA～1kVA。当供电网络电压在 165V～270V 时，它向用户提供经变压器抽头调压处理过的一般电源。当供电网络电源电压低于 165V 或高于 270V 时，UPS 向用户提供具有稳压输出特性的 50Hz 方波电源。由于其向用户提供的交流电源是方波电源，并非正弦波电源，所以不允许用户使用电感性负载（例如电风扇、日光灯等），否则不是 UPS 电源本身的逆变器烧毁，就是造成将用户的负载损坏的局面。

　　将 UPS 电源按技术性能的优劣来排序的话，其顺序应为在线式 UPS 电源、Delta 变换器型 UPS 电源、准在线式 UPS 电源、后备式方波输出 UPS 电源。就价格而言，其排序方式正好相反。

　　2. UPS 的集成方法

　　UPS 作为一个智能的电源系统，除了一般的整流、滤波、充电、放电功能外，还集成了微处理器控制、自动识别负载类型、电池检测、LCD 状态显示、逆变器自动适应调整、风扇速度检测、远程监控系统等。为了提高电源的可靠性，还提出了 UPS 串联、并机冗余等概念，通过 UPS 集成技术不仅提高了 UPS 的带载能力，而且提高了其可靠性。

　　UPS 在为网络内的计算机及设备提供不间断电源的同时，设备管理者也要求方便快捷地检测、控制和管理 UPS 的使用状况。根据应用的不同需要，定时开关 UPS 电源及市电故障的报警、自动关掉网络服务器等关键设备。这些需求要求 UPS 监控软件能适应现代的各种计算机网络平台（如 Windows NT、UNIX 等），能提供 SNMP 接口、RS232 接口、Modem 连接等多种管理方案。

UPS 应考虑与应用环境的集成。在机房、智能大厦等自动化程度较高的电源系统中，火灾报警信号、温度检测信号、保安系统等应能与 UPS 触点信号连接。在这种情况下，UPS 应能提供触点信号接口，以保证整个系统电源安全的要求。

（1）电源阵列的 UPS 技术借鉴了存储产品中冗余和阵列的概念。阵列中的所有电源模块将同时负担系统负荷，地位完全平等。当有某个模块出现问题而停止供电时，其他的模块便会平均承担多出来的电源负载。如果存在冗余模块，则当某个主模块失效后，系统会立即将失效模块的任务转移到冗余模块上，而且这一过程不用切断电源，完全由系统自动在后台完成。

3. UPS 的选择

UPS 产品种类繁多，哪一种最适合用户需要呢？选择 UPS 时可以考虑下面几个方面：

1）根据负载的大小及特性来决定 UPS 的输出功率。UPS 额定输出功率是标志该产品能驱动多大功率负载的重要参数，它采用 VA 和 W 两种方式表示。其中 V 表示电压，A 表示电流，电压乘以电流就表示功率，也就是 UPS 的容量。W 表示的是实际功率，VA 表示的是视在功率，两者之间有一个负载因数 $\cos\theta$ 的关系，$W=VA*\cos\theta$，即实际的输出功率要根据功率因数变化，而功率因数和负载有关。负载的功率因数一般可在负载产品规格书中找到。为了延长 UPS 的使用寿命，UPS 不宜长期在满载状态下运行，一般选取额定功率的 60%～80%的负载量。为了延长蓄电池的使用寿命，UPS 也不宜长期在过度轻载状态下运行。

2）在与发电机配套使用时，UPS 的选取主要取决于发电机输出的频率、电压和波形失真度三个参数。若这三个参数都正常，UPS 就可与发电机配套使用，若参数不匹配，则 UPS 有可能无法与发电机配套使用。在线互动式和后备式 UPS 对发电机的性能要求较高，而在线式 UPS 却对发电机的要求不高，能较好地与发电机配套使用。

3）选择长延时 UPS 时要重视蓄电池的选用。长延时 UPS 中的蓄电池在整个设备中的价格比重大，且对 UPS 质量有着重大影响。长延时 UPS 出厂时一般没有配备蓄电池，蓄电池由用户自选，所以用户在选购蓄电池时要特别注意，建议选用 UPS 制造商推荐的品牌。

4）选购大功率 UPS 时应该选用过载能力强的 UPS。过载能力强的 UPS 遇到输出端一般性的过载或启动浪涌电流冲击时，依靠逆变器本身的过载能力来承担短时间的过载电流，这样就大大提高了 UPS 的可靠性。

随着 UPS 制造技术的不断发展，UPS 智能化的不断提高确实给用户带来了一些方便，但 UPS 智能化管理只是 UPS 诸多功能中的一个，并不能说智能化管理功能越强，该 UPS 的性能就越好。UPS 性能的优劣应从整体来评价，所以应根据用户具体的需求选用适当的机型和软件。

6.7　网络系统的测试和验收

网络系统的测试和验收是保证工程质量的关键步骤。在网络建设过程中，通过各阶段的测试，可以及时发现工程中的问题，并尽快加以解决。因此测试工作是故障的预防、检查、诊断和恢复的主要手段。同时，通过测试也保证了用户能够科学和公正地验收网络系统，获得合同所要求的设备和网络系统。

网络系统的测试从内容上可分为计算机及配套软件的测试、网络设备及配套软件的测试、布线系统的测试、计算机系统和网络系统的集成测试。从实施过程可分为针对单个设备或子系统的单体测试、针对网络整体的综合测试。

网络系统的验收也可分成不同的阶段，包括设备的到货验收、网络系统的初步验收和最终验收。

通常在工程实施前，就需要制定各项测试计划。在测试计划内，应对每项测试活动的内容、技术指标、测试需要的环境和设备、参与人员及时间进度、测试结果分析准则等详细说明。测试完毕后，测试结果要写成测试分析报告，以便作为验收和维护的依据。

测试和验收一般由设备供应商、组网工程实施人员、监理和用户共同参加。

6.7.1　单体测试

1. 网络设备的测试

网络设备的测试主要由组网工程人员和设备供应商按生产厂家的指标进行测试，主要测试内容如下：

- 网络部件的功能测试、可靠性测试。
- 网络设备的功能测试，如通信速率、通信端口数、数据吞吐量、支持的协议。
- 网络设备的可靠性、开放性和扩充能力的测试。
- 网络设备的性能测试，如时间延迟、响应速度等。

2. 通信线路的测试

通信线路的测试包括局域网内部的各类线路和外接的通信线路。结构化布线系统需要区分光缆和双绞线，用专用的仪器设备针对响应的标准进行严格测试，并产生测试报告。

3. 网络子系统的测试

网络设备用线缆相互连接后构成网络子系统。网络子系统的测试工作主要是网络的连通性测试、网络的可靠性测试、网络响应时间、网络抗干扰能力和网络的安全保密性测试。

4. 计算机系统的测试

计算机系统的测试主要测试计算机的正确运行、计算机部件的正常工作、系统硬件和软件配置的正确性。计算机一般带有自诊断软件，上述测试可以通过自诊断软件进行。对特殊的配置和安装，也可以人工介入进行测试。

6.7.2　网络综合测试

网络综合测试又称为集成测试，是指网络设备、计算机设备互连构成计算机网络平台后的整体功能和性能的测试。集成测试可分别测试网络的连通性、稳定性、满负荷运行情况和异常情况处理。

网络的连通性测试指测试网络上任意站点间是否能相互传输数据、相互访问并登录。

网络的稳定性测试是在不间断运行时间内，测试计算机网络系统是否能保持正常运行，是否发生异常情况，如有异常发生是否需要操作人员人工干预。

满负荷运行情况的测试即使用专门的测试软件或其他方式让计算机网络系统处于满负荷状态运行，通过系统监控软件和管理软件检查计算机网络系统的各项性能是否仍在预计范围之内。

异常情况处理测试时，通过人为制造故障观测计算机网络系统的故障恢复能力。人为制造故障以不损坏设备为前提，凡是设备的使用手册中注明不允许的操作，皆不可作为测试内容，以免给用户和供应商带来不必要的损失。

6.7.3　网络系统的验收

网络系统的验收可以根据工程的进展分成三步进行，即设备及软件的到货验收、网络系统的初步验收和最终验收。

设备及软件的到货验收即检验购买的硬件设备及软件的货号和数量是否与订货清单一致，检验设备本身是否完好无损，检验设备和软件是否按时到货。验收完毕应该产生一份验收清单，并由参与验收的用户、系统集成商和供应商签字。

网络系统的初步验收在计算机网络系统安装、调试和测试完毕后进行。初步验收的内容主要是检查和测试交付的系统是否能满足合同规定的功能指标和性能指标。初步验收应建立在测试报告的基础上，应明确地给出验收的结论，如"通过初步验收""初步通过验收但需要作出某些修改""未通过验收"等。如果通过初步验收，则计算机网络系统可以开始试运行。在试运行期间，由用户和系统集成商共同负责系统的维护和管理。如未通过验收，则还需确定具体的整改措施和下一次初步验收的时间。

系统经过 1～3 个月的试运行后，如果没有发生重大的故障，则可进行系统的最终验收。最终验收仍由用户、系统集成商和供应商共同参加。最终验收以合同的技术要求和试运行期间的运行日志为依据，通过对运行日志的分析，评价系统的功能和性能是否符合合同的规定、系统是否稳定可靠。最终验收的结果将形成最终验收报告，说明验收的结果，如"通过最终验收""未通过最终验收""运行一段时间后再验收"等。

系统在试运行期间，如果发生重大故障，导致系统中断运行等，则试运行提前结束。系统集成商有责任找出故障原因，作出整改，并安排重新进行系统的初步验收。

6.8　网络系统的维护

现代社会对网络系统的依赖越来越强，网络系统失效造成的影响往往是惊人的，因此注意网络系统的日常维护，保证网络系统能够长时间、高效率地运行便显得越来越重要。在实际应用中，有许多因素威胁着网络系统的运行。大到自然灾害，小到断电和操作员的操作失误，都会影响系统的正常运行，甚至造成整个系统完全瘫痪。同时，网络技术的发展使得计算机网络应用的范围越来越广，技术也日益复杂，这些都给维护工作带来了难度。

网络系统的维护工作应该包含对系统失效原因及后果的分析、预防性维护、故障处理、系统的扩展与升级等几个方面。

6.8.1 系统失效原因及后果分析

导致网络系统失效的原因很多，大致可分为两类：一类是自然灾害和人为破坏，另一类是系统本身潜伏的一些破坏性因素。计算机网络是由各个部件组成的，因此从失效位置出发又可以把系统失效分成部件失效和连接失效两类。网络的基本部件——各种计算机系统失效的主要原因依次是硬盘损坏、各类硬件的损坏、病毒以及人为的操作失误等。连接失效主要是物理线路和协议软件上的问题。

- 硬盘是机电设备，是最容易损坏的部件。硬盘损坏将丢失盘上存储的数据，有时还会引起整个系统崩溃。数据丢失则有可能使信息不可恢复。
- 处理器、内存、网卡、电源乃至主板的损坏会使系统无法正常运行，保存在磁盘中的数据也几乎毫无用处。
- 网络系统通常由多家厂商的网络设备组建构成，设备需要各种协议软件支持。因此，协议软件的错误可能导致整个网络系统不能正常运行。
- 人为操作失误导致系统失效的可能性较小。典型错误是系统管理员误删系统文件、数据文件和系统目录等。
- 人为破坏缺少规律性，可能反复发生，是目前导致网络系统失效的一个主要因素。

6.8.2 预防性维护

网络工程人员和维护人员应与设备供应商合作，在网络运行期间定期对网络系统中的关键设备和线路进行预防性检测，并监视网络的运行情况，防患于未然。而对一般性设备，也应在固定周期内进行全面的检测，并对有关设备提出替换或改正意见，争取及时发现问题、解决问题。

预防性维护也要保证数据的安全性。为保护数据信息不丢失，有时需要使用功能完善、使用灵活的备份软件。备份软件应当能保证备份数据的完整性，并具有对备份介质（如磁带、磁盘）的管理能力。完善的备份软件还支持定时自动备份、校验技术、RAID 容错技术和图像备份等。有些场合还要求备份软件具有通知机制，可以提醒管理员及时更换备份介质，提供备份策略等。备份数据对计算机网络系统来说至关重要。事实上，许多故障造成的损失都可以由于备份数据的存在而被降到最小。

如果系统中潜伏着病毒，那么即使数据和系统配置没有丢失，服务器中的数据也毫无价值。因此，病毒防护也是预防性维护的重要内容。在数据进入网络之前，要做病毒清理工作。要对整个网络实行自动监控，防止新病毒的出现和传播。这些功能需要在防病毒软件的支持下才能实现，防病毒软件应该与其他防灾方案密切配合。

6.8.3 故障处理

故障处理是指对错误状态的恢复、错误数据的纠正和错误结果的清除。网络系统发生故障时，有些可能是局部性的，如某根线路的断开、某个端口的失效、部分数据的丢失；也是有可能是全局性的，如主交换机的断电、主服务器的磁盘损坏。故障处理一般按照先发生先处理的顺序进行，但发生全局性故障时必须得到优先处理。

即使是在同一个部位，故障的严重程度也不一样，其等级由故障对用户的影响来决定，响应的处理手段也有区别。例如，可以把网络系统的故障分成以下四种等级：

● 紧急故障：系统运行状态危急，已经或将要发生崩溃，需立即解决。

● 严重故障：系统仍在运行但功能被严重削弱，某些主要部件损坏严重，需立即解决。

● 限制性故障：系统的运行在某种程度上被削弱，需尽快加以解决。

● 轻微故障：正确的操作可预防其发生，系统运行尚未受到实质性影响，应定期进行预防维护，或在用户可以接受的时间内到现场去解决。

对于非设备性故障或一般性故障，网络维护人员应及时加以解决。而对于设备性故障，则还依赖于各种设备的备件供给情况。系统集成商应提供相应的备件，以便在设备发生故障时能及时获得备件供应。用户亦可适当考虑自备一些关键设备的备件。另外，设备供应商在国内一般均设有备件库，可供选择。因此，为了让系统能够尽快恢复，网络维护人员、系统集成商和设备供应商应该共同建立一整套支持体系，用于向用户提供高效的、行之有效的支持服务。

系统故障通常会使用户丢失数据或者无法使用数据。有时利用备份软件可以恢复丢失的数据，但是重新使用数据并非易事。要想重新使用数据并恢复整个系统，首先必须将设备恢复到正常运行状态。为了提高恢复效率、减少服务停止时间，可以使用设备内具有自启动恢复功能的软件工具，尤其是各类服务器。通过执行一些必要的恢复功能，无需重新进行人工安装、配置操作系统，也不需要重新安装、配置磁带恢复软件及应用程序，自启动恢复软件可以确定服务器需要的配置和驱动，使系统进入正常运行状态。此外，自启动恢复软件还可以生成备用服务器的数据集和配置信息，以简化备用服务器的维护。

发生故障后，故障的检测和恢复应由专业的网络维护人员负责或协调，利用有关工具和测试设备检测问题所在，并及时地解决问题，恢复系统的正常运行。当发生维护人员不能解决的问题时，应及时利用其他有保证的力量来共同解决问题。

6.8.4 系统的扩展与升级

随着网络技术的发展和网络应用水平的逐步提高，用户将提出新的需求，要求网络系统增添新功能或提高性能。这些要求将体现在下列几方面：

● 更先进的技术，以保证整个企业网络系统在技术上的先进性。

● 高度稳定和可靠，以利于维护和管理，减少网络系统的运行成本。

● 高传输速率，以满足应用增加后数据流量的需求。

● 更强的连接和管理能力，让更多的计算机与网络相连。

● 良好的服务质量，保证用户传输多媒体信息的需求。

网络系统的升级应该以用户的需求为着眼点。作为工程技术人员，在网络系统的设计过程中应考虑用户将来的需要，选择具有良好发展前景的网络厂商的产品，为网络和各种设备留有足够的扩充余地。作为系统集成商应长期为系统硬件和网络的扩展提供参考意见，并负责组织和完成相关的扩展任务。

系统扩展和升级的具体操作可以分成硬件设备的升级和软件升级两种。

硬件设备的升级包括硬设备部件的升级和整机的升级两大类。在部件升级时网络工程人员应与各原供应商协调，回收或处理被替换下的老部件。而整机升级时，网络工程人员也应就老设备的降级使用提供参考意见。

软件的升级主要是版本的升级和软件的更新。网络工程人员应就软件版本的提高、更新和升级及时通知用户，并提供升级和安装调试服务。

6.9　实训项目

项目名称：局域网打印机

1．实训目的

掌握局域网的共享原理及实现方法。

2．实训要求

实训环境：连接成局域网的计算机并且安装了 Windows 7 操作系统。

实训重点：学会局域网共享的方法以及故障的分析排除。

3．实训步骤

（1）局域网的共享原理

1）局域网实现原理

在了解共享之前，我们需要对局域网的概念有个了解，局域网并不同于外界通信使用的 TCP/IP 协议体系，它是一种建立在传统以太网（Ethernet）结构上的网络分布，除了使用 TCP/IP 协议，它还涉及许多协议。

在局域网里，计算机要查找彼此并不是通过 IP 进行的，而是通过网卡 MAC 地址，它是一组在生产时就固化的唯一标识号。根据协议规范，当一台计算机要查找另一台计算机时，它必须把目标计算机的 IP 通过 ARP 协议在物理网络中广播出去，广播是一种让任意一台计算机都能收到数据的数据发送方式，计算机收到数据后就会判断这条信息是不是发给自己的，如果是就会返回应答，在这里它会返回自身地址。当源计算机收到有效的回应时，它就得知了目标计算机的 MAC 地址并把结果保存在系统的地址缓冲池里，下次传输数据时就不需要再次发送广播了，这个地址缓冲池会定时刷新重建，以免造成数据冗余现象。

2）Windows 下的局域网共享

Windows 系统对于局域网内计算机的身份和权限验证是在一个被称为 IPC（命名管道）的组件技术上实现的，它实质上是 Windows 为了方便管理员远程登录管理计算机而设置的，在局域网里它也负责文件的共享和传输，所以它是 Windows 局域网不可缺少的基础组件。

默认情况下，局域网之间的共享服务以来宾账户 Guest 的身份进行，这个账户在 Windows 系统里权限最少，为方便阻止来访者越权访问提供了基础，同时它也是资源共享能正常进行的最小要求，任何一台要提供局域网共享服务的计算机都必须开放来宾账户。

（2）Windows 7 操作系统下实现局域网打印机共享

第一步：取消禁用 Guest 账户。

1）单击"开始"按钮，右击"计算机"选择"管理"菜单项，如图 6-4 所示。

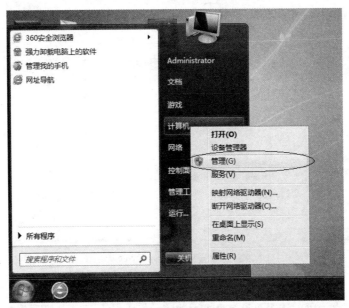

图 6-4　"开始"菜单

2）在弹出的"计算机管理"窗口中找到 Guest 用户，如图 6-5 所示。

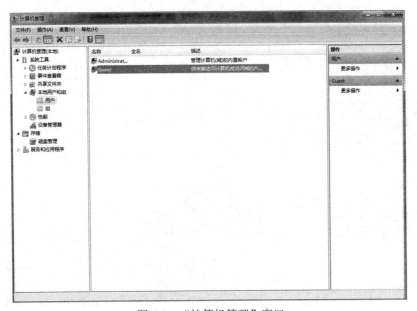

图 6-5　"计算机管理"窗口

3）双击 Guest，打开"Guest 属性"对话框，确保"账户已禁用"复选框没有被选中，如图 6-6 所示。

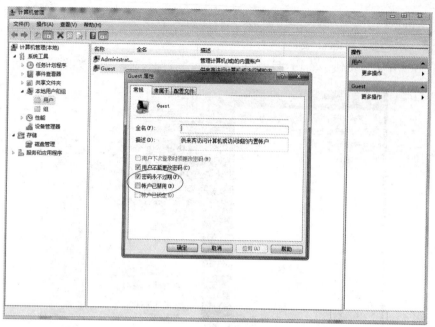

图 6-6 "Guest 属性"设置

第二步：共享目标打印机。

1）打开"控制面板"，选择"设备和打印机"，在弹出的窗口中找到想共享的打印机（前提是打印机已正确连接，驱动已正确安装），右击该打印机图标，选择"打印机属性"菜单项，如图 6-7 所示。

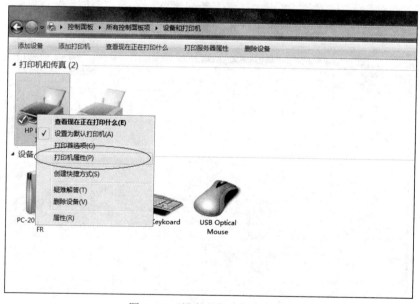

图 6-7 "设备和打印机"界面

2）切换到"共享"选项卡，选中"共享这台打印机"，并且设置一个共享名（请记住该共享名，后面的设置可能会用到），如图 6-8 所示。

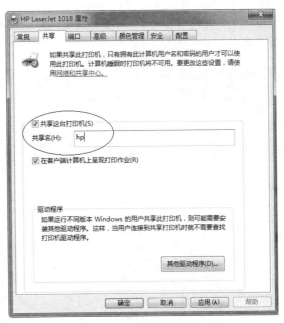

图 6-8 打印机属性设置对话框

第三步：进行高级共享设置。

在系统菜单中右击"计算机"选项，选择"打开网络和共享中心"，记住所处的网络类型，下面以工作网络为例介绍。

第四步：设置工作组。

在添加目标打印机之前，首先要确定局域网内的计算机是否都在一个工作组，具体过程如下：

1）右击"开始"按钮，选择"属性"，如图 6-9 所示。

图 6-9 "属性"菜单项

2）在弹出的窗口中找到工作组，如图 6-10 所示，如果计算机的工作组设置不一致，请单击"更改设置"，如果一致可以直接退出。

图 6-10　系统属性界面

注意：请记住计算机名，后面的设置会用到。

3）如果处于不同的工作组，可以在"计算机名/域"更改对话框中进行设置，如图 6-11 所示。

注意：此设置要在重启后才能生效，所以在设置完成后不要忘记重启一下计算机，使设置生效。

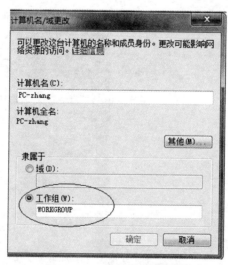

图 6-11　工作组设置对话框

第五步：在其他计算机上添加目标打印机。

　　注意：此步操作是在局域网内的其他需要共享打印机的计算机上进行的。此步操作在 XP 和 Win7 系统中的过程是类似的，因此下面就以 Win7 为例进行介绍。

　　添加的方法有多种，在此介绍其中的两种。

　　首先，无论使用哪种方法，都应先进入"控制面板"，打开"设备和打印机"窗口，并单击"添加打印机"，在弹出的对话框中选择"添加网络、无线或 Bluetooth 打印机"，单击"下一步"按钮，如图 6-12 所示。

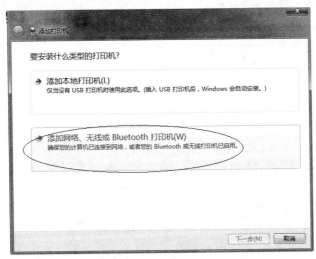

图 6-12　"添加打印机"对话框

　　单击了"下一步"之后，系统会自动搜索可用的打印机。

　　如果前面的几步设置都正确的话，那么只要耐心等待，一般系统都能找到，接下来只需跟着提示一步步操作就行了。

　　如果耐心地等待后系统还是找不到所需要的打印机也不要紧，可以单击"我需要的打印机不在列表中"，然后单击"下一步"按钮，如图 6-13 所示。

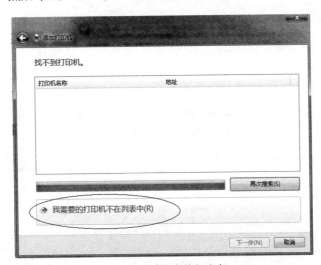

图 6-13　系统查找打印机

第一种方法：

单击"浏览打印机"单选按钮，单击"下一步"按钮，如图 6-14 所示。

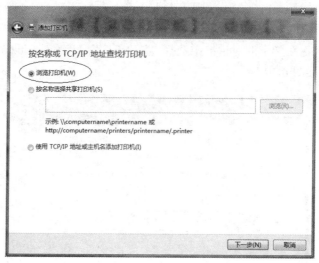

图 6-14　浏览打印机

找到连接着打印机的计算机，单击图标选择目标打印机（打印机名就是在第二步中设置的名称），单击"选择"按钮，如图 6-15 所示。

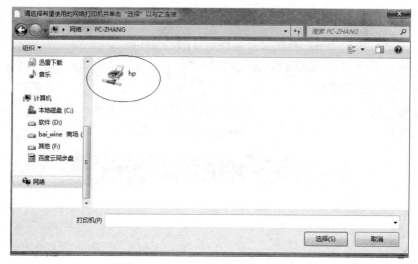

图 6-15　选择打印机

接下来的操作比较简单，系统会自动找到并把该打印机的驱动安装好。至此，打印机已成功添加。

第二种方法：

在"添加打印机"对话框中选择"按名称选择共享打印机"单选项，并且输入"\\计算机名\打印机名"。如果前面的设置正确的话，当还没输入完系统就会给出提示，如图 6-16 所示，接着单击"下一步"按钮。

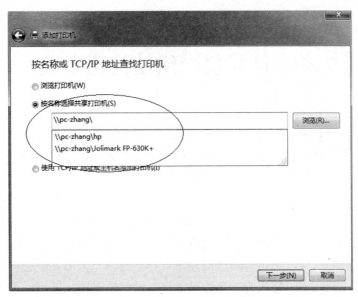

图 6-16 按名称选择打印机

注意： 如果此步操作中系统没有自动给出提示，那么很可能直接单击"下一步"会无法找到目标打印机，此时我们可以把计算机名用 IP 来替换，例如连接打印机的计算机 IP 为 10.0.32.80，那么则应输入 "\\10.0.32.80\hp"。

成功添加后，在"控制面板"的"设备和打印机"窗口中可以看到新添加的打印机。至此，整个过程均已完成，没介绍的其他方法（就是使用 TCP/IP 地址或主机名添加打印机）也比较简单，过程类似，这里不再赘述。

4. 实训作业

（1）如何设置隐藏的共享文件夹？

（2）如何对隐藏文件夹进行访问？

第7章 计算机网络结构化布线系统

人类已进入信息社会，信息逐渐渗透到人们工作、生活、娱乐、商业、制造业、军事等各个领域，办公自动化、电子商务、网上购物、远程医疗、家庭上网、电子博物馆等概念逐渐变为现实，这一切都是依赖于计算机技术、通信技术、网络技术、信息技术的飞速发展，依赖于这些新技术在人们生活中的广泛应用。

我国网络建设的发展十分迅速，已建成如 CERNET、CSTNet、ChinaGBN、ChinaNet 四大网络。以它们为骨干连接在一起数目众多的基础网络成为信息交流的结点，这些信息结点可以是一座智能大厦，也可以是智能建筑群，如商务型大厦、办公用大楼、交通运输设施、卫生医疗设施、园区建筑等。不管是大厦的网络还是园区网络，都离不开信息传输的通道，离不开布线系统。这一趋势是技术发展的必然结果，能够提高投资效益，使得安装和维护工作更加简单、有效，提高传输系统的质量和灵活性。

7.1 结构化布线系统概述

网络布线通常有非结构化布线和结构化布线两种方式。非结构化布线将网络工作站及服务器等直接与集线器连接，用于站点不多、网络结构比较简单或建筑物租期将满的临时性布线。结构化布线是一个模块化的并且是灵活性极高的建筑物电信布线系统。它能连接语音、数据、图像以及各种用于楼宇控制管理的设备与装置，其目的就是利用这种布线网络的特点来满足使用者不断变化的需要，同时帮助管理者简便、廉价、无损地进行任意变动，尽可能减少业主长期用于建筑物的花费。一个结构化布线系统的使用寿命要求是 10 年以上。

为了使建筑物内的布线系统得到统一，美国电子工业协会（EIA）制定了商用建筑布线标准 ANSI/EIA/TIA-568A 及其他相关标准。在以下几方面制定了相应的规范：

- 规范一个通用语音和数据的电信布线标准，以支持多设备、多用户的环境。
- 为服务于商务事业的电信设备和布线产品的设计提供方向。
- 能够对商用建筑中的结构化布线系统进行规划和安装，使之满足用户的多种电信要求。
- 为各种类型的线缆、连接件以及布线系统的设计和安装建立性能和技术标准。

7.2 综合布线系统的特点

采用星型拓扑结构、模块化设计的综合布线系统与传统的布线系统相比有许多特点，主要表现在开放性、灵活性、模块化、扩展性及独立性等方面。

1. 开放性

综合布线系统采用开放式体系结构，符合多种国际上现行的标准，它几乎对所有著名厂商的产品都是开放的，并支持所有的通信协议。这种开放性的特点使得设备的更换或网络结构的变化都不会导致综合布线系统的重新铺设，只需进行简单的跳线管理即可。

2. 灵活性

综合布线系统的灵活性主要表现在三个方面：灵活组网、灵活变位和应用类型的灵活变化。

综合布线系统采用星型物理拓扑结构，为了适应不同的网络结构，可以在综合布线系统管理间进行跳线管理，使系统连接成为星型、环型、总线型等不同的逻辑结构，灵活地实现不同拓扑结构网络的组网。当终端设备位置需要改变时，除了进行跳线管理外，不需要进行其他的布线改变，使工位移动变得十分灵活。同时，综合布线系统还能够满足多种应用的要求，如数据终端、模拟或数字式电话机、个人计算机、工作站、打印机和主机等，使系统能灵活地连接不同应用类型的设备。

3. 模块化

综合布线系统的接插元件（如配线架、终端模块等）采用积木式结构，可以方便地进行更换插拔，使管理、扩展和使用变得十分简单。

4. 扩展性

综合布线系统（包括材料、部件、通信设备等设施）严格遵守国际标准，因此，无论计算机设备、通信设备、控制设备随技术如何发展，将来都可以很方便地将这些设备连接到系统中去。

综合布线系统灵活的配置为应用的扩展提供了较大的裕量。系统采用光纤和双绞线作为传输介质，为不同应用提供了合理的选择空间。对带宽要求不高的应用采用双绞线，而对高带宽需求的应用采用光纤到桌面的方式。语音主干系统采用大对数电缆，既可作为语音的主干，也可作为数据主干的备份；数据主干采用光缆，其高带宽为多路实时多媒体信息传输留有足够的裕量。

5. 独立性

综合布线系统最根本的特点是独立性。其最底层是物理布线，与物理布线直接相关的是数据链路层，即网络的逻辑拓扑结构。而网络层和应用层与物理布线完全不相关，即网络传输协议、网络操作系统、网络管理软件及网络应用软件等与物理布线相互独立。

7.3　综合布线标准

国际标准化组织（ISO）的职责是保证所有普遍性的标准得到所有成员国的一致认可。ISO 所负责的标准范围从制造和质量控制规程到电气与电信分布布线系统。在北美洲，有四个标准化组织为北美市场开发或推行市线标准。

美国国家标准学会（ANSI）于 1918 年在美国成立。该组织的主要任务是美国国内的国家标准的协调、正规化和采纳工作。ANSI 还在 ISO 技术会议上代表美国。

电信工业协会（TIA）是一个由 ANSI 授权的单独的组织，并附属于电子工业协会（EIA）。TIA 最著名的活动是开发用于当今的结构化布线系统的设计与安装的布线标准，并支持未来广泛的应用及满足高速的要求。

在加拿大，所有国内使用的电气与电子商品必须经加拿大标准协会（CSA）批准，产品获得批准说明它符合加拿大电气标准（CEC）的所有要求。CEC 引用 CSA 相关的标准，在 TIA/EIA 内开发布线标准的过程中，决定 CSA 应参与结构化布线标准的进一步的开发工作，以保证将加拿大独特的要求包含在标准内。

7.3.1　标准的发展

在 1985 年前的布线系统没有标准化。其中有两个原因。首先，本地电话公司总是关心他们的基本布线要求。其次，使用主机系统的公司要依靠其供货商来安装符合系统要求的布线系统。随着计算机技术的日益成熟，越来越多的机构安装了计算机系统，而每个系统都需要自己独特的布线和连接器。客户开始大声报怨每次他们更改计算机平台的同时也不得不相应改变其布线方式。为赢得并保持市场的信任，计算机通信工业协会（CCIA）与 EIA 联合开发了建筑物布线标准。

讨论于 1985 年开始并取得一致，双方认为商用和住宅的语音和数据通信都应有相应的标准。EIA 将开发布线标准的任务交给了 TR-41 委员会。

TR-41 委员会认识到该任务的艰巨性，于是设立了下属委员会及数个工作组来负责开发商用和住宅建筑物布线标准的各方面工作。这些委员会在开发这些标准时要关注的重点是保证开发的标准是独立于技术及生产厂家的。

7.3.2　建筑物布线基础设施常用标准

建筑物布线基础设施常用标准如下：

EIA/TIA568《美国商业建筑物综合布线标准》。

EIA-569（CSA T530）《商业大楼通信通路与空间标准》。

TIA/EIA-568-A（CSA T529-95）《商业大楼通信布线标准》。

TIA/EIA-607（CSA T527）《商业大楼布线接地保护连接需求》。

TIA/EIA-606（CSA T528）《商业大楼通信基础架构管理标准》。

TIA/EIA TSB-67《非屏蔽双绞线布线系统传输性能现场测试规范》。

TIA/EIA TSB-72《集中式光纤布线准则》。

TIA/EIA TSB-75《开放型办公室水平布线附加标准》。

TIA/EIA-568-AI《传输延迟和延迟差规范》。

所谓综合布线系统是指按标准的、统一的和简单的结构化方式编制和布置各种建筑物（或建筑群）内各种系统的通信线路，包括网络系统、电话系统、监控系统、电源系统和照明系统等。因此，综合布线系统是一种标准通用的信息传输系统。

7.4　综合布线系统组成

综合布线系统由 6 个子系统组成，如图 7-1 所示，包括工作区子系统、水平区子系统、管理间子系统、垂直干线子系统、设备间子系统及建筑群子系统。

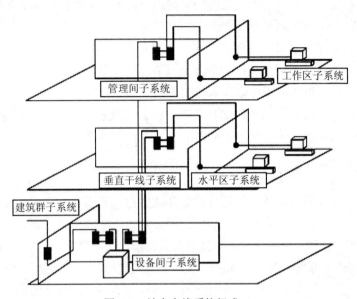

图 7-1　综合布线系统组成

由于系统采用星型结构，任何一个子系统都可以独立地接入综合布线中。因此，系统易于扩充，布线易于重新组合，也便于查找和排除故障。

7.4.1　工作区子系统

工作区指放置应用系统终端设备的地方。综合布线一般将 10 平方米的面积称为一个工作区。

工作区子系统是一个可以独立设置终端设备的区域，该子系统包括水平区子系统的信息插座、连接信息插座和终端设备的跳线以及适配器。工作区的服务面积一般可按 5～10 平方米估算，工作区内信息点的数量根据相应的设计等级要求设置。

工作区的每个信息插座都应该支持电话机、数据终端、计算机及监视器等终端设备，同时为了便于管理和识别，有些厂家将信息插座做成多种颜色，如黑、白、红、蓝、绿、黄等，这些颜色的设置应符合 TIA/EIA-606 标准。

7.4.2　水平区子系统

水平区子系统应由工作区的信息插座、楼层分配线设备至信息插座的水平电缆、楼层配线设备和跳线等组成。

一般情况，水平电缆应采用 4 对双绞线。在水平区子系统有高速率应用的场合应采用光缆，即光纤到桌面。水平子系统根据整个综合布线系统的要求，应在二级交接间、交接间或设备间的配线设备上进行连接，以构成电话、数据、电视系统和监视系统，并方便地进行管理。水平子系统的电缆长度应小于 90 米，信息插座应在内部做固定线连接。

7.4.3　管理间子系统

管理间子系统设置在楼层配线设备的房间内，该系统应由交接间的配线设备、I/O 设备等组成，也可应用于设备间子系统中。

管理间子系统应采用单点管理双交接。交接场的结构取决于工作区、综合布线系统规模和选用的硬件。在管理规模大、管理复杂且有二级交接间时，才设置双点管理双交接。在管理点，应根据应用环境用标记插入条来标出各个端接场。

交接区应有良好的标记系统，如建筑物名称、建筑物位置、区号、起始点和功能等标识。交接间和二级交接间的配线设备应采用色标以区别各类用途的配线区。

7.4.4　垂直干线子系统

垂直干线子系统应由设备间的配线设备和跳线以及设备间至各楼层分配线间的连接电缆组成。

在确定垂直干线子系统所需要的电缆总对数之前，必须确定电缆中语音和数据信号的共享原则。对于基本型系统，每个工作区可选定 2 对双绞线；对于增强型系统，每个工作区可选定 3 对双绞线；对于综合型系统，每个工作区可在基本型或增强型的基础上增设光缆系统。

如果设备间与计算机房处于不同的地点，而且需要把语音电缆连至设备间，把数据电缆连至计算机房，则应在设计时选取不同的干线电缆或干线电缆的不同部分来分别满足不同路由语音和数据的需要，必要时也可以采用光缆系统予以满足。

7.4.5　设备间子系统

设备间是在每一幢大楼的适当地点设置进线设备、进行网络管理以及管理人员值班的场所。设备间子系统应由综合布线系统的建筑物进线设备、电话、数据、计算机等各种主机设备及其保安配线设备等组成。

设备间内的所有进线终端设备应采用色标以区别各类用途的配线区。设备间位置及大小应根据设备的数量、规模、最佳网络中心等内容综合考虑确定。

7.4.6　建筑群子系统

由两个以上建筑物的电话、数据、监视系统组成一个建筑群综合布线系统，其连接各建筑物之间的缆线和配线设备组成建筑群子系统。

建筑群子系统应采用地下管道敷设的方式，在管道内敷设铜缆或光缆应遵守电话管道和入孔的各项设计规定。此外，安装时至少应预留 1～2 个备用管孔，以供扩充之用。

建筑群子系统采用直埋沟内敷设时，如果在同一个沟内埋入了其他的图像和监控电缆，应设立明显的共用标识。

7.5　综合布线系统设计等级

7.5.1　基本型综合布线系统

基本型综合布线系统适用于配置标准较低的场合，使用铜芯双绞线组网，其配置如下：

- 每个工作区有 1 个信息插座。
- 每个工作区配线电缆为 1 条 4 对双绞线。
- 采用夹接式交接硬件。
- 每个工作区的干线电缆至少有 2 对双绞线。

基本型综合布线系统大都能支持语音和数据，其特点如下：

- 能支持所有语音和数据的应用，是一种富有价格竞争力的综合布线方案。
- 应用于语音、语音/数据或高速数据。
- 便于技术人员管理。
- 采用气体放电管式过压保护和能够自恢复的过流保护。
- 能支持多种计算机系统数据的传输。

7.5.2　增强型综合布线系统

增强型综合布线系统适用于中等配置标准的场合，使用钢芯双绞线组网，其配置如下：

- 每个工作区有两个或两个以上信息插座。
- 每个工作区的配线电缆为 2 条 4 对双绞线。
- 采用直接式或插接交接硬件。
- 每个工作区的干线电缆至少有 3 对双绞线。

增强型综合布线系统不仅具有增强功能，而且还可提供发展余地。它支持语音和数据应用，并可按需要利用端子板进行管理。增强型综合布线系统具有以下特点：

- 每个工作区有两个信息插座，不仅机动灵活，而且功能齐全，任何一个信息插座都可提供语音和高速数据应用。
- 可统一色标，按需要可利用端子板进行管理。
- 是一种能为多个数据设备创造部门环境服务的经济有效的综合布线方案。
- 采用气体放电管式过压保护和能够自恢复的过流保护。

7.5.3　综合型综合布线系统

综合型综合布线系统适用于配置标准较高的场合，使用光缆和铜芯双绞线组网。

综合型综合布线系统应在基本型和增强型综合布线系统的基础上增设光缆系统。综合型综合布线系统的主要特点是引入光缆，能适用于规模较大的智能大厦，其余特点与基本型和增强型相同。

7.5.4　综合布线系统等级之间的差异

所有基本型、增强型和综合型综合布线系统都能支持语音和数据等业务，能随智能建筑工程的需要升级布线系统，它们之间的主要差异体现在以下两个方面：

- 支持语音和数据业务所采用的方式。
- 在移动和重新布局时实施线路管理的灵活性。

7.6　网络布线系统产品选择的原则

7.6.1　用户需求

根据用户的实际需要（近期的和长远的联网要求）来选择 5 类或 6 类混合的水平电缆，采用 5 类或 6 类混合还是选择光缆作为主干电缆完全取决于网络建设的规划。

7.6.2　保护投资

整个布线系统的设计最好是端到端完全匹配的一步到位（一次布线，长期受益）的设计方案，关键取决于用户对网络布线的要求，总之，用户需求是布线系统产品选择的关键。根据用户需求合理配置、保护用户投资也应该是一个重要的原则。

7.6.3　厂家对系统的保证

产品质量、安装水平、维护服务的好坏是布线系统能否正常工作的重要前提条件，用户都希望买的产品能够令人放心、用起来舒心、出了问题不必担心。因为材料或工程质量的原因引起的故障应得到系统集成商的及时修补和替换服务，至少应有一年的保修期。

众所周知，产品质量和安装质量同等重要，如果产品质量欠佳，无论安装水平多高都达不到高质量的要求。当然，安装水平差也会使其高质量的布线产品性能被破坏。

在选择布线产品供应商时，首先要选择有良好信誉的、经济实力较雄厚的、产品经过 UL 认证过的厂商。

在选择布线系统集成商的时候，要选择有实际工程经验的、有正式代理资格的、有设计安装培训证书的、有技术实力的公司。用户可以去实地考察他们做过的工程，听听老用户对他们的评价。在选择网络布线产品上，要选择性价比高的产品，千万别一味追求低价，因为这样一来产品质量和工程质量都将无法得到保证。

7.7　综合布线系统要求

7.7.1　综合布线系统工程设计要求

进行综合布线系统工程设计时应按以下要求进行：

1）选用的电缆、光缆、各种连接器、跳线和配线设备等所有硬件设施均应符合 ANSI/EIA/TIA568A 和 ISO/IEC 1180 标准的各项规定，确保系统指标得以实施。

2）应按照近期和远期通信业务、计算机拓扑结构等需要，选用合适的综合布线硬件设备，选用产品的各项指标应高于系统，这样才能确保满足系统指标。但不一定越高越好，选得太高会增加工程造价，选得太低不能满足工程需求，因此应恰如其分。

3）详细记录与综合布线有关硬件设施的工作状态信息，包括设备和线缆的用途、使用部门、局域网的拓扑结构、传输信息速率、终端设备配置状态、占用硬件编号、色标、链路的功能和各种主要参数、链路的状态、故障等，还应记录设备的位置、线缆走向等内容。

4）应注意系统选用的线缆、连接硬件、跳线、连接线等必须与选定的类别相一致。例如，如果选用 5 类标准，则线缆、连接硬件、跳线、连接线等都是 5 类，才能保证系统为 5 类。

7.7.2　综合布线系统长度限定值与传输距离要求

综合布线系统中的传输介质及其传输距离要求见表 7-1。

表 7-1　综合布线系统中的传输介质及其传输距离要求

系统分级	最高传输频率	双绞线传输距离（米）				光纤传输距离（米）	
		100Ω 3 类	100Ω 4 类	100Ω 5 类	150Ω	多模	单模
A	100kHz	2000	3000	3000			
B	1MHz	200	260	260	400		
C	16MHz	100	150	160	250		
D	100MHz			100	150		
光缆	100MHz					2000	3000

注：①通常所指的距离包括连接软线、跳线、工作区和设备区连接线在内的允许总长度。
②当传输距离为 3000 米时指国际标准范围规定的极限，不是介质极限。

7.7.3　设计综合布线系统应注意的问题

1. 带宽与传输速率

提到如何选择综合布线系统，首先有两个概念要分清，那就是带宽（以 MHz 来度量）和数据传输速率（以 Mbit/s 来度量）。分不清这两个概念就很难作出正确的选择。关于二者的定义和具体含义可以参考有关的技术文章。这里要指出的是二者之间的关系，这种关系与编码方式等技术有关，但不一定是一对一的关系。例如 ATM155，其中 155 是指数据传输的速率，即 155Mbit/s，而实际的带宽只有 80MHz；又如 1000Mbit/s 千兆位以太网，由于采用 4 对线全双工的工作方式，对其传输带宽的要求只有 100MHz。在计算机网络作业中，广泛使用的是数据传输速率，而在电缆行业中使用的则是带宽，所以不要将二者混淆。

2．新型电缆系统

（1）超 5 类电缆系统（Enhanced Cat 5）

超 5 类电缆系统是在对现有的 5 类 UTP（双绞线）的部分性能加以改善后产生的新型电缆系统，不少性能参数，如近端串扰（NEXT）、衰减串扰比（ACR）等都有所提高，但其传输带宽仍为 100MHz。

（2）6 类电缆系统（Cat 6）

6 类电缆系统是一个新级别的电缆系统，除了各项性能参数都有较大提高外，其带宽将扩展至 200MHz 或更高。

（3）7 类电缆系统

7 类电缆系统是欧洲提出的一种电缆标准，其计划的带宽为 600MHz，但是其连接模块的结构与目前的 RJ-45 完全不兼容，它是一种屏蔽系统。

3．质量保证

提到综合布线系统的质量保证，每个厂商都有各自的特点，有的提供若干年产品质保，有的提供若干年系统质保，还有的提供终身质保，各厂商对质保的内容和方法的解释也各有不同。厂商提出质保承诺对国内用户来说是件好事，它表示厂商对用户是负责的。但用户首先要搞清楚"质保"到底保什么。首先，不要把厂商提供的若干年产品或系统质保，当作是保证产品多少年不落后。随着人类科学技术日新月异的变化和通信技术的飞速发展，没有谁能预见几年、十几年甚至几十年后会发生什么，也就是说厂家的若干年质保，并不保证系统不会在一段时期内过时。但用户可以放心的是，综合布线系统本身的一大特点就是便于扩容和升级。综合布线系统本身是一种无源的物理连接系统，一旦安装完成并通过测试，一般情况下无需维护，只需要对其加以正确的管理即可。所以厂家的所谓若干年质保，主要是针对其在工程项目中所提供的全系列布线产品本身的质量而言。对于由非人为因素造成的产品质量问题，厂家是完全负责的，而真正意义的售后服务，应该是由负责实施该项目的系统集成商来完成的。所以用户应选择品质优良的产品，通过厂家提供的正规渠道拿货，并选择国内信誉好、技术水平高的系统集成商来施工，让他们在得到合理的利润同时，使用户也得到这些集成商所提供的增值服务以及售后的长期服务和质量保证。

4．综合布线并非万能

综合布线系统在刚进入我国时，曾给国人一种神秘的感觉，似乎大厦里一旦有了综合布线系统就立即成了智能大厦，并且各个弱电系统都可以利用这套布线系统。其实从理论上讲，综合布线系统是将大厦内的各个弱电系统的传输介质统一为一种高性能的传输介质，从而使其便于管理、维护和扩展。但实际上，目前在国内我们不可能也没有必要这样做。

综合布线系统为经常变更终端设备的种类和位置的用户提供了极大的灵活性，而像楼宇自控、保安监控等弱电终端设备几乎长期固定在房间或走廊的某一位置，不需要经常改变。由此可见，综合布线系统并不是万能的，它主要为智能大厦中高性能的通信自动化系统提供基础。

5．选择电缆系统

选择线缆应根据系统的要求、技术性能、投资概算等综合地进行考虑。在综合布线系统中应首先确定使用的线缆类别和布线组成结构（如是使用屏蔽线缆、非屏蔽电缆、光缆，还是将它们接合在一起使用）。线缆通常由 2～1800 个线对组成，大对数线缆通常用于主干布线系统，适合在语音和低速率数据应用中使用，其在干线和水平（集线器到桌面）布线系统中的最大长度在国际标准 ISO/IEC IS11801 中有详细的说明。需要注意的是，这些最大长度的限制适用于所有的媒介，但并未考虑由于网络使用的线缆类型和协议类型的不同而造成性能方面差异的影响。实际上，最大线缆长度将取决于系统的应用、网络类型和线缆的质量。

另外，要结合综合布线系统的应用需求来考虑线缆类别。超 5 类系统可以支持千兆以太网的运行，而且不同厂商的超 5 类系统之间可以互用。6 类线价格较之超 5 类网线昂贵，但其带宽却扩大 25%，传输速率有明显的增加。6 类系统是专用的，各个厂商的元件都有其独特的设计和性能指标，不同厂商的元件互通的可能性很小，元件的指标仍在研究之中。使用 6 类线缆应选择相同等级和商家生产的接插器件，因为 6 类是专用件，各厂家的产品尚不能互通。

屏蔽与非屏蔽线缆的选择取决于外部电磁干扰的情况，干扰场强低于 3 V/m 时，一般不考虑防护措施，干扰信号超过标准量时可选择屏蔽线缆。屏蔽线缆的价格是非屏蔽线缆的 1.2～1.6 倍。因此，屏蔽线缆适用于电磁干扰严重区域和对保密性要求高的场所。选择线缆既要考虑到目前的需求，又要适当兼顾今后的发展，也不能忽视外部的因素，就像建筑物的基础一样，综合布线系统在智能化系统中的基础作用决定了其一旦建成就不可能在短期内变动。

7.8　综合布线工程设计

7.8.1　总体规划

一般来说，国际信息通信标准是随着科学技术的发展逐步修订和完善的。综合布线系统也是随着新技术的发展和新产品的问世，逐步完善而趋向成熟的。我们在设计智能化建筑物综合布线系统时，提出并研究近期和长远的需求是非常必要的。目前，国际上各综合布线产品都只提出 15 年质量保证体系，并没有提出多少年投资保证。为了保护建筑物投资者的利益，我们可采取"总体规划，分布实施，水平布线尽量一步到位"的方针。主干线大多数都设置在建筑物弱电井中，更换或扩充比较省事；水平布线敷设在建筑物的天花板内或管道里，施工费比初始投资的材料费高。如果更换水平布线，要损坏建筑结构，影响整体美观。因此，我们在设计水平布线时应尽量选用档次较高的线缆及连接件，缩短布线周期。

综合布线系统设计是智能大厦建设中的一项新兴技术工程，它不完全是建筑工程中的弱电工程。智能化建筑是由智能化建筑环境内系统集成中心利用综合布线系统连接和控制 3A 系统组成的。综合布线系统设计是否合理，直接影响到 3A 的功能（3A 即楼宇自动化 Building Automation、办公自动化 Office Automation、通信自动化 Communication Automation）。

设计与实现一个合理的综合布线系统一般有如下 6 个步骤：

- 获取建筑物平面图。
- 分析用户需求。
- 系统结构设计。
- 布线路由设计。
- 绘制布线施工图。
- 编制布线用料清单。

星型拓扑结构布线方式具有多元化的功能，可以使任一子系统单独地布线，每个子系统均为一个独立的单元组，更改任一子系统时，均不会影响其他子系统。一个完善的确定设计的布线走线系统，其目标是在既定时间以外，允许在有新需求的集成过程中不必再去进行水平布线，损坏建筑装饰而影响审美。

7.8.2　综合布线系统设计要领

在设计起始阶段，设计人员要做到：

- 评估用户的通信要求和计算机网络要求。
- 评估用户的楼宇控制设备自动化程度。
- 评估安装设施的实际建筑物或建筑群环境和结构。
- 确定通信、计算机网络、楼宇控制所使用的传输介质。

将初步的系统设计方案和预算成本通知用户单位。

在收到最后合同批准书后，完成以下的系统配置、布局蓝图和文档记录：

- 电缆线路文档。
- 光缆分配及管理。
- 布局和接合细节。
- 光缆链路损耗预算。
- 施工许可证。

同其他工程一样，系统设计方案和施工图的详细程度因工程项目的复杂程度而异，并与合同条款、可用资源及工期有关。设计文档一定要齐全，以便能检验指定的设计等级是否符合所规定的标准，而且在验收的系统符合全部设计要求之前，必须备有这种设计文档。

应始终确保已完成合同规定的光缆链路一致性测试，而且光缆链路损耗是可接受的。

7.8.3　工作区子系统设计

一个独立的需要设置终端设备的区域宜划分为一个工作区，工作区子系统应由水平区布线系统的信息插座延伸到工作站终端设备处的连接电缆及适配器组成。一个工作区的服务面积可按 5～10 平方米估算，每个工作区设置一个电话机或计算机终端设备，或按用户要求设置。工作区的每一个信息插座均应支持电话机、数据终端、计算机、电视机监视器等终端设备的设置和安装。工作区子系统是办公室、写字间、作业间、技术室等需用电话、计算机终端、电视机等设施的区域和相应设备的统称。工作区适配器的选用应符合下列要求：

- 在设备连接器处采用不同信息插座的连接器时，可以用专用电缆或适配器。
- 当在单一信息插座上开通 ISDN 业务时，应用网络终端适配器。
- 在水平区子系统中选用的电缆（介质）不同于设备所需的电缆（介质）时，宜采用适配器。
- 在连接使用不同信号的数模转换或数据速率转换等相应的装置时，宜采用适配器。
- 对于网络规程的兼容性，可配合适配器。
- 根据工作区内不同的电信终端设备可配备相应的终端适配器。

7.8.4　水平区子系统设计

水平区子系统由工作区的信息插座、每层配线设备至信息插座的水平电缆等组成。水平区子系统应按以下要求进行设计：

- 根据工程提出近期和远期的终端设备要求。
- 每层需要安装的信息插座数量及其位置。
- 终端将来可能产生移动、修改和重新安排的详细情况。
- 一次性建设与分期建设的方案比较。
- 水平区子系统通常采用 4 对双绞线，高速率应用的场合可选用光缆。
- 水平电缆长度应在 90m 以内。

综合布线系统的信息插座应按下列原则选用：

- 单个连接的 8 芯插座宜用于基本型系统。
- 双连接的 8 芯插座宜用于增强型系统。
- 综合布线系统设计可采用多种类型的信息插座。

7.8.5　垂直干线子系统设计

在确定垂直干线子系统所需要的电缆总对数之前，必须确定电缆中语音和数据信号的共享原则。对于基本型系统，每个工作区可选定 2 对双绞线；对于增强型系统，每个工作区可选定 3 对双绞线；对于综合型系统，每个工作区可在基本型或增强型的基础上增设光缆系统。应选择干线电缆最短、最安全和最经济的路由。宜选择带门的封闭型通道敷设干线电缆。建筑物有两大类型的通道：封闭型和开放型。封闭型通道是指一连串上下对齐的交接间，每层楼都有一间，利用电缆竖井、电缆孔、电缆管道、电缆桥架等穿过这些房间的地板层，每个交接间通常还有一些便于固定电缆的设施和消防装置。开放型通道是指从建筑物的地下室到楼顶的一个开放空间，中间没有任何楼板隔开，例如，通风通道或电梯通道，这些通道中不能敷设垂直干线子系统电缆。

干线电缆可采用点对点端接，也可采用分支递减端接或电缆直接连接的方法。点对点端接是最简单、最直接的接合方法，垂直干线子系统每根干线电缆直接延伸到指定的楼层和交接间。分支递减端接是从 1 根大容量干线电缆（其足以支持若干个交接间或若干楼层的通信容量）经过电缆接头保护箱分出若干根小电缆，它们分别延伸到每个交接间或每个楼层，并端接于目的地的连接硬件。电缆直接连接是特殊情况下使用的技术：一种情况是一个楼层的所有水平端接都集中在干线交换间；另一种情况是二级交接间太小，需在干线交接间完成端接。

如果设备间与计算机房处于不同的地点，而且需要把语音电缆连至设备间，把数据电缆连至计算机房，则应在设计时，选取不同的干线电缆或干线电缆的不同部分来分别满足不同路由语音和数据的需要，必要时也可采用光缆系统予以满足。

7.8.6 设备间子系统设计

设备间是在每幢大楼的适当地点设置进线设备、进行网络管理以及管理人员值班的场所。设备间子系统应由综合布线系统的建筑物进线设备、电话、数据、计算机等各种主机设备及其保安配线设备等组成，并且这些设备宜集中设置在一个房间内。必要时可以分别设置，但程控电话交换机及计算机主机房离设备间的距离不宜太远。

设备间子系统的设计要点如下：

- 设备间内的所有进线终端设备应采用色标以区别各类用途的配线区。
- 设备间位置及大小应根据设备的数量、规模、最佳网络中心等内容综合考虑确定。

7.8.7 管理间子系统设计

管理间子系统设置在楼层配线设备的房间内，该系统应由交接间的配线设备、I/O 设备等组成，也可应用于设备间子系统中。管理间子系统提供了与其他子系统连接的手段。交接使得有可能安排或重新安排路由，因而通信线路能够延续到连接建筑物内部的各个信息插座，从而实现综合布线系统的管理。

管理间子系统设计要点：

管理间子系统应采用单点管理双交接。交接场的结构取决于工作区、综合布线系统规模和选用的硬件。在管理规模大、管理复杂且有二级交接间时，才设置双点管理双交接。在管理点，应根据应用环境用标记插入条来标出各个端接场。单点管理位于设备间里面的交换机附近，通过线路不进行跳线管理，直接连至用户房间或服务接线间里面的第二个接线交接区。双点管理除交接间外，还设置第二个可管理的交接。双交接为经过二级交接设备。在每个交接区实现线路管理的方式是在各色标场之间接上跨接线或插接线，这些色标用来分别标明该场是干线电缆、配线电缆或设备端接点。这些场通常分别分配给指定的接线块，而接线块则按垂直或水平结构进行排列。

交接区应有良好的标记系统，如建筑物名称、建筑物位置、区号、起始点和功能等标识。综合布线系统使用了三种标记：电缆标记、场标记和插入标记。其中插入标记最常用。这些标记通常是硬纸片或其他方式，由安装人员在需要时取下来使用。

交接间及二级交接间的配线设备应采用色标区别各类用途的配线区。

交接设备连接方式的选用应符合下列规定：

- 对楼层上的线路较少进行修改、移位或重新组合时，宜使用夹接线方式，在经常需要重组线路时使用插接线方式。
- 在交接场之间应留出空间，以便容纳未来扩充的交接硬件。

7.9　综合布线线缆布设技术

虽然两点间直线最短，但对于布线来说，最短不一定就是最好、最佳的路由。在选择最容易布线的路由时，要考虑便于施工、便于操作，即使花费更多的线缆也要这样做。

如何布线要根据建筑结构及用户的要求来决定。为选择好的路由，布线设计人员要考虑以下几点：

- 了解建筑物的结构。
- 检查拉（牵引）线。
- 确定现有线缆的位置。
- 提供线缆支撑。
- 拉线速度的考虑。
- 最大拉力。拉力过大，线缆变型，将引起线缆传输性能下降。

7.9.1　线缆牵引技术

用一条拉线或一条软钢丝绳将线缆牵引穿过墙壁管路、天花板和地板管。标准的 4 对双绞线很轻，通常不要求做更多的准备，只要将它们用电工带子与拉绳捆扎在一起就行了。

如果牵引多条 4 对双绞线穿过一条路由，可用下列方法：

1）将多条线缆聚集成一束，并使它们的末端对齐。

2）用电工带或胶布紧绕在线缆束外面，在末端外绕 50～100mm 长的距离。

3）将拉绳穿过电工带缠好的线缆，并打好结。

如果在拉线缆过程中连接点散开了，则要收回线缆和拉绳重新制作更牢固的连接，为此可以采取下列一些措施：

1）除去一些绝缘层以暴露出 50～100mm 的裸线。

2）将裸线分成两条。

3）将两条裸线互相缠绕起来形成环。

7.9.2　建筑物主干缆连接技术

主干缆是建筑物的主要线缆，它为从设备间到每层楼上的管理间之间传输信号提供通路。在新的建筑物中通常有竖井通道，在竖井中敷设主干缆一般有两种方式：向下垂放电缆和向上牵引电缆。相比较而言，向下垂放比向上牵引容易。

7.9.3　建筑群间线缆布线技术

在建筑群中敷设线缆一般采用两种方法：地下管道敷设和架空敷设。

1. 管道中敷设线缆

在管道中敷设线缆时，有小孔到小孔、在小孔间的直线敷设和沿着拐弯处敷设三种情况。可用人和机器来敷设线缆，到底采用哪种方法依赖于管道中有没有其他线缆、管道中有多少拐弯、线缆有多粗和多重等因素。

2. 架空敷设线缆

架空线缆敷设时，一般步骤如下：

1）电杆以 30～50m 的间隔距离为宜。

2）根据线缆的质量选择钢丝绳，一般选 8 芯钢丝绳。

3）先接好钢丝绳。

4）架设线缆。

5）每隔 0.5m 架一挂钩。

7.9.4　建筑物内水平布线技术

建筑物内水平布线，可选用天花板、暗道、墙壁线槽等形式。在决定采用哪种方法之前，应先到施工现场进行比较，从中选择一种最佳的施工方案。最常用的方法是在吊顶内布线。具体施工步骤如下：

1）确定布线路由。

2）沿着所设计的路由打开天花板。

3）假设要布放 24 条 4 对的线缆，到每个信息插座安装孔有两条线缆。

4）可将线缆箱放在一起并使线缆接管嘴向上，每组有 6 个线缆箱，共有 4 组。

5）加标注，在箱上写标注，在线缆的末端注上标号。

6）从离管理间最远的一端开始，拉到管理间。

7.9.5　双绞线端接技术

RJ-45 水晶头由金属片和塑料构成，制作网线所需要的 RJ-45 水晶接头前端有 8 个凹槽，凹槽内的金属触点共有 8 个。特别需要注意的是 RJ-45 水晶头引脚序号，当金属片面对我们的时候从左至右引脚序号是 1～8，序号对于网络连线非常重要，不能搞错。EIA/TIA 的布线标准中规定了两种双绞线的线序：EIA/TIA568A 和 EIA/TIA568B。

1. 信息模块的端接

信息模块是信息插座的主要组成部件，它提供了与各种终端设备连接的接口。连接终端设备类型不同，安装的信息模块类型也不同。连接计算机的信息模块根据传输性能的要求可以分为 5 类、超 5 类、6 类信息模块。各厂家生产的信息模块的结构有一定的差异性，但功能及端接方法是相似的。信息模块压接的具体操作步骤如下：

1）将双绞线从布线底盒中拉出，剪至合适的长度。

2）用剥线钳剥除双绞线的绝缘层包皮。

3）将信息模块置入掌上防护装置中。

4）分开 4 个线对，但线对之间不要拆开，按照信息模块上所指示的线序，稍稍用力将导线一一置入相应的线槽内。

5）将打线工具的刀口对准信息模块上的线槽和导线，垂直向下用力，听到"喀"的一声，模块外多余的线被剪断。重复该操作，将 8 条导线一一打入相应颜色的线槽中。如果多余的线不能被剪断，可调节打线工具上的旋钮，调整冲击压力。

6）将塑料防尘片沿缺口穿入双绞线，并固定于信息模块上。

7）双手压紧防尘片，模块端接完成。

2．配线架的端接

模块化配线架主要应用于楼层管理间和设备间内的计算机网络电缆的管理。各厂家的模块化配线架结构及安装相似，模块化配线架具体安装步骤如下：

1）在配线架上安装理线器，用于支撑和理顺过多的电缆。

2）利用压线钳将线缆剪至合适的长度。

3）利用剥线钳剥除双绞线的绝缘层包皮。

4）依据所执行的标准和配线架的类型，将双绞线的4对线按照正确的颜色顺序一一分开。注意，千万不要将线对拆开。

5）根据配线架上所指示的颜色，将导线一一置入线槽内。最后，将4个线对全部置入线槽内。

6）利用打线工具端接配线架与双绞线。

7）重复2）至6）的操作，端接其他双绞线。

8）将线缆理顺，并利用尼龙扎带将双绞线与理线器固定在一起。

9）利用尖嘴钳整理扎带，配线架端接完成。

7.9.6　光纤连接技术

光纤具有带宽高、传输性能优良、保密性好等优点，广泛应用于综合布线系统中。建筑群子系统、垂直干线子系统等经常采用光缆作为传输介质，因此在综合布线工程中往往会遇到光缆端接的场合。光缆端接的形式主要有光缆与连接器的连接、光缆与光缆的续接两种形式。

1．ST连接器互联的步骤

1）清洁ST连接器。

2）拿下ST连接器头上的黑色保护帽，用沾有酒精的医用棉花轻轻擦拭连接器头。

3）清洁耦合器。

4）摘下耦合器两端的红色保护帽，用沾有酒精的杆状清洁器穿过耦合孔擦拭耦合器内部以除去其中的碎片。

5）使用罐装气，吹去耦合器内部的灰尘。

6）将ST连接器插到一个耦合器中。

7）将连接器的头插入耦合器一端，耦合器上的突起对准连接器槽口，插入后扭转连接器以使其锁定，如经测试发现光能量损耗较高，则需摘下连接器并用罐装气重新净化耦合器，然后再插入ST连接器。在耦合器端插入ST连接器时，要确保两个连接器的端面与耦合器中的端面接触上。

应注意，若一次来不及装上所有的ST连接器，则连接器头上要盖上黑色保护帽，而耦合器空白端或一端（有一端已插上连接器头的情况下）要盖上保护帽。

2. 光纤熔接过程与步骤

1）开剥光缆，并将光缆固定到接续盒内。注意不要伤到束管，剥开长度取 1m 左右，用卫生纸将油膏擦拭干净，将光缆穿入接续盒，固定钢丝时一定要压紧，不能有松动，否则有可能造成光缆打滚从而折断纤芯。

2）分纤，将光纤穿过热缩管。将不同束管、不同颜色的光纤分开，穿过热缩管。剥去涂覆层的光纤很脆弱，使用热缩管可以保护光纤熔接头。

3）打开熔接机电源，采用预置的程式进行熔接，并在使用中和使用后及时去除熔接机中的灰尘，特别是夹具、各镜面和 V 型槽内的粉尘和光纤碎末。CATV 使用的光纤有常规型单模光纤和色散位移单模光纤，工作波长也有 1310nm 和 1550nm 两种。所以，熔接前要根据系统使用的光纤和工作波长来选择合适的熔接程序。如没有特殊情况，一般都选用自动熔接程序。

4）制作光纤端面。光纤端面制作的好坏将直接影响接续质量，所以在熔接前一定要做好合格的端面。用专用的剥线钳剥去涂覆层，再用沾酒精的清洁棉在裸纤上擦拭几次，用力要适度，然后用精密光纤切割刀切割光纤。对 0.25mm（外涂层）光纤，切割长度为 8mm～16mm；对 0.9mm（外涂层）光纤，切割长度只能是 16mm。

5）放置光纤。将光纤放在熔接机的 V 型槽中，小心压上光纤压板和光纤夹具，要根据光纤切割长度设置光纤在压板中的位置，关上防风罩，即可自动完成熔接，只需 11 秒。

6）移出光纤，用加热炉加热热缩管。打开防风罩，把光纤从熔接机中取出，再将热缩管放在裸纤中心，放到加热炉中加热。加热器可使用 20mm 微型热缩管和 40mm 及 60mm 一般热缩套管，20mm 热缩管需 40 秒，60mm 热缩管为 85 秒。

7）盘纤固定。将接续好的光纤盘到光纤收容盘上，在盘纤时，盘圈的半径越大，弧度越大，整个线路的损耗越小。所以一定要保持一定的半径，使激光在纤芯里传输时，避免产生一些不必要的损耗。

8）密封和挂起。野外接续盒一定要密封好，防止进水。熔接盒进水后，由于光纤及光纤熔接点长期浸泡在水中，可能会先出现部分光纤衰减增加。套上不锈钢挂钩并挂在吊线上。至此，光纤熔接完成。

7.9.7　线缆传输的测试

局域网的安装从线缆开始，线缆是整个网络系统的基础。据统计，约有一半以上的网络故障与线缆有关，线缆本身的质量及线缆安装的质量都直接影响到网络能否健康地运行。而且，线缆一旦施工完毕，想要维护很困难。

1. 双绞线缆传输测试

对于线缆的测试，一般遵循"随装随测"的原则。根据 TSB-67 的定义，双绞线现场测试一般包括接线图、链路长度、衰减和近端串扰损耗（NEXT）等几部分。

（1）接线图

这项测试验证链路的正确连接。它不仅是一个简单的逻辑连接测试，而且要确认链路一端的每一个针与另一端相应的针连接，同时对串绕问题进行测试，发现问题并及时更正。

保证线对正确绞接是非常重要的测试项目。

（2）链路长度

根据 EIA/TIA606 标准的规定，每一条链路长度都应记录在管理系统中。链路的长度可以用电子长度测量来估算，电子长度测量是基于链路的传输延迟和线缆的 NVP 值来实现的。由于 NVP 具有 10% 的误差，因此在测量中应考虑稳定因素。

（3）衰减

衰减是沿链路的信号损失的测量。衰减随频率的变化而变化，所以应该测量应用范围内的全部频率上的衰减，一般步长最大为 1MHz。

TSB-67 定义了一个链路衰减的公式，并给了两种测量模式的衰减允许值表，它定义了在 20℃时的允许值。

（4）近端串扰损耗（Near End Cross-talk Loss）

NEXT 损耗是测量在一条链路中一对线对另一对线的信号耦合，也就是当信号在一对线上运行时，同时会感应一小部分信号到其他线对，这种现象就是串扰。

TSB-67 标准规定，5 类链路必须在 1～100MHz 的频宽内测试，NEXT 测量的最大频率步长：在 1～31.15MHz 频率范围内，最大步长为 0.1MHz；在 31.25～100MHz 频率范围内，最大步长为 0.25MHz。

在一条 UTP 的链路上，NEXT 损耗的测试需要在每一对线之间进行。也就是说对于典型的 4 对 UTP 来说要有 6 对线关系的组合，即测试 6 次。

串扰分近端串扰和远端串扰（FEXT），测试仪主要是测量 NEXT，由于线路损耗，FEXT 的量值影响较小。

NEXT 并不表示在近端点所产生的串扰值，它只是表示在所在端点所测量的串扰数值。该量值会随电缆长度的增长而衰减变小。同时发送端的信号也衰减，对其他线对的串扰也相对变小。实验证明，只有在 40m 内测得的 NEXT 是较真实的，如果另一端是远于 40m 的信息插座，它会产生一定程度的串扰，但测试器可能没法测试到该串扰值。基于这个理由，对 NEXT 最好在两个端点都要进行测量。

2. 光纤光缆测试

在光纤的应用中，光纤本身的种类很多，但光纤及其系统的基本测试方法大体上都是一样的，所使用的设备也基本相同。对光纤或光纤系统，其基本的测试内容有连续性衰减和损耗、测量光纤输入功率和输出功率、分析光纤的衰减和损耗、确定光纤连续性和发生光损耗的部位等。

通常我们在具体的工程中对光缆的测试方法有连通性测试、端－端损耗测试、收发功率测试和反射损耗测试 4 种，简述如下：

（1）连通性测试

连通性测试是最简单的测试方法，只需在光纤一端导入光线（如手电光），在光纤的另外一端看看是否有光闪即可。连通性测试的目的是为了确定光纤中是否存在断点。

（2）端－端的损耗测试

端－端的损耗测试采取插入式测试方法，使用一台功率测量仪和一个光源，先在被测光纤的某个位置作为参考点，测试出参考功率值，然后再进行端—端测试并记录下信号增益值，两者之差即为实际端—端的损耗值。用该值与 FDDI 标准值相比就可确定这段光缆的连接是否有效。

（3）收发功率测试

收发功率测试是测定布线系统光纤链路的有效方法，使用的设备主要是光纤功率测试仪和一段跳接线。在实际应用中，链路的两端可能相距很远，但只要测得发送端和接收端的光功率，即可判定光纤链路的状况。具体操作过程：①在发送端将测试光纤取下，用跳接线取而代之，跳接线一端为原来的发送器，另一端为光功率测试仪，使光发送器工作，即可在光功率测试仪上测得发送端的光功率值；②在接收端用跳接线取代原来的跳线，接上光功率测试仪，在发送端的光发送器工作的情况下，即可测得接收端的光功率值；③发送端与接收端的光功率值之差，就是该光纤链路所产生的损耗。

（4）反射损耗测试

反射损耗测试是光纤线路检修非常有效的手段，它使用光纤时间区域反射仪（OTDR）来完成测试工作，基本原理就是利用导入光与反射光的时间差来测定距离，如此可以准确判定故障的位置。OTDR 将探测脉冲注入光纤，在反射光的基础上估计光纤长度。OTDR 测试适用于故障定位，特别是用于确定光缆断开或损坏的位置。OTDR 测试文档给网络诊断和网络扩展提供了重要数据。方法（1）和（3）较为常用。

本章小结

通过本章的学习，掌握综合布线系统的组成，了解工作区子系统、水平区子系统、垂直干线子系统、设备间子系统、管理间子系统和建筑群子系统。通过系统的学习，掌握综合布线系统的设计等级和要求，从而能从事网络工程设计和建设等。

7.10　实训项目

信息模块的安装

1．实训目的

熟练掌握信息模块的制作方法与步骤。

2．实训要求

实训环境：按实验组提供（2 人一组）信息模块 2 个、双绞线 1.2 米、打线工具 1 把、测试仪 1 套、制作好的网线 2 根。

实训重点：熟练掌握信息模块的制作方法。

3．实训步骤

8 芯网线上网其实只用 4 根芯，所以一根网线是可以走 4 路电话、2 路网络、1 路网络和 2 路电话的，建议在布线的时候不要单独走电话线，尽量多走有线网络。

家装布线中网络接口模块的安装是一个技术活，在某些家装工程中，由于某些施工队对网络部分的安装不是很了解，网络布线也没有经过检测，导致用户在使用时发现网络根本就不通。这种情况在目前家庭装修中非常普遍，因此施工队尤其是业主应了解一些网络接口模块的安装知识，以免出现问题。

家装工程的网络布线其实和电线布线的施工方法有些相同，都是在地板和墙壁里暗装，经过 PVC 管终结在 86 底盒。但网络线是一个信息点一根网线，中间不允许续接，一线走到底。这些对于一般施工队来说不难，难的是如何安装网线始点和终点的接口模块。

实训要求：

1）每组学生将一根双绞线连接两个信息模块，然后利用做好的两根网线各连接一个信息模块，再用测线仪测试导通情况。

2）制作信息模块时，双绞线的排序与理直方法、步骤与网线的制作相同。信息模块的作用类似于电源插座。

3）在双绞线压接处不能拧、撕，防止有断线的伤痕；使用压线工具压接时，要压实，不能有松动。

在始点是位于家庭信息接入箱中的网络模块条的安装，在终点是 RJ-45 信息模块的安装。下面分别讲述。

（1）信息模块的安装

这里的信息模块指的是 RJ-45 信息模块，满足 T568A 超 5 类传输标准，符合 T568A 和 T568B 线序，适用于设备间与工作区的通信插座连接，如图 7-2 所示。信息模块端接方式的主要区别在于下述的 T568A 模块和 T568B 模块的内部固定连线方式，两种端接方式所对应的接线顺序如下：

T586A 模式：①白绿；②绿；③白橙；④蓝；⑤白蓝；⑥橙；⑦白棕；⑧棕。

T586B 模式：①白橙；②橙；③白绿；④蓝；⑤白蓝；⑥绿；⑦白棕；⑧棕。

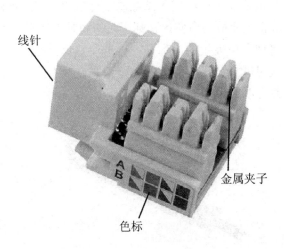

图 7-2　RJ-45 信息模块

（2）需打线型 RJ-45 信息模块的安装

RJ-45 信息模块前面插孔内有 8 芯线针触点分别对应着双绞线的 8 根线；后部两边分列各 4 个打线柱，外壳为聚碳酸酯材料，打线柱内嵌有连接各线针的金属夹子；有通用线序色标清晰地注于模块内侧面上，分两排，A 排表示 T586A 线序模式，B 排表示 T586B 线序模式。这是最普通的需打线工具打线的 RJ-45 信息模块。

具体的制作步骤如下：

第一步：将双绞线从暗盒里抽出，预留 40cm 的线头，剪去多余的线。用剥线工具或压线钳的刀具在离线头 10cm 左右处将双绞线的外包皮剥去。

第二步：把剥开的双绞线线芯按线对分开，但先不要拆开各线对，只有在将相应线对预先压入打线柱时才拆开。按照信息模块上所指示的色标选择我们偏好的线序模式（注意，在一个布线系统中最好统一采用一种线序模式，否则接乱了，网络不通则很难查），将剥皮处与模块后端面平行，两手稍旋开绞线对，稍用力将导线压入相应的线槽内，如图 7-3 所示。

图 7-3　信息模块理线方法

第三步：全部线对都压入各槽位后，就可用 110 打线工具（如图 7-4 所示）将一根根线芯进一步压入线槽中。

110 打线工具的使用方法：切割余线的刀口永远是朝向模块的一侧，打线工具与模块垂直插入槽位，垂直用力冲击，听到"咔嗒"一声，说明工具的凹槽已经将线芯压到位，已经嵌入金属夹子里，并且金属夹子已经切入结缘皮咬合铜线芯形成通路。这里千万注意以下两点：①刀口向外，若忘记变成刀口向内，则压入的同时也切断了本来应该连接的铜线；②垂直插入，若打斜了将使金属夹子的口撑开，再也没有咬合的能力，并且打线柱也会歪掉，难以修复，这个模块可就报废了。若新买的好刀具在冲击的同时应能切掉多条线芯，若不行则多冲击几次，并可以用手拧掉。

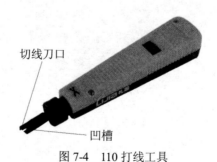

切线刀口

凹槽

图 7-4　110 打线工具

第四步：将信息模块的塑料防尘片扣在打线柱上，并将打好线的模块扣入信息面板上。打线时务必选用质量有保证的打线钳，否则一旦打线失败会对模块造成不必要的损失。

（3）免打线型 RJ-45 信息模块的安装

免打线型 RJ-45 信息模块的设计便于无需打线工具而准确快速地完成端接，该模块没有打线柱，而是在模块的里面有两排各 4 个的金属夹子，而锁扣机构集成在扣锁帽里，色标也标注在扣锁帽后端。端接时，用剪刀裁出约 4cm 的线，按色标将线芯放进相应的槽位，扣上，再用钳子压一下扣锁帽即可（有些可以用手压下并锁定）。扣锁帽确保铜线全部端接并防止滑动，其多为透明，以方便观察线与金属夹子的咬合情况，如图 7-5 所示。

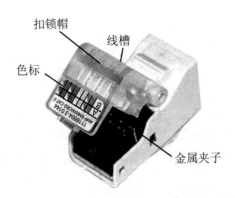

图 7-5　免打线型 RJ-45 信息模块

4．实训总结

信息插座一般安装在墙面上，也有桌面型和地面型，应方便工作站的移动，保持整个布线的美观。

与信息插座配套的是网络模块，该模块安装在信息插座中，一般是通过卡位固定，可连接交换机接出的网线和计算机指出的网线相连。

埋在墙中的网线通过信息模块与外部网线进行连接，按规定把网线的 8 条芯线卡入信息模块的对应卡槽中。网线的卡入需用一种专用的卡线工具，称之为打线钳，通常用来安装配线架网线芯线。

打线保护装置可以更加方便地把网线卡入信息模块中，也可以起到隔离手掌、保护手的作用。

5．实训作业

（1）请在实验报告中画出信息模块的外形图，并在图上标记线序。

（2）比较信息模块与 RJ-45 水晶头制作的方法与步骤，总结出要领。

第 8 章　Internet 及其应用

今天的 Internet 已经成为一个覆盖全球,拥有惊人数量的主机以及上百万个子网的庞大而复杂的系统,每天有数以亿计的用户在使用这个系统进行工作、学习、娱乐和各种商务活动。这样一个使用如此频繁、功能如此繁多的系统如何做到有条不紊、准确快捷地工作呢?所有的这些和互联网中各种协议规范密切相关。

8.1　接入 Internet

通过局域网接入 Internet 是一个公司、组织或学校接入 Internet 常用的方法。再介入 Internet 之前,首先应组建一个局域网,然后将该局域网同一个或多个路由器与 ISP (Internet Service Provider) 相连。图 8-1 所示为局域网通过一个路由器与 Internet 相连的示意图。

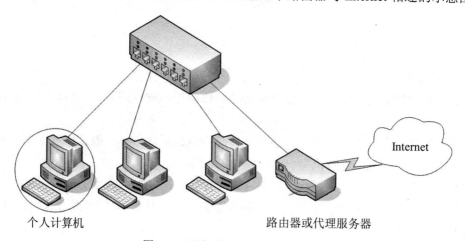

个人计算机　　　　　　　　　　　路由器或代理服务器

图 8-1　局域网接入 Internet 示意图

用户如果通过局域网访问 Internet,必须首先将计算机正确接入局域网,然后对计算机进行合适的配置。接入的计算机必须满足以下基本条件:

1)用户计算机增加的局域网网卡,并通过合适的网卡驱动程序将计算机正确地接入局域网中。

2)计算机运行合适的操作系统,该操作系统应支持 TCP/IP。

3)正确配置 TCP/IP,其中包括本机的 IP 地址、使用的路由器 IP 地址、DNS 域名服务器 IP 地址等。这些参数和配置方法可以从网络管理人员处得到。

4)配置 Internet 客户端软件,例如 WWW 浏览器软件、FTP 客户端软件、E-mail 客户端软件。

5）服务用户希望在 Internet 上提供服务，还必须具有 Internet 服务软件，例如 WWW 服务软件、FTP 服务软件及 E-mail 服务软件等。

8.1.1　ISDN 接入

综合业务数字网（Integrated Services Digital Network，ISDN）是通过对电话网进行数字化改造而发展起来的，其提供端到端的数字链接，以支持一系列广泛的业务，包括语音、数据、传真、可视图文等。

ISDN 能够提供标准的用户—网络接口，通过标准接口将各种不同的终端接入到 ISDN，一对普通的用户组线最多可连接 8 个终端，并为多个终端提供多种通信的综合服务。通过 ISDN 接入 Internet 既可用于局域网，也可用于独立的计算机。

8.1.2　ADSL 接入

随着数据业务的发展，ADSL 作为传统电信运营公司宽带接入一种较为理想的选择，得到越来越多的重视和推广。下面对 ADSL 宽带接入的各种模式进行简单分析。

根据 ADSL 设备的具体配置以及业务类型，ADSL 接入可分为 4 种方式，即专线方式、PPPoA 方式、PPPoE 方式和路由方式。下面就针对这 4 种方式分别进行分析。这 4 种接入方式只是在 ATM 交换机和 163 网之间的设备上有所不同，在专线方式中使用的是路由器，在 PPPoA 方式和 PPPoE 方式中使用的是宽带远程接入服务器（BRAS），在路由方式中既可以使用路由器也可以使用宽带远程接入服务器。

（1）专线方式

在专线接入方式中，ADSL 设备提供透明的 ATM PVC 通路，ADSL Modem 采用 1483-Bridge 协议（RFC1483 是 IETF 组织建议的关于 ATM 适配层 AAL5 上的多协议封装，本文中的 RFC1483-Bridge 和 RFC1483-Route 就是在 ATM 适配层上进行以太网协议和路由协议的封装），而业务提供点需要有专线接入服务器提供支持，单用户 PC 的 IP 地址和接入服务器接入端口设在同一网段上。局域网接入时，为保证用户数据安全以及减少局端路由设备的操作，需在用户接入端加路由设备。

专线接入方式可以应用于各种数据通信场合，特别是企业专线上网，它具有开通安装简单等特点，但缺乏对用户的管理手段。

（2）PPPoA 方式

在 PPPoA（PPP over ATM）方式中，PPP 可以由用户端 PC 发起，也可以由 ADSL Modem 发起，PPPoA 方式需要有宽带的接入服务器支持。

PPP 由用户 PC 发起时，ADSL Modem 需用 25Mb/s 的 ATM 端口通过 5 类线用 RJ-45 水晶头和用户 PC 相连，用户 PC 需插 ATM 网卡，并安装客户端软件，在 ATM 网卡和宽带远程接入服务器之间建立 PVC 连接。PPP 由 ADSL Modem 发起时，ADSL Modem 需支持 PPPoA，用户 PC 可以通过 10BaseT 以太网口和 ADSL Modem 相连，在 ADSL Modem 和宽带远程接入服务器之间建立 PVC 连接，此时 ADSL Modem 实际起到了 PPP 代理的作用。

由于 ATM 到桌面存在 ATM 网卡价格高等局限性，且没有以太网接入方式普及，因此下面主要讨论用户通过以太网口接入方式。ADSL Modem 发起 PPP 方式时，用户 PC 不需安装客户端软件，像专线方式一样可直接使用浏览器软件上网。ADSL Modem 在接收到来自用户端的数据时，会向宽带远程接入服务器发起 PPP 连接，接入服务器在接收到 PPP 连接后，可以对 ADSL Modem 进行合法性确认，向 ADSL Modem 分配 IP 地址，ADSL Modem 通过 NAT 功能允许用户 PC 接入，此时需要 ADSL Modem 支持认证功能，并在 PPPoA 配置时在 ADSL Modem 上设账号及口令，也可以在 ADSL Modem 和接入服务器时只是建立 PPP 连接而不作任何事情。可以看出，使用 PPPoA 时，用户端 PC 并没有进行 PPP 的认证，也无法通过 PPP 协议从接入服务器获得 IP 地址，而需通过静态分配获得 IP 地址。因此从用户端看，PPPoA 方式和专线接入方式没有任何差别。

PPPoA 方式具有用户接入简单的特点，但由于它在接入速率上没比专线接入有特别的优势，且 ADSL Modem 需要支持 PPPoA，因此这种方式在实际应用中很少使用。

（3）PPPoE 方式

PPPoE（PPP over Ethernet）方式的 PPP 由用户端 PC 发起，和 PPPoA 一样需要宽带远程接入服务器支持，ADSL Modem 只需配置 1483-Bridge，在 ADSL Modem 和宽带远程接入服务器之间建立 PVC 连接，用户 PC 可以通过 10BaseT 以太网口和 ADSL Modem 相连。

PPPoE 需在用户 PC 上安装客户端软件。用户需要上网时，只要启动客户端软件，用户 PC 将向宽带远程接入服务器发起 PPP 连接，接入服务器在接收到 PPP 连接后，会向用户发送类似于拨号上网的用户认证窗口，在用户输入正确的账号和口令后，向用户 PC 分配 IP 地址。

与 PPPoA 方式相比，PPPoE 方式需安装客户端软件，安装相对复杂，但 PPPoE 方式只需 ADSL Modem 提供最基本的 1483-Bridge 功能，也可以向用户提供各种计费方式，因此适合各种上网接入服务。

（4）路由方式

路由方式可以简单地理解为专线＋路由器，因此这种方式特别适用于局域网的接入。在 ADSL Modem 和宽带远程接入服务器或接入路由器之间建立 PVC 连接，在 ADSL Modem 上配置 1483-Route 和网络互联地址，再配置局域网 IP 地址就可上网。

路由方式要求 ADSL Modem 具有路由功能，安装配置较为复杂，但可节省用户端接入的投资，因此较适合小型商业用户的接入。

通过对以上 4 种接入方式的描述，可以看出各种接入方式各有自身的特点和应用范围，因此在 ADSL 网络建设时应充分考虑用户定位，选择适合的一种或多种接入方式构建 ADSL 宽带接入网。

ADSL 是一种通过现有普通电话线为家庭和办公室提供宽带数据传输服务的技术。它能够在普通的电话线上提供高达 8Mb/s 的下行速率和 1Mb/s 和上行速率，传输距离达到 3km～5km。ADSL 技术的主要特点是可以充分利用现有的电话线网络，在线路两端加装 ADSL 设备即可为用户提供宽带接入服务。

ADSL 所支持的主要业务：Internet 高速接入服务；多宽带多媒体服务，如视频点播

（VOD）、网上音乐厅、网上剧场、网上游戏、网络电视等；提供点对点的远程可视会议、远程医疗、远程教学等服务。图 8-2 所示为 ADSL 接入 Internet 示意图。

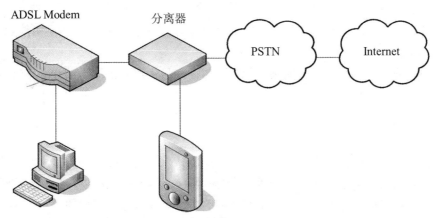

图 8-2　ADSL 接入 Internet 示意图

ADSL 具有很高的数据传输速率，不需要更改和添加线路，直接使用原有的电话线，并且语音信号和数字信号可以并行，可同时上网和通话。

8.1.3　使用电缆或电线上网

CATV 和 HFC 是一种电视电缆技术。CATV（Cable Television，有线电视）网是由广电部门规划设计的用来传输电视信号的网络，其覆盖面广，用户多。但有线电视网是单向的，只有下行信道。如果要将有线电视网应用到 Internet 业务中，则必须对其改造，使之具有双向功能。

混合光纤同轴电缆（Hybrid Fiber Coax，HFC）网是在 CATV 网的基础上发展起来的，除可以提供原 CATV 网提供的业务外，还能提供数据和其他交互型业务。HFC 是对 CATV 的一种改造，在干线部分用光纤代替同轴电缆作为传输介质。CATV 和 HFC 的一个根本区别是，CATV 只传送单向电视信号，而 HFC 则提供双向的宽带传输。

Cable Modem（电缆调制解调器）是一种通过有线电视网络进行高速接入的装置。它一般有两个接口，一个用来接室内墙上的有线电视端口，另一个与计算机或交换机相连。图 8-3 所示为 PC 和 LAN 通过 Cable Modem 接入 Internet 的示意图。

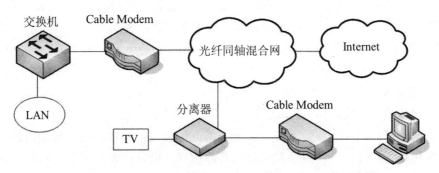

图 8-3　PC 和 LAN 通过 Cable Modem 接入 Internet 的示意图

Cable Modem 是将数据进行调制后在 Cable（电缆）的一个频率范围内传输，接收时进行解调，传输机理与普通 Modem 相同，不同之处在于它是通过有线电视 HFC 的某个传输频带进行调制解调的，而普通的 Modem 的传输介质在用户与交换机之间是独立的，即用户独享通信介质。Cable Modem 属于共享介质系统，其他空闲频段仍可用于有线电视信号的传输。

Cable Modem 通过有线电视网络进行数据传输，传输速率范围为 500kb/s～10Mb/s，甚至更高。

8.1.4　无线接入

无线接入技术是指在终端用户和交换端局间的接入网，全部或部分采用无线传输方式，为用户提供固定或移动接入服务的技术。作为有线接入网的有效补充，它具有系统容量大、语音质量与有线一样、覆盖范围广、系统规划简单、扩容方便、可加密或用 CDMA 增强保密性等技术特点，可解决边远地区和难于架线地区的信息传输问题。

移动无线接入主要指用户终端在较大范围内移动通信系统的接入技术，主要为移动用户服务，其用户终端包括手持式、便携式、车载式电话等。主要的移动无线接入系统如下：

1）无绳电话系统：它可以视为固定电话终端的无限延伸。无绳电话系统的突出特点是灵活方便。固定的无线终端可以同时带有多个无线子机，子机除了能和母机通话外，子机之间还可以通信。其主要代表系统是 DECT、PHS 和 CT2。

2）移动卫星系统：通过同步卫星实现移动通信联网，可以真正实现任何时间、任何地点与任何人的通信，为全球用户提供大跨度、大范围、远距离的漫游和机动灵活的移动通信服务，是陆地移动通信系统的扩展和延伸，在边远的地区、山区、海岛、受灾区、远洋船只、远航飞机等通信方面更具有独特的优越性。整个系统有三部分构成：空间部分（卫星）、地面控制设备（关口站）和终端。

3）集群系统：专用调度指挥无线电通信系统，应用广泛。集群系统是从一对一的对讲机发展而来的，现在已经发展成为数字化多信道基站多用户拨号系统，它们可以与市话网互联互通。

4）无线局域网：Wireless LAN（WLAN），是计算机网络与无线通信技术相结合的产物。它不受电缆束缚，可移动，能解决因有无线网布线困难等带来的问题，并且具有组网灵活、扩容方便、与多种网络标准兼容、应用广泛等优点。过去，WLAN 曾一度增长缓慢，主要原因是传输速率低、成本高，产品系列有限，而且很多产品不能互相兼容。随着高速无线局域网标准 IEEE802.11 的指定以及基于该标准的 10Mb/s 乃至更高速率产品的出现，WLAN已经在金融、教育、医疗、民航、企业等不同的领域内得到了广泛的应用。

5）蜂窝移动通信系统：该系统于 20 世纪 70 年代初由美国贝尔实验室提出，并在给出蜂窝系统的覆盖小区的概念和相关理论后，在 70 年代末得到迅速发展。第一代蜂窝移动通信系统即陆上模拟蜂窝移动通信系统，用无线信道传输模拟信号。第二代蜂窝移动通信系统采用数字化技术，具有一切数字系统所具有的优点，最具代表性的是泛欧数字蜂窝移动通信系统（GSM）和北美的 IS-95 CDMA。目前二代半系统如 GPRS、CDMA200-1X 已经大规模商用，为广大用户提供可靠、高速的数据业务服务以及传统的电话业务。第三代蜂窝移动通信系统也已经走出实验室，开始在部分国家和地区正式商业运营。

表 8-1 列出了几种常用接入方式的性能对比，其中调制解调器是最早的 Internet 接入方式，而 PLC 则代表使用电力线上网。

表 8-1　几种接入方式的性能

接入方式	速率（b/s）	可否同线传输语音	物理介质	评价
调制解调器	36.6k～56k	否	双绞线	应用广泛、费用低，但速度慢
局域网	10M	是	双绞线	使用简单，但普及不广
ISDN	128k	是	双绞线	费用较普通电话线稍贵
ADSL	8M	是	双绞线	可与普通电话同时使用，频带专用不共享，频宽受距离限制
PLC	1M～10M	是	电力线	利用电力线，分布广泛，接入方便，未完全达到实用化阶段
无线	8M	是	空气	需室外天线，易受天气、建筑物影响

8.2　域名解析

IP 地址为 Internet 提供了统一的寻址方式，直接使用 IP 地址便可以访问 Internet 中的主机资源。但是由于 IP 地址只是一串数字，没有任何意义，对于用户来说，记忆起来十分困难。所以几乎所有的 Internet 应用软件都不要求用户直接输入主机的 IP 地址，而是直接使用具有一定意义的主机名。当 Internet 应用程序接收到用户输入的主机名时，必须负责找到与该主机名对应的 IP 地址，然后利用找到的 IP 地址将数据送往目的主机。

8.2.1　域名服务器

到哪里去寻找一个主机名所对应的 IP 地址呢？这就要借助于一组既独立又协作的域名服务器来完成。Internet 中存在着大量的域名服务器，每台域名服务器保存着其管辖区域内的主机名与 IP 地址的对照表，这组域名服务器是解析系统的核心。

在 Internet 中，对应域名结构，域名服务器也构成一定的层次结构，如图 8-4 所示。这个树型的域名服务器的逻辑是域名解析算法赖以实现的基础，域名解析采用自顶向下的算法，从根服务器开始直到叶服务器，在其间的某个结点上一定能找到所需的名字——地址映射。当然，由于父子结点的上下管辖关系，域名解析的过程只需走过一条从树中某结点开始到另一结点的一条自顶向下的单项路径，无需回溯，更不用遍历整个服务器树。

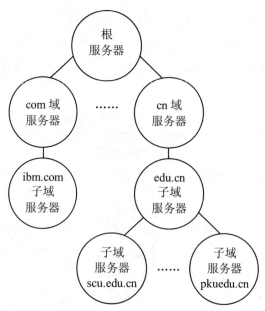

图 8-4　域名服务器层次结构示意图

8.2.2　域名解析

通常，请求域名解析的软件知道该如何访问一个服务器，而每个域名服务器都至少知道根服务器地址及其父结点服务器地址。域名解析可以有两种方式：第一种叫递归解析，要求域名服务器系统一次性完成全部域名到地址的变换；第二种叫反复解析，即每次请求一个服务器，不行再请求别的服务器。

例如，已知用户希望访问名为 netlab.nankai.edu.cn 的主机，当 Internet 应用程序接收到用户输入的 netlab.nankai.edu.cn 时，它首先向自己已知的那台域名服务器发出查询请求。如果使用递归解析方式，该域名服务器将查询 netlab.nankai.edu.cn 的 IP 地址（如果在本地服务器找不到，就要到其他的域名服务器去找），并将查询到的 IP 地址送给请求的应用程序。但是，在使用反复解析方式的情况下，如果此域名服务器未能在当地找到 netlab.nankai.edu.cn 的 IP 地址，那么，它仅仅将有可能找到该 IP 地址的域名服务器地址告诉请求的应用程序，用户应用程序需要向被告知的域名服务器再次发起查询请求，如此反复，直到查询到为止。

Internet 的域名结构由 TCP/IP 协议中的域名系统（Domain Name System，DNS）进行定义。

8.2.3　域名的层次结构

Internet 域名是具有一定的层次结构的。

1. 域名的分配

首先，DNS 把整个 Internet 划分成多个域，称之为顶级域，并为每个顶级域规定了国际通用的域名，见表 8-2。顶级域的划分采用了两种划分模式，即组织模式和地理模式。前 7 个域对应于组织模式，其余的域对应于地理模式。地理模式的顶级域是按国家和地区进行划分的，每个申请加入 Internet 的国家和地区都可以作为一个顶级域，如 cn 代表中国大陆地区、us 代表美国、uk 代表英国、jp 代表日本等。

表 8-2 顶级域名分配

顶级域名	分配给
com	商业组织
edu	教育机构
gov	政府部门
mil	军事部门
net	主要网络支持中心
org	上述以外的组织
int	国际组织
国家和地区代码	各个国家和地区

其次，NIC 将顶级域的管理权分派给指定的管理机构，各管理机构再对其管理的域进行划分，即划分成二级域，并将各二级域的管理权授给其下的管理机构，如此深入，便形成了层次性域名结构。由于管理机构是逐级授权的，所以最终的域名都得到 NIC 的承认，成为 Internet 中的正式名字。

图 8-5 所示为 Internet 域名结构中的一部分，如顶级域名 cn 由中国互联网络信息中心（CNNIC）管理，它将 cn 域划分成多个子域，包括 ac、com、edu、gov、net、org、bj 和 tj 等，并将二级域名 edu 的管理权给 CERNET 网络中心。

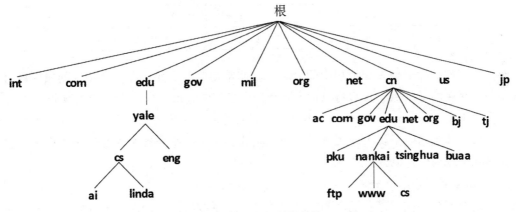

图 8-5 Internet 域名结构

CERNET 网络中心又将 edu 划分成多个子域，即三级域，各大学教育机构均可以在 edu 下向 CERNET 网络中心注册三级域名，如 edu 下的 tsinghua 代表清华大学，nankai 代表南开大学，那么这两个域名的管理权分别授给清华大学和南开大学。南开大学可以继续对三级域进行划分，将四级域名分配给下属部门或主机，如 nankai 下的 cs 代表南开大学计算机系，而 www 和 ftp 则代表两台主机。表 8-3 所示为我国二级域名的分配情况。

表 8-3　我国二级域名分配

划分模式	二级域名	分配给	二级域名	分配给
类别域名	ac	科研机构	gov	政府部门
	com	工、商、金融等企业	net	互联网络、接入网络的信息中心和运行中心
	edu	教育机构	org	各种非营利性的组织
行政区域名	bj	北京市	hb	湖北省
	sh	上海市	hn	湖南省
	tj	天津市	gd	广东省
	cq	重庆市	gx	广西壮族自治区
	he	河北省	hi	海南省
	sx	山西省	sc	四川省
	nm	内蒙古自治区	gz	贵州省
	ln	辽宁省	yn	云南省
	jl	吉林省	xz	西藏自治区
行政区域名	hl	黑龙江省	sn	陕西省
	js	江苏省	gs	甘肃省
	zj	浙江省	qh	青海省
	ah	安徽省	nx	宁夏回族自治区
	fj	福建省	xj	新疆维吾尔自治区
	jx	江西省	tw	台湾
	sd	山东省	hk	香港
	ha	河南省	mo	澳门

　　这种层次性命名体系与地理上的命名方法非常相似，它允许在两个不同的域中设有相同的下一级域名，就像不同的两个省可以有相同名字的城市一样，不会造成混乱。

　　要点提示：Internet 中的这种命名结构只代表这一种逻辑的组织方法，并不代表实际的物理连接。位于同一个域中的主机并不一定要连接在同一个网络中或在同一个地区，它可以分布在全球的任何地方。

　　2．域名的写法

　　在这种域名结构下，主机名的书写方法与邮政系统中的地址书写方法非常相似。在邮政系统中，如果是国际之间的书信往来，在书写地址时必须包括国家、省（或州）、城市及街道门牌号（或单位）等。采用这种书写方式，即使两个城市有相同的街道门牌号也不会把信送错，因为它们属于不同的城市。

　　一台主机的主机名应由它所属的各级域与分配给该主机的名字共同构成，顶级域名放在最右边，分配给主机的名字放在最左边，各级名字之间用.隔开。例如，cn→edu→nankai 为 www.nankai.edu.cn，edu→yale 下面的 linda 主机的主机名为 linda.yale.edu。这种主机名的书写方法允许在不同的域下面可以有相同的名字，例如在 cn→edu→nankai 下和 edu→yale 下面都可以有 cs，它们的名字分别为 cs.nankai.edu.cn 和 cs.yale.edu，不会造成混淆。

8.3　Internet 的接入

作为承载互联网应用的通信网，宏观上可划分为接入网和核心网两大部分。接入网（Access Network，AN）或称为"用户环路"，主要用来完成用户接入核心网的任务。本节介绍 Internet 接入的相关知识。

Internet 服务提供者（ISP）是用户接入 Internet 的入口点，其作用有两方面：一方面为用户提供 Internet 接入服务；另一方面为用户提供各种类型的信息服务，如电子邮件服务、信息发布代理服务等。

从用户角度考虑，ISP 位于 Internet 的边缘，用户的计算机（或计算机网络）通过某种通信线路连接到 ISP 接入 Internet 的示意图如图 8-6 所示。虽然 Internet 规模庞大，但对于用户来说，只需要关心直接为自己提供 Internet 服务的 ISP 就足够了。

图 8-6　通过 ISP 接入 Internet 示意图

要点提示：

1）目前 ISP 有很多，各个国家和地区都有自己的 ISP。就国内的情况来说，四大互联网运营机构在全国的大中型城市都设立了 ISP，如 CHINANet 的 163 服务、CERNET 所覆盖的各大专院校及科研单位的 Internet 服务等。除此之外，在全国还遍布着由四大互联网运营机构延伸出来的大大小小的 ISP。

2）用户的计算机（或计算机网络）可以通过多种通信线路连接到 ISP，但归纳起来可以划分为两类，即电话线路和数据通信线路。

3）常见的接入方式还分为窄带接入方式和宽带接入方式，其中前者包括 Modem 拨号连接方式和 ISDN 方式，后者包括局域网接入、ADSL 接入、Cable Modem 接入和卫星接入等方式。

8.4　WWW 服务

WWW 服务，也称 Web 服务，是目前 Internet 上最方便和最受欢迎的信息服务类型，它的影响力已远远超出了专业技术的范畴，并且已经进入了广告、新闻、销售、电子商务与信息服务等诸多领域，它的出现是 Internet 发展中的一个革命性的里程碑。

8.4.1　超文本和超媒体

超文本（Hyper Text）与超媒体（Hyper Media）是 WWW 的信息组织形式，所以要想了解 WWW 服务，首先要了解超文本和超媒体的基本概念。

1. 超文本

随着计算机技术的发展，人们不断推出新的信息组织方式，以方便对信息的访问。人们常说的计算机用户界面设计，实际上也是在解决信息的组织方式问题。菜单是早期人们常见的一种软件用户界面。用户在看到最终信息之前，总是浏览于菜单之间。当用户选择了代表信息的菜单项后，菜单消失，取而代之的是信息内容，用户看完内容后，重新回到菜单之中。

熟悉 Windows 操作系统的用户应该能很容易地接受文本的概念，因为 Windows 操作系统的 Help 系统就是一个超文本的典型范例。

2. 超媒体

超媒体进一步扩展了超文本所链接的信息类型。用户不仅能从一个文本跳转到另一个文本，而且可以激活一段声音、显示一个图形，甚至可以播放一段动画。在目前市场上，流行的多媒体电子书大都采用这种方式来组织信息。例如在一本多媒体儿童读物中，当读者选中屏幕上显示的老虎图片或文字时，也能看到一段关于老虎的动画，同时可以播放一段老虎吼叫的声音。超媒体可以通过这种集成化的方式，将多种媒体的信息联系在一起。图 8-7 所示为 Internet 超媒体工作方式的原理示意图。

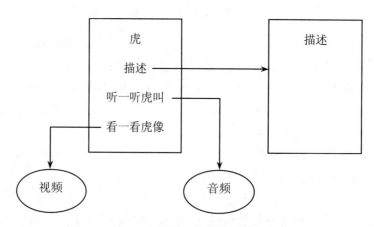

图 8-7　Internet 超媒体工作方式的原理示意图

　　要点提示：超文本与超媒体通过将菜单集成于信息之中，使用户的注意力可以集中于信息本身。目前，超文本与超媒体的界限已经比较模糊了，通常所指的超文本一般也包括超媒体的概念。

8.4.2　WWW 服务的内容

WWW 服务采用客户机/服务器的工作模式。它以超文本标记语言（Hyper Text Markup Language，HTML）和超文本传输协议（Hyper Text Transfer Protocol，HTTP）为基础，为用户提供界面一致的信息浏览系统。在 WWW 服务系统中，信息资源以页面（也称网页或 Web 页）的形式存储在服务器（通常称为 Web 站点）中，这些页面采用超文本方式对信息进行组织，通过链接将一页信息接到另一页信息，这些相互链接的页面信息即可放置在同一主机上，也可放置在不同的主机上。页面到页面的链接信息由统一资源定位符（Uniform Resource Locator，URL）维持。用户通过客户端应用程序，即浏览器，向 WWW 服务器发出请求，服务器根据客户端的请求内容将保存在服务器中的某个页面返回给客户端，浏览器接收到页面后对其进行解释，最终将图、文、声并茂的画面呈现给用户。WWW 服务流程如图 8-8 所示。

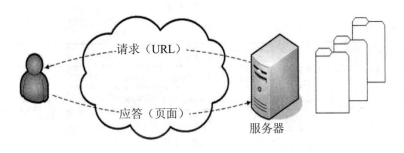

图 8-8　WWW 服务流程

8.4.3　WWW 服务的特点

与其他服务相比，WWW 服务具有其鲜明的特点。它具有高度的集成性，能将各种类型的信息（如文本、图像、声音、动画、视频等）与服务（如 News、FTP、Gopher 等）紧密连接在一起，提供生动的图形用户界面。WWW 不仅为人们提供了查找和共享信息的简便方法，还为人们提供了动态多媒体交互的最佳手段。

总之，WWW 服务具有以下主要特点：①以超文本方式组织网络多媒体信息；②用户可以在世界范围内任意查找、检索、浏览及添加信息；③提供生动直观、易于使用、统一的图形用户界面；④网点间可以相互链接，以提供信息查找和漫游的透明访问；⑤可访问图像、声音、影像和文本信息。

HTTP 是 WWW 客户机与 WWW 服务器之间的应用传输协议，是一种面向对象的协议。为了保证 WWW 客户机与 WWW 服务器之间的通信不会产生二义性，HTTP 精确定义了请求报文和相应报文的格式。

Internet 中的 WWW 服务器众多，而每台服务器又包含有多个页面，那么用户如何指明要获得的页面呢？这就要求助于 URL。URL 由三部分组成：协议类型、主机名、路径及文件名。例如某网站上的一个页面 URL，如图 8-9 所示。

http://www.ptpress.com.cn/library.aspx

协议类型　　　　主机名　　　路径及文件名

图 8-9　URL 示意图

其中 http 指明要访问的服务器为 WWW 服务器，www.ptpress.com.cn 指明要访问的服务器的主机名，主机名可以是服务器提供商为该主机申请的 IP 地址，也可以是服务提供商为该主机申请的主机名；library.aspx 指明要访问的页面的文件名。

除了通过指定 HTTP 访问 WWW 服务器之外，还可以通过指定其他的协议类型访问其他类型的服务器。例如，可以通过指定 FTP 访问 FTP 文件服务器等。表 8-4 列出了 URL 可以指定的主要协议类型。因而，通过使用 URL，用户可以指定要访问什么协议类型的服务器、哪台服务器以及服务器中的哪个文件。如果用户希望访问某台 WWW 服务器中的某个页面，只要在浏览器中输入该页面的 URL，便可以浏览到该页面。

表 8-4　URL 协议类型

协议类型	描述
HTTP	通过 HTTP 访问 WWW 服务器
FTP	通过 FTP 访问 FTP 服务器
Gopher	通过 Gopher 访问 Gopher 服务器
Telnet	通过 Telnet 协议进行远程登录
File	在所连的计算机上获取文件

要点提示：用户通常不需要了解所有页面的 URL，因为有关信息可以隐含在超文本信息之中，而且在利用 WWW 浏览器显示时，该段超文本信息会被加亮或被加上下划线，用户直接用鼠标单击该段超文本信息，浏览器软件将自动调用该段超文本信息指定的页面。

8.4.4　WWW 浏览器

WWW 的客户程序在 Internet 上被称为 WWW 浏览器（Browser），它是用来浏览 Internet 上 WWW 页面的软件。

在 WWW 服务系统中，WWW 浏览器负责接收用户的请求（例如用户的键盘输入或鼠标输入），并利用 HTTP 将用户的请求传送给 WWW 服务器。在服务器将请求的页面送回到浏览器后，浏览器再将页面进行解释，显示在用户的屏幕上。

IE 是普通网民使用最频繁的软件之一，不少读者已经掌握了使用 IE 浏览网络信息并对 IE 进行基本设置的方法。下面结合具体操作介绍何如对 IE 浏览器进行安全设置，通过这些设置用户能够在很大程度上避免网络攻击。

1.　自动完成设置

IE 浏览器提供的自动完成表单和 Web 地址功能为用户带来了便利，但同时也存在泄密的危险。默认情况下自动完成功能是打开的，用户填写的表单信息都会被 IE 记录下来，包括用户名和密码，当下次打开同一个网页时，只需要输入用户名的第一个字母，完整的用户名和密码都会自动显示出来。当输入用户名和密码并提交时，会弹出"自动完成"对话框，如果不是用户自己的计算机千万不要单击"是"按钮，否则下次其他人访问时就不再需要输入密码。如果不小心单击了"是"按钮，也可以通过下面的步骤来清除。

1）选择"工具"→"Internet 属性"命令。

2）在"Internet 属性"对话框中选择"内容"选项卡，在"个人信息"区域中单击"自动完成"按钮。

3）在弹出的"自动完成设置"对话框中取消选中"表单"和"表单上的用户名和密码"复选框即可，如图 8-10 所示。

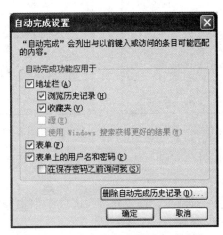

图 8-10　"自动完成设置"对话框

若需要完全禁止该功能，只需取消选中"地址栏""表单"及"表单上的用户名和密码"复选框即可。

2．Cookie 安全

Cookie 是 Web 服务器通过浏览器放在用户硬盘上的一个文件，是用于自动记录用户个人信息的文本文件。有不少网站的服务内容是基于用户打开 Cookie 的前提提供的。为了保护个人隐私，有必要对 Cookie 的使用进行必要的限制，操作步骤如下：

1）选择"工具"→"Internet 属性"命令。

2）在"Internet 属性"对话框中选择"隐私"选项卡，调整 Cookie 的安全级别，如图 8-11 所示，通常情况下可以调整到"低"或者"中"的位置。

3）如果要彻底删除已有的 Cookie，可选择"常规"选项卡，在"浏览历史记录"区域中单击"删除"按钮，如图 8-12 所示。也可进到 Windows 目录下的 Cookies 子目录，按 Ctrl+A 组合键全选，再按 Del 键删除。

3．分级审查

IE 支持与 Internet 内容分级的 PICS（Platform for Internet Content Selection）标准，通过设置分级审查功能，可帮助用户控制计算机可访问的 Internet 信息内容的类型。例如，若只想让家里的孩子访问 www.cpcfan.com、www.xinhuanet.com，设置步骤如下：

1）选择"工具"→"Internet 属性"命令。

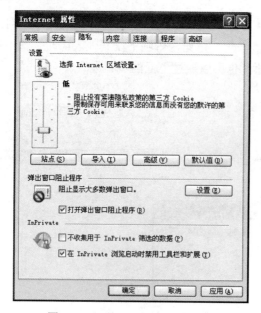

图 8-11　调整 Cookie 的安全级别　　　　图 8-12　"常规"选项卡

2）在打开的"Internet 属性"对话框中选择"内容"选项卡，在"分级审查"区域中单击"启用"按钮。

3）弹出"内容审查程序"对话框，在"分级"选项卡中将分级级别调节滑块调到最低，也就是零，如图 8-13 所示。

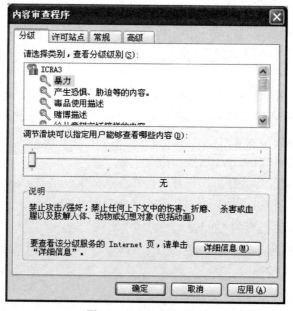

图 8-13　分级审查设置

4）选择"许可站点"选项卡，添加站点 www.cpcfan.com，如图 8-14 所示，单击"始终"按钮保存该网站，用同样的办法加入站点 www.xinhuanet.com。

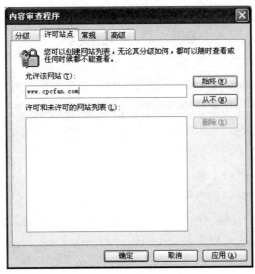

图 8-14　许可站点设置

4. IE 的安全区域设置

IE 的安全区域设置可以让用户对被访问的网站设置信任程度。IE 包含了四个安全区域：Internet、本地 Intranet、可信站点和受限站点。系统默认的安全级别分别为中、中低、高和低。选择"工具"→"Internet 属性"命令打开"Internet 属性"对话框，切换至"安全"选项卡，建议每个安全区域都设置为默认级别，然后把本地的站点、限制的站点放置到相应的区域中，并对不同的区域分别设置。例如网上银行需要 ActiveX 控件才能正常操作，而用户又不希望降低安全级别，最好的解决办法就是把该站点放入"本地 Intranet"区域，操作步骤如下：

1）选择"工具"→"Internet 属性"命令。

2）在打开的"Internet 属性"对话框中选择"安全"选项卡，选中"本地 Intranet"选项。

3）单击"站点"按钮，在弹出的"本地 Intranet"对话框中单击"高级"按钮，在弹出的对话中输入网络银行地址，单击"添加"按钮添加到列表中即可，如图 8-15 所示。

图 8-15　安全区域设置

8.5　DHCP 技术

DHCP（Dynamic Host Configuration Protocol，动态主机配置协议）通常被应用在大型的局域网络环境中，主要作用是集中地管理、分配 IP 地址，使网络环境中的主机动态地获得 IP 地址、网关地址、DNS 服务器地址等信息，并能够提升地址的使用率。

DHCP 协议采用客户端/服务器模型，主机地址的动态分配任务由网络主机驱动。当 DHCP 服务器接收到来自网络主机申请地址的信息时，才会向网络主机发送相关的地址配置等信息，以实现网络主机地址信息的动态配置。DHCP 具有以下功能：

- 保证任何 IP 地址在同一时刻只能由一台 DHCP 客户机所使用。
- DHCP 应当可以给用户分配永久固定的 IP 地址。
- DHCP 应当可以同用其他方法获得 IP 地址的主机共存（如手工配置 IP 地址的主机）。
- DHCP 服务器应当向现有的 BOOTP 客户端提供服务。

DHCP 有三种机制分配 IP 地址：

1）自动分配方式（Automatic Allocation），DHCP 服务器为主机指定一个永久性的 IP 地址，一旦 DHCP 客户端第一次成功从 DHCP 服务器端租用到 IP 地址后，就可以永久性地使用该地址。

2）动态分配方式（Dynamic Allocation），DHCP 服务器给主机指定一个具有时间限制的 IP 地址，时间到期或主机明确表示放弃该地址时，该地址可以被其他主机使用。

3）手工分配方式（Manual Allocation），客户端的 IP 地址是由网络管理员指定的，DHCP 服务器只是将指定的 IP 地址告诉客户端主机。

以上三种地址分配方式中，只有动态分配可以重复使用客户端不再需要的地址。

8.5.1　DHCP 客户端

在支持 DHCP 功能的网络设备上将指定的端口作为 DHCP 客户端，通过 DHCP 协议从 DHCP 服务器动态获取 IP 地址等信息来实现设备的集中管理。一般应用于网络设备的网络管理接口上。DHCP 客户端可以带来如下好处：

- 降低了配置和部署设备时间。
- 降低了发生配置错误的可能性。
- 可以集中化管理设备的 IP 地址分配。

8.5.2　DHCP 服务器

DHCP 服务器指的是由服务器控制一段 IP 地址范围，客户端登录服务器时就可以自动获得服务器分配的 IP 地址和子网掩码。

8.5.3　DHCP 中继代理

DHCP Relay（DHCPR，DHCP 中继）也叫做 DHCP 中继代理，就是在 DHCP 服务器（Server）和客户端（Client）之间转发 DHCP 数据包。当 DHCP 客户端与服务器不在同一个子网时，就必须有 DHCP 中继代理来转发 DHCP 请求和应答消息。DHCP 中继代理的数据转发，与通常路由转发是不同的，通常的路由转发相对来说是透明传输的，设备一般不会修改 IP 包内容。而 DHCP 中继代理接收到 DHCP 消息后，会重新生成一个 DHCP 消息，然后转发出去。

在 DHCP 客户端看来，DHCP 中继代理就像 DHCP 服务器；在 DHCP 服务器看来，DHCP 中继代理就像 DHCP 客户端。

8.5.4　工作原理

DHCP 协议采用 UDP 作为传输协议，主机发送请求消息到 DHCP 服务器的 67 号端口，DHCP 服务器回应应答消息给主机的 68 号端口，详细的交互过程如图 8-16 所示。

图 8-16　DHCP 协议信息交互过程

DHCP Client 以广播的方式发出 DHCP Discover 报文。

所有的 DHCP Server 都能够接收到 DHCP Client 发送的 DHCP Discover 报文，所有的 DHCP Server 都会给出响应，向 DHCP Client 发送一个 DHCP Offer 报文。

DHCP Offer 报文中 Your（Client）IP Address 字段就是 DHCP Server 能够提供给 DHCP Client 使用的 IP 地址，且 DHCP Server 会将自己的 IP 地址放在 option 字段中以便 DHCP Client 区分不同的 DHCP Server。DHCP Server 在发出此报文后会存在一个已分配 IP 地址的记录中。

DHCP Client 只能处理其中的一个 DHCP Offer 报文，一般的原则是 DHCP Client 处理最先收到的 DHCP Offer 报文。

DHCP Client 会发出一个广播的 DHCP Request 报文，在选项字段中会加入选中的 DHCP Server 的 IP 地址和需要的 IP 地址。

DHCP Server 收到 DHCP Request 报文后，判断选项字段中的 IP 地址是否与自己的地址相同。如果不相同，DHCP Server 不做任何处理，只清除相应 IP 地址分配记录；如果相同，DHCP Server 就会向 DHCP Client 响应一个 DHCP ACK 报文，并在选项字段中增加 IP 地址的使用租期信息。

DHCP Client 接收到 DHCP ACK 报文后，检查 DHCP Server 分配的 IP 地址是否能够使用。如果可以使用，则 DHCP Client 成功获得 IP 地址并根据 IP 地址使用租期自动启动续延过程；如果 DHCP Client 发现分配的 IP 地址已经被使用，则 DHCP Client 向 DHCP Server 发出 DHCP Decline 报文，通知 DHCP Server 禁用这个 IP 地址，然后 DHCP Client 开始新的地址申请过程。

DHCP Client 在成功获取 IP 地址后，随时可以通过发送 DHCP Release 报文释放自己的 IP 地址，DHCP Server 收到 DHCP Release 报文后，会回收相应的 IP 地址并重新分配。

在使用租期超过 50%时刻处，DHCP Client 会以单播形式向 DHCP Server 发送 DHCP Request 报文来续租 IP 地址。如果 DHCP Client 成功收到 DHCP Server 发送的 DHCP ACK 报文，则按相应时间延长 IP 地址租期；如果没有收到 DHCP Server 发送的 DHCP ACK 报文，则 DHCP Client 继续使用这个 IP 地址。

在使用租期超过 87.5%时刻处，DHCP Client 会以广播形式向 DHCP Server 发送 DHCP Request 报文来续租 IP 地址。如果 DHCP Client 成功收到 DHCP Server 发送的 DHCP ACK 报文，则按相应时间延长 IP 地址租期；如果没有收到 DHCP Server 发送的 DHCP ACK 报文，则 DHCP Client 继续使用这个 IP 地址，直到 IP 地址使用租期到期时，DHCP Client 才会向 DHCP Server 发送 DHCP Release 报文来释放这个 IP 地址，并开始新的 IP 地址申请过程。

需要说明的是，DHCP Client 可以接收到多个 DHCP Server 的 DHCP Offer 数据包，然后可能接受任何一个 DHCP Offer 数据包，但 Client 通常只接受收到的第一个 DHCP Offer 数据包。另外，DHCP Server 的 DHCP Offer 中指定的地址不一定为最终分配的地址，通常情况下，DHCP Server 会保留该地址直到 Client 发出正式请求。

正式请求 DHCP Server 分配地址 DHCP Request 采用广播包，是为了让其他所有发送 DHCP Offer 数据包的 DHCP Server 也能够接收到该数据包，然后释放已经 Offer（预分配）给 Client 的 IP 地址。

如果发送给 DHCP Client 的地址已经被其他 DHCP Client 使用，Client 会向 Server 发送 DHCP Decline 信息包拒绝接受已经分配的地址信息。

在协商过程中，如果 DHCP Client 发送的 Request 消息中的地址信息不正确，如 Client 已经迁移到新的子网或者租约已经过期，DHCP Server 会发送 DHCP NAK 消息给 DHCP Client，让 Client 重新发起地址请求过程。

8.6 Telnet 协议

Telnet 协议是 TCP/IP 协议簇中的一员，是 Internet 远程登录服务的标准协议和主要方式。它为用户提供了在本地计算机上完成远程主机工作的能力。在终端使用者的计算机上使用

Telnet 程序，用它连接到服务器。终端使用者可以在 Telnet 程序中输入命令，这些命令会在服务器上运行，就像直接在服务器的控制台上输入一样，可以在本地就能控制服务器。要开始一个 Telnet 会话，必须输入用户名和密码来登录服务器。Telnet 是常用的远程控制 Web 服务器的方法。

　　Telnet 服务虽然也属于客户机/服务器模型的服务，但它更大的意义在于实现了基于 Telnet 协议的远程登录（远程交互式计算），下面就来认识一下远程登录。

　　先来看看什么叫登录。分时系统允许多个用户同时使用一台计算机，为了保证系统的安全和记账方便，系统要求每个用户有单独的账号作为登录标识，系统还为每个用户指定了一个口令，用户在使用该系统之前要输入标识和口令，这个过程被称为登录。远程登录是指用户使用 Telnet 命令，使自己的计算机暂时成为远程主机的一个仿真终端的过程。仿真终端等效于一个非智能的机器，它只负责把用户输入的每个字符传递给主机，再将主机输出的每个信息回显在屏幕上。

　　我们可以先构想一个提供远程文字编辑的服务，这个服务的实现需要一个接收编辑文件请求和数据的服务器以及一个发送此请求的客户机。客户机将建立一个从本地机到服务器的 TCP 连接，当然这需要服务器的应答，然后客户机向服务器发送键入的信息（文件编辑信息），并读取从服务器返回的输出。以上便是一个标准而普通的客户机/服务器模型的服务。

　　似乎有了客户机/服务器模型的服务，一切远程问题都可以解决了。然而实际并非你想象的那样简单，如果我们仅需要远程编辑文件，那么刚才所构想的服务完全可以胜任，但假如我们的要求并不是这么简单，我们还想实现远程用户管理、远程数据录入、远程系统维护，想实现一切可以在远程主机上实现的操作，那么我们将需要大量专用的服务器程序并为每一个可计算服务都使用一个服务器进程。随之而来的问题是，远程机器会很快对服务器进程应接不暇，并淹没在进程的海洋里（在这里排除最专业化的远程机器）。

　　那么有没有办法解决呢？当然有，可以用远程登录来解决这一切。我们允许用户在远地机器上建立一个登录会话，然后通过执行命令来实现更一般的服务，就像在本地操作一样。这样，我们便可以访问远地系统上所有可用的命令，并且系统设计员不需提供多个专用的服务器程序。

　　问题发展到这里好像前途一片光明，用远程登录总应该能解决问题了，但要实现远程登录并不简单。不考虑网络设计的计算机系统期望用户只从直接相连的键盘和显示器上登录，在这种机器上增加远程登录功能需要修改机器的操作系统，这是极其艰巨也是尽量要避免的。因此我们应该集中精力构造远程登录服务器软件，虽然这样也是比较困难的。为什么说这样做也比较困难呢？

　　举个例子来说，一般操作系统会为一些特殊按键分配特殊的含义，比如本地系统将 Ctrl+C 组合键解释为"终止当前运行的命令进程"。但假设我们已经运行了远程登录服务器软件，Ctrl+C 也有可能无法被传送到远地机器上，如果客户机真的将 Ctrl+C 传到了远地机器，那么 Ctrl+C 这个命令有可能不能终止本地的进程，也就是说在这里很可能会产生混乱，而且这仅仅是遇到的难题之一。

　　但尽管有技术上的困难，系统编程人员还是设法构造了能够应用于大多数操作系统的远程登录服务器软件，并构造了充当客户机的应用软件。通常，客户机软件取消了除一个键以外的所有键的本地解释，并将这些本地解释相应地转换成远地解释，这就使得客户机软件与远地机器的交互就如同坐在远程主机面前一样，从而避免了上述所提到的混乱，而那个唯一例外的键可以使用户回到本地环境。

将远程登录服务器设计为应用级软件还有另一个要求，那就是需要操作系统提供对伪终端（Pseudo Terminal）的支持。我们用伪终端描述操作系统的入口点，它允许像 Telnet 服务器一样的程序向操作系统传送字符，并且使得字符像是来自本地键盘一样。只有使用这样的操作系统，才能将远程登录服务器设计为应用级软件（比如 Telnet 服务器软件），否则，本地操作系统和远地系统传送将不能识别从对方传送过来的信息（因为它们仅能识别从本地键盘所键入的信息），远程登录将宣告失败。

将远程登录服务器设计为应用级软件虽然有其显著的优点（比将代码嵌入操作系统更易修改和控制服务器），但其也有效率不高的缺点，好在用户键入信息的速率不高，这种设计还是可以接受的。

使用 Telnet 协议进行远程登录时需要满足以下条件：①在本地计算机上必须装有包含 Telnet 协议的客户程序；②必须知道远程主机的 IP 地址或域名；③必须知道登录标识与口令。

Telnet 远程登录服务分为以下四个过程：

1）本地终端与远程主机建立连接。该过程实际上是建立一个 TCP 连接，用户必须知道远程主机的 IP 地址或域名。

2）将本地终端上输入的用户名和口令及以后输入的任何命令或字符以 NVT（Net Virtual Terminal）格式传送到远程主机。该过程实际上是从本地主机向远程主机发送一个 IP 数据包。

3）将远程主机输出的 NVT 格式的数据转化为本地所接受的格式送回本地终端，包括输入命令回显和命令执行结果。

4）本地终端对远程主机进行撤销连接。该过程是撤销一个 TCP 连接。

8.7　网络应用新模式及现代通信技术

8.7.1　物联网技术基础

随着科学技术的发展，物联网（Internet of Things，IoT）技术已逐步应用到各个领域中，成为继计算机、互联网和移动通信之后人类所关注的科技发展热点之一。物联网技术带动着各个领域的发展，各行各业的发展离不开物联网技术的支持，物联网产业的发展和应用将会带动全球经济的迅猛发展，也带来新一轮的经济挑战和发展机遇。

1. 物联网的起源及发展背景

物联网作为一种模糊的意识或想法而出现，可以追溯到 20 世纪末。1995 年，比尔·盖茨在《未来之路》一书中就已经提及类似于物品互联的想法，只是当时受限于无线网络、硬件及传感设备的发展水平，并未引起重视。

1998 年，美国麻省理工学院的 Sarma、Brock、Siu 三人提出将互联网络化信息技术与射频识别（Radio Frequency Identification，RFID）技术相结合，可利用全球统一的电子产品代码（Electronic Product Code，EPC）将其当作识别物品标识的编号及利用 RFID 实现自动化的物品与互联网之间的链接，可不受时空限制地实现对各种物品的识别和管理。

1999 年，吉列和宝洁等企业和组织在麻省理工学院成立 Auto-ID Center 组织，而英国、日本、澳大利亚、瑞士、中国及韩国的六所知名学府在其后几年里也陆续加入了该组织，分别对 IoT 进行各国分层次的研究方案，各国的系统化研究活动得到开展，六国经过系统化的研究与讨论制定了最原始的 IoT 系统架构。1999 年，麻省理工学院 Auto-ID 研究中心创建者之一的 Kevin Ashton 教授在他的一个报告中首次使用了 Internet of Things 这个短语，事实上，Auto-ID Center 的目标就是在 Internet 的基础上建造一个网络，实现计算机与物品（objects）之间的互联，这里的物品包括各种各样的硬件设备、软件和协议等。

2003 年 11 月 1 日，国际物品编码协会出资正式提出接管 EPC 系统，并成立了 EPC Global 组织来维修与号召。而原来的六所知名学府的 Auto-ID 也被分到 EPC Global 下的技术组，再次经过严密的讨论得出之后的 IoT 系统架构。

经过工业界与学术界的共同努力，2005 年物联网终于大放异彩。这一年，国际电信联盟（ITU）发布了《ITU 互联网报告 2005：物联网》，物联网概念开始正式出现在官方文件中。

为了跟上未来发展的步伐及防止造成不必要的经济损失，各国家、企业和组织不得不提出发展 IoT 技术，来适应时代发展的需求。具体发展方面如下：

1）传感技术的发展：如常见的无线传感器网络（WSN）、RFID、电子标签等。伴随着微电子科技的发展，人类的生活、生产、管理等各方面的各种传感器应用已经较成熟。

2）网络接入：已进入信息高速公路时代，可以各种方式接入到网络，如宽带、Wi-Fi、ZigBee 等。由于网络接入的多样化、宽带以及计算机软件系统不断地升级，大大提高了信息的海量收集和运行速率的能力水平。

3）调整的信息处理能力：计算机软件技术迅猛发展，信息处理能力提升，计算机的存储能力和计算能力还在进一步增强，使得海量信息处理成为可能。

4）经济危机的助手：源于经济长波理论，由于近几年的经济危机让人们不得不面临紧迫的抉择，发展 IoT 技术将成为推动下一个经济增长的特殊助手。

2. 物联网的概念及组成

物联网，顾名思义就是"物物相连的互联网"，它可以将各种信息的传感设备和互联网进行巧妙地结合，形成一个以网络系统来传输控制的技术。

物联网的一般定义：通过射频识别装置、红外感应器、全球定位系统、激光扫描器等信息传感设备，按约定的协议，把任何物品与互联网相连接，进行信息交换和通信，以实现智能化识别、定位、跟踪、监控和管理的一种网络。

物联网的中国式定义：将无处不在（Ubiquitous）的末端设备（Devices）和设施（Facilities），包括具备内在智能（如传感器、移动终端、工业系统、楼控系统、家庭智能设施、视频监控系统等）和外在使能（Enabled）（如贴上 RFID 的各种资产 Assets、携带无线终端的个人与车辆等）的智能化物件、动物或智能尘埃（Mote），通过各种无线或有线的长距离或短距离通信网络实现互联互通（M2M），应用大集成（Grand Integration）以及基于云计算的 SaaS 营运等模式，在内网（Intranet）、专网（Extranet）、互联网（Internet）环境下采用适当的信息安全保障机制，提供安全可控乃至个性化的实时在线监测、定位追溯、报警联动、调度指挥、预案管理、远程控制、安全防范、远程维保、在线升级、统计报表、决策支持、领导桌面（如集中展示的 Cockpit Dashboard）等管理和服务功能，实现对万物的高效、节能、安全、环保的管、控、营一体化。

2010 年，在第十一届全国人民代表大会第三次会议上所作的政府工作报告中对物联网作了这样的定义：物联网是指通过信息传感设备，按照约定的协议，把任何物品与互联网连接起来，进行信息交换和通信，以实现智能化识别、定位、跟踪、监控和管理的一种网络。它是在互联网基础上延伸和扩展的网络。

从技术层面理解，物联网是指物体通过智能感应装置，经过传输网络，到达指定的信息处理中心，最终实现人和物、物和物之间的自动化信息交互与处理的智能网络。

从应用层面理解，物联网是指把世界上所有的物体都连接到一个网络中，形成物联网，然后物联网又与现有的互联网结合，实现人类社会与物理系统的整合，以达到更加精细和动态的方式来管理生产和生活。

从网络结构上看，物联网就是通过 Internet 将众多信息传感设备与应用系统连接起来并在广域网范围内对物品身份进行识别的分布式系统，是当每个物品都能够被唯一标识后，利用识别、通信和计算等技术，在互联网技术基础上构建的连接各种物品的网络。

物联网中"物"的含义要满足以下条件才能够被纳入物联网的范围：

- 要有相应信息的接收器。
- 要有数据传输通路。
- 要有一定的存储功能。
- 要有 CPU。
- 要有专门的应用程序。
- 要有数据发送器。
- 要遵循物联网的通信协议。
- 要在世界网络中有可被识别的唯一编号。
- 要有操作系统。

物联网的发展与互联网是分不开的，其主要有两个层面的意思：第一，物联网的核心和基础仍然是互联网，它是在互联网基础上的延伸和扩展；第二，物联网是比互联网更为庞大的网络，其网络连接延伸到了任何的物品和物品之间，这些物品可以通过各种信息传感设备与互联网络连接在一起，进行更为复杂的信息交换和通信。

3. 物联网的特点

与传统的互联网相比，物联网具有鲜明的特征。

首先，它是各种感知技术的广泛应用。物联网上部署了海量的多种类型的传感器，每个传感器都是一个信息源，不同类别的传感器所捕获的信息内容和信息格式不同。传感器获得的数据具有实时性，其按一定的频率周期性地采集环境信息，不断更新数据。

其次，它是一种建立在互联网上的泛在网络。物联网技术的重要基础和核心仍旧是互联网，通过各种有线和无线网络与互联网融合，将物体的信息实时准确地传递出去。物联网上的传感器定时采集的信息需要通过网络传输，由于其数量极其庞大，形成了海量信息，在传输过程中，为了保障数据的正确性和及时性，必须适应各种异构网络和协议。

再次，物联网不仅仅提供了传感器的连接，其本身也具有智能处理的能力，能够对物体实施智能控制。物联网将传感器和智能处理相结合，利用云计算、模式识别等各种智能技术扩充其应用领域。从传感器获得的海量信息中分析、加工和处理出有意义的数据，以适应不同用户的不同需求，发现新的应用领域和应用模式。

4.　物联网的分类和物联网技术的特点

（1）物联网的分类

- 私有物联网：一般向单一机构内部提供服务。
- 公有物联网：基于互联网向公众或大型用户群体提供服务。
- 社区物联网：向一个关联的社区或机构群体，如一个城市政府下属的各委办局（公安局、交通局、环保局、城管局等），提供服务。
- 混合物联网：即上述的两种或两种以上的物联网的组合，但后台有统一运维实体。

（2）物联网技术的特点

- 全面的感知：采用相关的 RFID、传感器、二维码等技术，可以随意地对物体的动态信息进行采集。
- 可靠的传输：通过网络信息将感知的各类信息进行实时可靠的动态传送。
- 智能化处理：利用先进的计算机工作平台技术，可对大量的数据及时地进行信息控制来达到人与物、物与物之间的沟通识别的目的。

5.　物联网的关键技术

欧盟于 2009 年 9 月发布的《欧盟物联网战略研究路线图》白皮书中列出了 13 类关键技术，包括标识技术、物联网体系结构技术、通信与网络技术、数据和信号处理技术、软件和算法、发现与搜索引擎技术、电源和能量储存技术等。

物联网的四大支撑技术分别是射频识别技术（RFID）、基于 ZigBee 的无线传感器网络（WSN）技术、智能技术和传感器技术。

（1）射频识别（Radio Frequency Identification，RFID）技术

RFID 可以识别高速运动的物体，在同一时间可以辨别多个标签，操作迅速，便于运行。RFID 技术的应用不需要人为干预就能实现在某种恶劣的环境中分析相关数据信息来进行识别操作。

（2）基于 ZigBee 的无线传感器网络技术

无线传感器网络（Wireless Sensor Network，WSN）内的各个要素通过一个统一的协议进行信息的传输，这个协议就是 ZigBee，根据这个协议规定的技术是一种短距离、低功耗的无线通信技术。目前的传感器可以将接收到的重要信息随时随地传递给其他装置。伴随着科技的飞速发展，传感器将实现智能化、微型化、信息化及网络化的发展模式。传感器的主要功能是实现感受外部有用信息的动态变化，可探测和识别相应的信号，感知物质的

组成成分。

（3）智能技术

智能技术主要的研究内容有人工智能化理念、高级的人机交互理念技术、系统及智能化控制技术与系统及智能信号的有效处理。当在物体中植入相关智能化的体系时，可以完成一些预想的功能，进行一系列的主动或者被动与人联系交流的行为。智能服务技术为发展物联网的应用提供了服务内容。

（4）传感器技术

传感器技术把信息的获取、处理和执行集成在一起，组成具有多功能的微型系统，集成于大尺寸系统中，从而大幅度地提高系统的自动化、智能化和可靠性水平。

6. 物联网的各个应用领域

物联网应用涉及国民经济和人类社会生活的方方面面，因此，物联网被称为继计算机和互联网之后的第三次信息技术变革。信息时代，物联网无处不在。由于物联网具有实时性和交互性的特点，因此被广泛应用在以下领域。

（1）智能交通

物联网应用在公路、桥梁等方面，可以自动检测并报告公路、桥梁的运行情况，还可以避免过载的车辆经过桥梁，也能根据光线强度对路灯进行自动开关控制。在交通控制方面，可以向车主预告拥堵路段，推荐最佳的行驶路线。在公交运营方面，物联网技术构建的智能公交系统通过综合运用网络通信、GIS、GPS 定位及电子控制等手段，详细记录每辆公交车每天的运行状况，在公交车站台上通过定位系统可以准确显示下一辆公交车到达前需要等候的时间，还可以通过公交查询系统查询最佳的公交换乘方案。在停车方面，智能化的停车系统通过采用超声波传感器、摄像感应、地磁传感器等技术，当感应到车辆停入时立即反馈到公共停车智能管理平台，显示出当前的停车位数量，可以帮助人们更好地找到停车位。例如，城市公交 App。

（2）数字图书馆

应用物联网技术的自助图书馆，借书和还书都是自助的。借书时只要把借书卡插进读卡器，再把要借的书放置在扫描器上就可以了。还书时只要把归还的书放置在扫描装置上，即可完成还书。例如，黑龙江省图书馆就是 24 小时自动借书还书的。

（3）定位导航

物联网与卫星定位技术、GSM/GPRS/CDMA 移动通信技术与 GIS 地理信息系统相结合，能够在互联网和移动通信网络服务覆盖范围内使用 GPS 技术，实现多向互动。例如，百度地图导航、高德地图导航。

（4）现代物流

通过在物流商品中植入传感芯片，供应链上的购买、生产、包装、装卸、运输、配送、出售、服务的每一个环节都能无误地被感知和掌握。例如，在淘宝购物后可查看物流。

物联网用途广泛，除了上述应用外，还遍及环境保护、政府工作、公共安全、智能消防、工业监测、环境监测、老人护理、个人健康、花卉栽培、水系监测、食品溯源、敌情侦查和情报搜集等多个领域。

8.7.2　云计算技术基础

2008 年 11 月，美国商业周刊发表了一篇著名的文章《Google 及其云智慧》，开篇宣称"这项全新的远大战略旨在把强大得超乎想象的计算能力分布到众人手中"，它预示着云计算（Cloud Computing）将作为一种革命性的技术受到产业界的普遍关注。

"云计算"这个词自从被 Google 提出之后，在 IBM、微软等 IT 行业巨头的大力推动下，迅速地成为了 IT 行业最热门的概念。

云计算作为 IT 产业的第三次变革，将不仅仅影响 IT 产业，也将对人类社会产生深远的影响。如社会行业信息化和智能化程度显著提高，人类社会将变为以信息为中心的社会，企业将信息系统视为基本条件，企业的 IT 和信息系统将可以在不同的服务商之间迁移等。

1.　云计算概述

什么是云？云就是互联网。如果没有互联网，我们大部分的工作将无法完成。有了互联网，用户可以在符合公开标准的前提下把所有的数据存到云端。

云计算的概念由 Google 提出，这是一个网络应用模式。在云计算时代可以抛弃 U 盘等移动设备，只需要进入 Google Docs 页面，新建文档、编辑内容，然后直接将文档的 URL 分享给你的朋友或者上司，他们可以直接打开浏览器访问 URL，不必再担心因 PC 硬盘的损坏而发生资料丢失的事件。

云计算是网格计算（Grid Computing）、分布式计算（Distributed Computing）、并行计算（Parallel Computing）、效用计算（Utility Computing）、网络存储技术（Network Storage Technologies）、虚拟化（Virtualization）、负载均衡（Load Balance）等传统计算机技术和网络技术发展融合的产物，是一种商业计算模型。它将计算任务分布在大量计算机构成的资源池上，使各种应用系统能够根据需要获取计算能力、存储空间和信息服务。

云计算是一种新的服务模式，按服务类型大致可分为如下几类：

- 将应用软件作为服务（Software as a Service，SaaS），为客户提供各种应用软件服务。主要产品包括亚马逊弹性计算云（Amazon EC2/S3）、IBM Blue Cloud 和 Cisco UCS 等。
- 将应用平台作为服务（Platform as a Service，PaaS），通过平台为客户提供一站式服务。主要产品包括 Google App Engine、Heroku 和 Windows Azure Platform 等。
- 将基础设施作为服务（Infrastructure as a Service，IaaS），为客户提供网络、计算和存储一体化的基础架构服务。主要产品包括 Google Apps、Zimbra（mail）、Zoho 和 IBM Lotus Live 等。

云计算旨在通过网络把多个成本相对较低的计算实体整合成一个具有强大计算能力的完美系统，并借助 SaaS、PaaS、IaaS 等先进的商业模式把这一强大的计算能力分布到终端用户手中。Cloud Computing 的一个核心理念就是通过不断提高云的处理能力，进而减少用户终端的处理负担，最终使用户终端简化成一个单纯的输入、输出设备，并能按需享受云的强大计算处理能力。

云计算的核心思想是将大量用网络连接的计算资源统一管理和调度，构成一个计算资源池向用户提供按需服务，这种资源池称为云。云是一些可以自我维护和管理的虚拟计算资源，通常为一些大型服务器集群，包括计算服务器、存储服务器、宽带资源等。云计算将所有的计算资源集中起来，并由软件实现自动管理，无需人为参与。这使得应用提供者无须为繁琐的细节而烦恼，能够更加专注于自己的业务，有利于创新和降低成本。云中的资源在使用者看来是可以无限扩展的，并且可以随时获取、按需使用，随时扩展、按使用付费。这种特性经常被称为"像使用水电一样使用 IT 基础设施"。这种服务可以是和 IT 软件、互联网相关的，也可以是任意其他的服务。

云计算的基本原理：通过使计算分布在大量的分布式计算机上，而非本地计算机或远程服务器中，使企业数据中心的运行与互联网更加相似。这使得企业能够将资源切换到需要的应用上，根据需求访问计算机和存储系统。

目前公众认可的云计算的服务模式有三种：SaaS、PaaS 和 IaaS。SaaS，软件即服务；PaaS，平台即服务；IaaS，基础设施即服务。

（1）软件即服务（SaaS）

SaaS 服务提供商将应用软件统一部署在自己的服务器上，用户根据需求通过互联网向厂商订购应用软件服务，服务提供商根据客户所订软件的数量、时间的长短等因素收费，并且通过浏览器向客户提供软件的模式。这种服务模式的优势是，由服务提供商维护和管理软件、提供软件运行的硬件设施，用户只需拥有能够接入互联网的终端，即可随时随地使用软件。在这种模式下，客户不再像传统模式那样花费大量资金在硬件、软件和维护人员上，只需要支出一定的租赁服务费用，通过互联网就可以享受到相应的硬件、软件和维护服务，这是网络应用最具效益的营运模式。对于小型企业来说，SaaS 是采用先进技术的最好途径。

以企业管理软件来说，SaaS 模式的云计算 ERP 可以让客户根据并发用户数量、所用功能多少、数据存储容量、使用时间长短等因素的不同组合按需支付服务费用，既不用支付软件许可费用、采购服务器等硬件设备的费用，也不需要支付购买操作系统和数据库等平台软件费用，更不用承担软件项目定制、开发、实施的费用以及 IT 维护部门的开支费用，实际上云计算 ERP 正是继承了开源 ERP 免许可费用、只收服务费用的最重要特征，是突出了服务的 ERP 产品。

目前，Salesforce 是提供这类服务最有名的公司，Google Docs、Google Apps 和 Zoho Office 也属于这类服务。

（2）平台即服务（PaaS）

PaaS 即把开发环境作为一种服务来提供。这是一种分布式平台服务，厂商提供开发环境、服务器平台、硬件资源等服务给客户，用户在其平台基础上定制开发自己的应用程序并通过其服务器和互联网传递给其他客户。PaaS 能够给企业或个人提供研发的中间件平台，提供应用程序开发、数据库、应用服务器、试验、托管及应用服务。

所谓 PaaS 实际上就是将软件研发的平台作为一种服务，以 SaaS 的模式提交给用户。因此，PaaS 也是 SaaS 模式的一种应用。

以 Google App Engine 为例，它是一个由 Python 应用服务器群、BigTable 数据库及 GFS

组成的平台，为开发者提供一体化主机服务器及可自动升级的在线应用服务。用户编写应用程序并在 Google 的基础架构上运行就可以为五六岁的用户提供服务，Google 提供应用运行及维护所需要的平台资源。

（3）基础设施服务（IaaS）

IaaS 即把厂商的由多台服务器组成的"云端"基础设施作为计量服务提供给客户。它将内存、I/O 设备、存储和计算能力整合成一个虚拟的资源池，为整个业界提供所需要的存储资源和虚拟化服务器等服务。这是一种托管型硬件方式，用户付费使用厂商的硬件设施。例如 Amazon Web 服务（AWS）、IBM 的 Blue Cloud 等均是将基础设施作为服务出租。

IaaS 的优点是用户只需低成本硬件，按需租用相应的计算能力和存储能力，大大降低了用户在硬件上的开销。

目前，以 Google 云应用最具代表性，例如 Google Docs、Google Apps、Google Sites、云计算应用平台 Google App Engine。

云计算的优势在于节约成本、按需分配资源、提高资源利用率、快速提供服务、节能减排。

2. 云计算体系架构及特点

通常按提供云服务的层次将云计算的架构划分为硬件层、系统软件层和应用软件层。

（1）硬件层

由通信网络设备、链路和 IDC 机房的共享扩展到服务器和存储器的共享，由本地计算资源的共享扩展到分布式全局资源的分担和共享。通信网络和计算资源融合为一体，构成云计算基础架构及服务，即 IaaS。

（2）系统软件层

汇集操作系统、数据库系统、应用软件开发平台等传统应用系统开发环境，集中对外提供服务，组成云计算的平台环境架构及服务，即 PaaS。

（3）应用软件层

由各种应用软件的共享和修改化定制需求构成直接为最终用户提供信息化支撑服务，构成云计算的应用软件架构及服务，即 SaaS。

云计算架构的特点是将地理上分散、规模大、异构的资源进行虚拟化，并能够对用户提供按需服务。

3. 云计算的关键技术

云计算的本质核心是以虚拟化的硬件体系为基础，以高效服务管理为核心，提供自动化的、具有高度可伸缩性、虚拟化的软硬件资源服务。

（1）虚拟化技术

指对计算、存储等资源进行抽象的广义概念，即资源的抽象化，实现单一物理资源的多个逻辑表示，或者多个物理资源的单一逻辑表示。作为实现资源共享和弹性基础架构的手段，将 IT 资源和新技术有效整合。

（2）分布式存储技术

是指采用多台存储服务器来满足单台存储服务器所不能满足的存储需求的技术。分布式存储要求存储资源能够被抽象表示和统一管理，并且能够满足数据读写操作的安全性、可靠性等各方面要求。

（3）海量资源高度管理技术

规范较大的云计算应用必然涉及大量的运算资源、存储资源，以及网络资源的分配、调度、故障跟踪、运管维护等工作。云计算环境海量资源的实时监控和运营管理是对目前现有的 IT 运行监控管理技术和产品的巨大挑战。如何合理而高效地调试 IT 资源，满足虚拟机内部资源的合理分配，同时又快速响应云端用户的业务处理请求，是目前待解决的一个难题。

（4）自动化：实现自动快速的任务分发、资源部署和服务响应，提高运维管理效率。

其他关键技术有多租户、快速部署、海量数据处理、大规模消息通信、许可证管理与计费等。

4. 云计算对各行业的影响

（1）云计算对服务器和个人计算机领域的影响

云计算变革将进一步加大服务器和个人计算机的差距，云计算变革将继续保持不断提高服务器性能的需求，同时个人计算机的性能需要将不再无限提高。服务器同时还会提供对硬件虚拟化的更好支持，提供更远的远程管理及节能管理支持。

（2）云计算对芯片制造商的影响

处理器制造商需要更好地支持处理器虚拟化和存储管理，服务器网卡需要更好地支持网络虚拟化，存储器需要更好地支持存储虚拟化和容量扩展，个人计算机和其他移动设备将采用对移动宽带网络支持更好的无线接入芯片。

（3）云计算对基础设施外包服务的影响

基础设施服务商需要提高管理效率、降低运维成本、快速部署、提高资源利用率、提高服务水平等。

（4）云计算对互联网应用的影响

采用云计算基础设施服务，服务器自动扩展、存储资源无限扩展、数据库无限扩展都将变为可能。随着云计算基础设施服务的不断出现，整合基础设施服务和应用开发平台的 PaaS 服务商必然会大量涌现。

（5）云计算对传统桌面应用运营的影响

随着 PaaS 和 SaaS 的兴起，互联网应用将越来越丰富，有些互联网应用将直接替代桌面应用。通过远程桌面、桌面虚拟化等技术，桌面应用都可以放在互联网上。

5. 云计算面临的挑战及未来发展方向

云计算技术的发展面临着一系列挑战。例如，如何提供有效的计算和提高存储资源的利用率，安全需要有哪些等。此外，云计算虽然给企业和个人用户提供和创造了更好的应用和服务的机会，但同时也给了黑客机会。云计算宣告了低成本超级计算服务的可能，一旦这些云被用来破译各类密码、进行各种攻击，将会给用户的数据安全带来极大的危险。所以在这些安全问题和危险因素被有效控制之前，云计算很难得到彻底的应用和接受。

云要向许多不同的客户提供服务。因而，云服务的用户并不知道他所用到的服务器上都有哪些任务正在运行，尽管在表面上他们感觉到该服务器好像是自己的服务器一样。典型的云服务器都处在公司的外面，或处在别人防火墙的外面。这对于客户来说虽然没有多大影响，但对于决定要使用云服务的公司来说却可能要承担很大的风险。通常这类风险主要包括可用性、安全性、性能、数据被锁定、数据机密性和可审计性、数据传输瓶颈、难以与内部的数据整合、缺乏可定制性等。

在基础设施的可靠性、性能和服务质量（QoS）等方面，用户不得不依赖于云提供者所作的承诺。使用云时，还会在安全性和机密性两方面面临着与数据存储和管理有关的较大风险：一是必须向云往返地传输数据，以便在云中进行处理；二是数据存储在外部基础设施上，只能依赖云提供者来保证数据不会发生未授权的存取。此外，要使用云还需要花费一定的预投资，来把自己的基础设施和应用程序与云进行集成。目前的情况是，IaaS、PaaS 和 SaaS 都还缺乏标准的接口，这使得选择云提供者和与云集成所做的投资都存在一定的风险。这明显地造成了对云提供者有利而对用户不利的早期使用后果。

云计算未来有两个发展趋势：一是构建与应用程序紧密结合的大规模底层基础设施，使得应用能够扩展到很大的规模；另一个是通过构建新型的云计算应用程序，在网络上提供更加丰富的用户体验。第一个发展趋势能够从现在的云计算研究状况中体现出来，而在云计算应用的构造上，很多新的社会服务型网络（如 Facebook 等），已经体现了这个趋势，在研究上则开始注重如何通过云计算基础平台将多个业务融合起来。

8.7.3　现代通信新技术

移动互联网、大数据、社交网络、物联网、云计算是未来 10 年最重要的且最值得关注的五大 IT 技术。

这五大 IT 新技术将给每个人的生活方式和思想观念带来翻天覆地的变化，它们将重塑企业等社会组织的商业模式、运营模式、管理模式，对整个社会的政治制度、法律法规产生巨大影响。无论是在广度上还是深度上，这些影响都将是革命性的。这也正是专家们将他们列为未来 10 年最重要技术的原因。

这五大 IT 新技术存在着紧密的联系，相互是不可割裂的。在这五大 IT 新技术中，移动互联网、物联网更多地表现为互联网接入和工作终端的扩展，社交网络和大数据是基于互联网的新应用和新方案，云计算则是平台和基础。也就是说，在未来的互联网中，智能手机、传感器等各种终端都能接入以云计算为平台和基础的互联网，人们通过这些终端设备进行社交、大数据处理与分析等各种活动。

物联网和云计算在 8.7.1 节和 8.7.2 节中已经讲述。下面对移动互联网、大数据、社交网络和 4G 通信技术做详细的介绍。

1. 移动互联网

移动互联网是互联网与移动通信各自独立发展后互相融合的新兴产物，目前呈现出互联网产品移动化强于移动产品互联网化的趋势。从技术层面的定义为以宽带 IP 为技术核心，可以同时提供语音、数据和多媒体业务的开放式基础电信网络；从终端角度的定义为用户使用手机、上网本、笔记本电脑、平板电脑、智能本等移动终端，通过移动网络获取移动通信网络服务和互联网服务。移动互联网的核心是互联网，因此一般认为移动互联网是桌面互联网的补充和延伸，应用和内容仍是移动互联网的根本。

移动互联网具有实时性、隐私性、便携性、准确性、可定位性、终端移动性、业务使用的私密性、终端和网络的局限性、业务与终端及网络的强关联性等特点。

当前移动互联网的技术有手机 App、移动支付、无线应用协议（Wireless Application Protocol，WAP）、二维码（Two-dimensional code）、手机导航（Mobile Navigation）、手机位置服务（Location Based Services，LBS）等。

（1）手机 App

App 是 application 的缩写，通常专指手机上的应用软件，或称手机客户端。手机 App 就是手机的应用程序。目前四大主流的 App 系统：苹果 iOS 系统，开发语言是 Objective-C；微软 Windows Phone 系统，开发语言是 C#；谷歌 Android 系统，开发语言是 Java；塞班 Symbian 系统，开发语言是 C++。

（2）移动支付

移动支付是指消费者通过移动终端（通常是手机）对所消费的商品或服务进行账务支付的一种支付方式。客户通过移动设备、互联网或者近距离传感直接或间接向银行等金融企业发送支付指令产生货币支付和资金转移，实现资金的移动支付，实现了终端设备、互联网、应用提供商以及金融机构的融合，完成货币支付、缴费等金融业务。移动支付具有移动性、实时性、快捷性等特点。

（3）WAP

WAP 是一种技术标准，它融合了计算机、网络和电信领域的诸多新技术，旨在使电信运营商、Internet 应用提供商和各种专业在线服务供应商能够为移动通信用户提供一种全新的交互式服务，即使手机用户可以享受到 Internet 服务，如新闻、电子邮件、订票、电子商务等专业服务。1997 年夏天，爱立信、诺基亚、摩托罗拉和 Phone.com 等通信业巨头发起了 WAP 论坛，目标是制定一套全球化的无线应用协议，使互联网的内容和各种增值服务适用于手机用户和各种无线设备用户，并促使业界采用这一标准。

通过 WAP 这种技术，就可以将 Internet 的大量信息及各种各样的业务引入到移动电话、Palm 等无线终端之中，无论何时何地，只要打开 WAP 手机，就可享受无穷无尽的网上信息或者网上资源。

（4）二维码

二维码又称二维条码，它是用特定的几何图形按一定规律在平面（二维方向）上分布的黑白相间的图形，是打开信息数据的一把钥匙。二维码是 DOI（Digital Object Unique Identifier，数字对象唯一识别符）的一种。

在现代商业活动中，二维码的应用十分广泛，如产品防伪和溯源、广告推送、网站链接跳转、手机电商、优惠促销、会员管理、手机支付、数据下载、商品交易、定位和导航、电子凭证、车辆管理、信息传递、名片交流、Wi-Fi 共享等。如今智能手机"扫一扫"（简称 313）功能的应用使得二维码更加普遍。

（5）手机导航

手机导航就是通过手机的导航功能，把用户从目前所在的地方带到他想要到达的地方。手机导航就是卫星手机导航，它与手机电子地图的区别就在于，它能够定位用户在地图中所在的位置，以及用户要去的地方在地图中的位置，并且能够在用户所在位置和目的地之间规划最佳路线，在行进过程中为用户提示左转还是右转，这就是所谓的导航。手机导航通过 GPS 模块、导航软件和 GSM 通信模块相互分工，配合完成。

（6）手机位置服务

手机位置服务又称手机定位服务，是指通过移动终端和移动网络的配合，确定移动用户的实际地理位置，提供位置数据给移动用户本人或他人以及通信系统，实现各种与位置相关的业务。它实质上是一种概念较为宽泛的与空间位置有关的新型服务业务。

手机定位服务是在无线状态下基于通信位置的定位服务。开通这项服务，手机用户可以方便地获知自己目前所处的准确位置，并用手机查询或收取附近各种场所的信息。

2. 大数据（Big Data）

研究机构 Gartner 给出了这样的定义：大数据是需要新处理模式才能具有更强的决策力、洞察发现力和流程优化能力的海量、高增长率和多样化的信息资产。大数据是指那些超过传统数据库系统处理能力的数据，是一个体量特别大、数据类别特别多的数据集，并且这样的数据集无法用传统数据库工具对其内容进行抓取、管理和处理。大数据是继云计算、物联网之后 IT 产业面临的又一次颠覆性的技术变革。

大数据最核心的价值就在于对海量数据进行存储和分析。与现有的其他技术相比，大数据的廉价、迅速、优化这三方面的综合成本是最优的。

大数据具有海量性（Volume）、多样性（Variety）、高速性（Velocity）和价值性（Value）四大特性。大数据的四个 V 有四个层面：第一，数据体量巨大，从 TB 级别跃升到 PB 级别；第二，数据类型繁多，包括网络日志、视频、图片、地理位置信息等；第三，价值密度低，以视频为例，在连续不间断的监控过程中，可能有用的数据仅仅有一两秒；第四，处理速度快，符合 1 秒定律，这一点也是和传统的数据挖掘技术有着本质的不同。

据国内有关机构初步预算，未来中国大数据潜在市场规模有望达到近 2 万亿元，将给 IT 行业开拓一个新的黄金时代。大数据时代来临，行业变革才刚刚开始，未来前景广阔。就目前发展来看，国内对大数据的应用领域还较为狭窄，主要集中在金融、物流、公共三个领域。

3. 社交网络

社交网络的概念最早是英国著名人类学家拉德克利夫·布朗在对社会结构的关注中提出来的。布朗所探讨的网络概念聚焦于文化是如何规定有界群体（如部落、乡村等）内部成员的行为，他的研究比较简单，实际的人际交往行为要复杂得多。较成熟的社交网络的定义是韦尔曼（Wellman）于 1988 年提出的"社交网络是由某些个体间的社会关系构成的相对稳定的系统"，把"网络"视为是联结行动者的一系列社会联系或社会关系，它们相对稳定的模式构成社会结构。随着应用范围的不断拓展，社交网络的概念已超越了人际关系的范畴，网络的行动者可以是个人，也可以是集合单位，如家庭、部门、组织。社交网络与企业知识、信息等资源的获取紧密相关。

4. 4G 通信技术

随着数据通信与多媒体业务需求的发展，适应移动数据、移动计算及移动多媒体运作需要的第四代移动通信技术开始兴起，用户也因此有理由期待这一代移动通信技术将会给我们带来更加美好的未来。

4G 是第四代移动通信及其技术的简称，是集 3G 与 WLAN 于一体，能够传输高质量视频图像并且图像传输质量与高清晰度电视不相上下的技术产品。如果说 3G 能为人们提供一个高速传输的无线通信环境的话，那么 4G 通信会是一种超高速无线网络，一种不需要电缆的信息超级高速公路，这种新网络可使电话用户以无线及三维空间虚拟实境连线。

4G 主要优势在于通信速度更快、网络频谱更宽、通信更加灵活、智能性能更高、兼容性能更平滑、提供各种增值服务、实现高质量通信、使用效率更高、通信费用更加便宜。

4G 移动系统网络结构可分为三层：物理网络层、中间环境层、应用网络层。物理网络层提供接入和路由选择功能，它们由无线和核心网结合的方式完成。中间环境层的功能有QoS 映射、地址变换和完全性管理等。

8.8　实训项目

1．实训目的及要求

（1）到学校计算机网络中心了解计算机网络结构，并画出拓扑结构图，分析属于何种网络结构。

（2）观察每台计算机是如何进行网络通信的，了解计算机网络中使用的网络设备。

（3）掌握每台计算机上使用的网络标识、网络协议和网卡的配置。

2．实训步骤

组织学生 3 人为一小组，到学校计算机网络中心完成本次实训内容，并写出实训报告。

第一步：观察计算机网络的组成。

（1）记录联网计算机的数量、配置、使用的操作系统和网络拓扑结构图。

（2）了解服务器、光盘镜像服务器、磁盘阵列是如何连接到计算机上的。

（3）认识并记录网络使用其他硬件设备的名称、用途及连接方法。

（4）画出网络拓扑结构图。

（5）分析网络的结构及其所属类型。

第二步：参观网络中心。

（1）记录联网计算机的数量、配置、使用的操作系统、网络拓扑结构图和网络组建的时间等。

（2）了解各服务器的功能，认识网络设备，如交换机、防火墙、路由器，了解它们的用途及连接方法。

（3）画出网络拓扑结构图。

第三步：观察计算机网络的参数设置。

（1）在"网络属性"对话框中记下计算机名字、工作组名字和计算机说明。

（2）查看网卡型号和网络设置、IP 地址的设置以及网络使用的协议等。

3．实训总结

网络拓扑是指局域网络中各结点间相互连接的方式，也就是网络中计算机之间如何相互连接的问题。构成局域网络的拓扑结构有很多，其中最基本的拓扑结构为总线型、星型、树型和网状拓扑。拓扑结构的选择往往与通信介质的选择和介质控制方式的确定紧密相关，并决定着对网络设备的选择。

4．实训作业

根据网络中心的网络拓扑结构，分析网络的各个设备类型及功能。

第9章　网络测试及故障诊断

在网络运行和维护中，经常会遇到一些莫名其妙的问题，如网络速度突然变慢、网络无法连通、网络通信异常等。此时除硬件故障之外，软件故障也是影响网络的主要因素之一。检查网络故障的常用方法就是掌握几种常用的网络命令，以此来检查网络的性能。常用的网络命令有 ping、ipconfig、tracert、route、netstat、nslookup 等。

9.1　常用网络测试命令

9.1.1　ping 命令

ping 是测试网络连接状况以及信息包发送和接收状况非常有用的工具，是网络测试最常用的命令。ping 向目标主机（地址）发送一个回送请求数据包，要求目标主机收到请求后给予答复，从而判断网络的响应时间和本机是否与目标主机（地址）连通。

如果执行 ping 不成功，则可以预测故障出现在以下几个方面：网线故障、网络适配器配置不正确、IP 地址不正确。如果执行 ping 成功而网络仍无法使用，那么问题很可能出在网络系统的软件配置方面。ping 成功只能保证本机与目标主机间存在一条连通的物理路径。

命令格式：

ping　IP 地址或主机名[-t][-a][-n count][-1 size]

参数含义：

- -t：不停地向目标主机发送数据。
- -a：以 IP 地址格式来显示目标主机的网络地址。
- -n count：指定要 ping 多少次，具体次数由 count 来指定。
- -1size：指定发送到目标主机的数据包大小。

例如当计算机不能访问 Internet 时，一般首先测试本机的网卡是否正确安装，使用命令 ping 127.0.0.1。如果本机 TCP/IP 工作正常，则可以进入下一个步骤继续诊断，反之则是 TCP/IP 安装出现故障。

ping 一台同网段计算机的 IP 地址，ping 不通则表明网络出现了故障，有可能交换机与本机或同网段计算机之间的连线不通或该交换机有故障。

ping 网址，如果要检测的是一个带 DNS 服务的网络（比如 Internet），则可以 ping 该计算机的网络名。比如 ping www.imvcc.com，正常情况下会出现该网络所指向的 IP 地址，这表明本计算机的 DNS 设置正确而且 DNS 服务器工作正常，反之就可能是其中之一出现了故障。

实例：计算机不能连接互联网。

某一天小王在计算机实验室想通过计算机查找一些资料，当他打开计算机后发现 QQ 能登录，但却无法访问百度的主页 http://www.baidu.com，这个时候又联系不上管理员。小王熟练地使用了 ping 命令，先 ping 127.0.0.1，如图 9-1 所示。

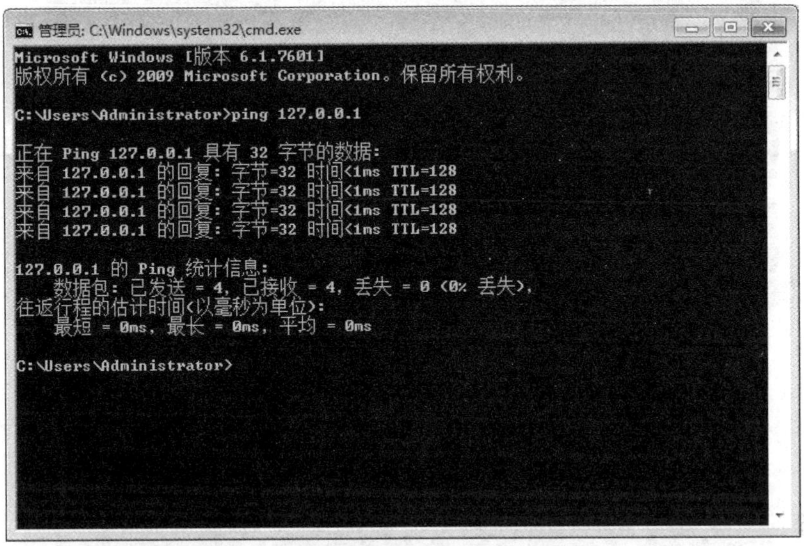

图 9-1　ping 127.0.0.1

图 9-1 所示说明本机网卡正常。接着小王又 ping 本机的网关 192.168.1.1，如图 9-2 所示。

图 9-2　ping 网关

图 9-2 所示说明本机到网关路由的链接也是畅通的，这个时候需要测试一下到 Internet 的链接，继续使用 ping 命令 ping www.baidu.com，结果返回如图 9-3 所示的结果。

图 9-3   ping www.baidu.com

尝试 ping 61.135.169.105（百度网站的 IP 地址），如图 9-4 所示。

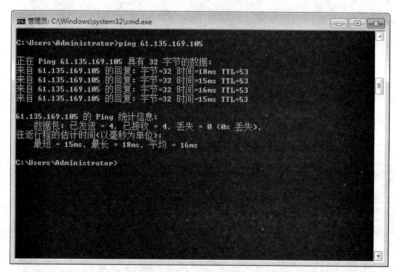

图 9-4   ping 网站 IP

能正常通过，说明 DNS 服务器未能正确解析 www.baidu.com 域名，需要检查 DNS 设置是否正确，于是小王更改正确的 DNS 设置后顺利打开了 www.baidu.com。

9.1.2   ipconfig 命令

ipconfig 命令以窗口的形式显示 IP 协议的具体配置信息，该命令可以显示网络适配器的物理地址、主机的 IP 地址、子网掩码以及默认网关等，还可以查看主机名、DNS 服务器、结点类型等相关信息，其中网络适配器的物理地址在检测网络错误时非常有用。

命令格式：

ipconfig[/?][/all]

参数含义：

- /all：显示详细信息。
- /renew：更新所有适配器。
- /renew EL*：更新以 EL 开头的所有名称的连接。
- /release*CON*：释放所有匹配的连接，例如 Local Area Connection 1 或 Local Area Connection 2。
- /allcompartments：显示有关所有分段的信息。
- /allcompartments/all：显示有关所有分段的详细信息。

ipconfig 命令的用处在于查看当前网络环境。例如，用户想设置一下路由器，但是却不知道路由器的 IP 地址是什么，那么这时就可以输入 ipconfig 命令并回车，回显中 Default Gateway 后显示的就是用户的路由器 IP 地址。当然，ipconfig 在检查网络问题的时候也十分有用，当无法上网的时候也可以输入该命令，查看 IP Address 后面的 IP 地址。如果能正常获取到 IP，那说明是路由器的问题；如果 IP 地址无法获取到，那就是网线或者网卡的问题。

常见用例说明：

ipcongfig/all：查看所有网络适配器的完整 TCP/IP 配置信息。

ipconfig/released：释放网络适配器的动态 IP 地址。

ipconfig/renew：为网卡重新动态分配 IP 地址。

ipconfig 命令用于显示当前的 TCP/IP 配置的设置值，这些信息一般用来检验人工配置的 TCP/IP 设置是否正确。如果计算机和所在的局域网使用的是 DHCP，ipconfig 也可以帮助计算机显示当前 IP 地址、子网掩码和默认网关。ipconfig 命令实际上是进行测试和故障分析的必要项目。该命令的选项相应功能如下。

ipconfig：不带任何参数选项，它为每个已经配置了的接口显示 IP 地址、子网掩码和默认网关值，如图 9-5 所示。

图 9-5　ipconfig 命令显示信息

ipconfig/all：为 DNS 和 WINS 服务器显示已配置且所要使用的附加信息（如 IP 地址等），并且显示内置于本地网卡中的物理地址（MAC）。如果 IP 地址是从 DHCP 服务器租用的，则将显示服务器的 IP 地址和租用地址预计失效的日期。执行 ipconfig/all 命令后显示的信息如图 9-6 所示。

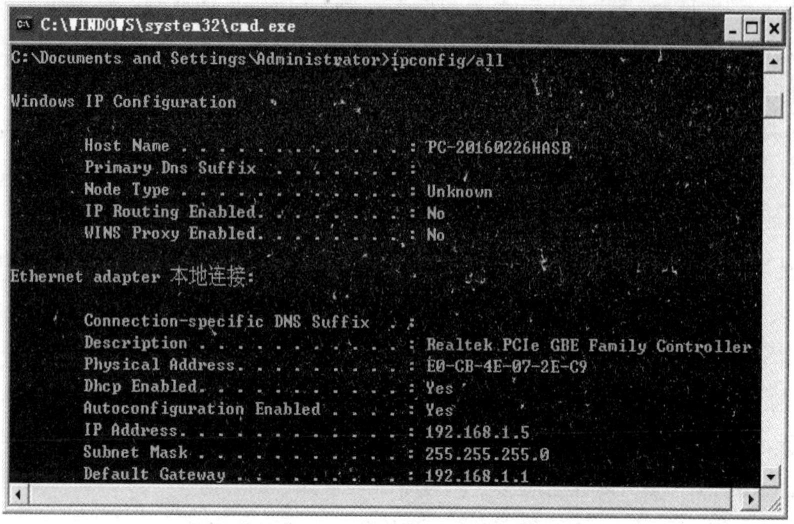

图 9-6   ipconfig/all 命令显示信息

9.1.3   tracert 命令

tracert（跟踪路由）是路径跟踪实用程序，用于确定 IP 数据包访问目标所采取的路径。tracert 命令用 IP 生存时间（TTL）字段和 ICMP 错误消息来确定从一个主机到网络上其他主机的路由。

命令格式：

tracert[-d][-h maximum-hops][-j computer-list][-w timeout]traget-name

参数含义：

- -d：指定不将地址解析为计算机名。
- -h maximum- hops：指定搜索目标的最大活跃数。
- -j compute-list：指定沿 computer-list 的稀疏源路由。
- -w timeout：每次应答等待 timeout 指定的微秒数。
- target-name：目标计算机的名称。

最简单的用法就是 tracert hostname，其中 hostname 是计算机名或想跟踪其路径的计算机 IP 地址，tracert 将返回它借以到达目的地的各个 IP 地址。

9.1.4   route 命令

当网络上拥有两个或者多个路由器时，可能需要某些远程 IP 地址通过某个特定的路由器来传递信息，而其他的远程 IP 则通过另一个路由器来传递。大多数路由器使用专门的路由器协议来交换和动态更新路由器的路由表。但在有些情况下，必须人工将项目添加到路由器和主机上的路由表中。route 命令就是用来显示、人工添加和修改路由表项目的。该命令的选项及相应功能如下。

- route print：用于显示路由表中的当前项目，在单路由网段上的输出结果如图 9-7 所示。由于用 IP 地址配置了网卡，因此所有的这些项目都是自动添加的。
- route add：可以将路由项目添加给路由表。例如，如果要设定一个到目的地的网络 202.115.2.205，子网掩码为 255.255.255.0，则应该输入 route add 202.155.2.235 mask 255.255.255.0 202.155.2.205 metric 5。

图 9-7 route print 命令显示信息

9.1.5 任务管理器

任务管理器是系统中一个非常实用的软件，主要用来显示或管理正在运行的任务等，其中最有用的就是实现强制关机、结束程序、查找陌生进程等。

从以下三种方法中选择一种启动任务管理器：

- 按 Ctrl+Alt+Del 组合键。
- 在任务栏空白处右击鼠标，在弹出的快捷菜单中选择"任务管理器"命令。
- 选择"开始"→"运行"命令，在弹出的"运行"对话框中输入 taskmgr.exe。

操作步骤：

1）打开"Windows 任务管理器"窗口，如图 9-8 所示。

2）打开"Windows 任务管理器"窗口之后，默认显示的是"应用程序"选项卡。该选项卡中的内容是当前计算机正在运行的程序，如果某一个程序由于运行错误出现死机等现象，可选择该程序，单击"结束任务"按钮将其强行结束。

3）使用"进程"选项卡，该选项卡中显示了当前正在运行的进程，是查看有无病毒木马程序最简便的方法。图 9-9 所示为"进程"选项卡中的内容。

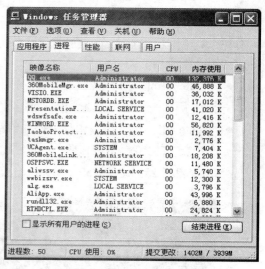

图 9-8 "Windows 任务管理器"窗口

图 9-9 进程管理

要点提示:

通常要注意的进程:名字古怪的进程,如 a123b.exe 等;冒充系统进程的,如 svch0st.exe,中间的是数字 0 而不是字母 o;占用系统资源大的进程。如果某个进程有疑问,可以在搜索引擎上搜索一下该进程的名字,通常就能得知是否属于恶意进程了。

4)使用"性能"选项卡,用于显示计算机资源的使用情况。当计算机反应非常慢或者网速非常慢时,可查看"性能"选项卡中的各项,如 CPU 占用率、虚拟内存等,如图 9-10 所示。当 CPU 占用率为 100%或者 PF 使用率过高时,可在"进程"选项卡中寻找进程项中 CPU 和"内存使用"这两项使用比较高的进程,将其结束。

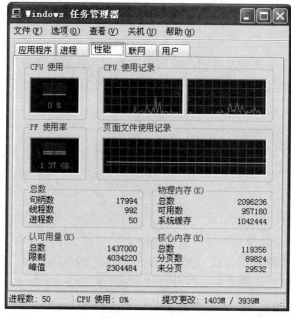

图 9-10 性能管理

9.1.6　netstat 命令

netstat 是在内核中访问网络及相关信息的程序，它能提供 TCP 和 UDP 监听、进程内存管理的相关报告。

命令格式：

netstat[-a][-b][-e][-n][-o][-pproto][-r][-s][-v]

参数含义：

- -a：显示所有连接和监听窗口。
- -b：显示包含于创建每个连接或监听端口的组件序列。这种情况下，可执行组件名在底部的[ ]中，顶部是其调用的组件等，直到 TCP/IP 部分。注意，此选项可能需要很长时间，如果没有足够权限可能失败。
- -e：显示以太网统计信息，可以与-s 选项组合使用。
- -n：以数字形式显示地址和端口号，可以与-a 选项组合使用。
- -o：显示与每个连接相关的所属进程 ID。
- -pproto：显示 proto 指定协议的连接。

【例 1】Netstat 命令如图 9-11 所示。其中"协议"列标明使用的协议，"本地地址"列为本地计算机名和用于连接的端口，"外部地址"列为远程计算机名和所连接的端口，"状态"列为连接状态（LISTEN 为在监听状态中，ESTABLISHED 为已建立连接的联机情况，TIME_WAIT 为该联机在目前已经等待的状态）。

图 9-11　netstat 命令

9.1.7　nslookup 命令

nslookup 是一个监测网络中 DNS 服务器是否能正确实现域名解析的命令行工具，它在 Windows NT、Windows 2000 和 XP 中均可使用。nslookup 必须要安装 TCP/IP 协议的网络环境之后才能使用。

假设现在网络中已经架设好了一台 DNS 服务器，主机名称为 linlin，它可以把域名 www.company.com 解析为 192.168.0.1 的 IP 地址，这是我们平时用得比较多的正向解析功能。

检测步骤如下：

在 Windows 2000 中选择"开始"→"程序"→"附件"→"命令提示符"，在 C:\>的后面键入 nslookup www.company.com，回车之后即可看到如下结果：

```
Server: linlin
Address: 192.168.0.5
Name: www.company.com
Address: 192.168.0.1
```

以上结果显示，正在工作的 DNS 服务器的主机名为 linlin，它的 IP 地址是 192.168.0.5，而域名 www.company.com 所对应的 IP 地址为 192.168.0.1。那么，在检测到 DNS 服务器 linlin 已经能顺利实现正向解析的情况下，它的反向解析是否正常呢?也就是说，能否把 IP 地址 192.168.0.1 反向解析为域名 www.company.com 呢？我们在命令提示符 C:\>的后面键入 nslookup192.168.0.1，得到结果如下：

```
Server: linlin
Address: 192.168.0.5
Name: www.company.com
Address: 192.168.0.1
```

这说明 DNS 服务器 linlin 的反向解析功能也正常。然而有的时候，在键入 nslookup www.company.com 后却出现如下结果：

```
Server: linlin
Address: 192.168.0.5
*** linlin can't find www.company.com: Non-existent domain
```

这种情况说明网络中 DNS 服务器 linlin 在工作，却不能实现域名 www.company.com 的正确解析。此时，要分析 DNS 服务器的配置情况，看 www.company.com 这一条域名对应的 IP 地址记录是否已经添加到了 DNS 的数据库中。

还有的时候，在键入 nslookup www.company.com 后会出现如下结果：

```
*** Can't find server name for domain: No response from server
*** Can't find www.company.com : Non-existent domain
```

这说明测试主机在目前的网络中根本没有找到可以使用的 DNS 服务器。此时，我们要对整个网络的连通性作全面的检测，并检查 DNS 服务器是否处于正常工作状态，采用逐步排错的方法，找出 DNS 服务不能启动的根源。

配置好 DNS 服务器，添加了相应的记录之后，只要 IP 地址保持不变，一般情况下就不再需要去维护 DNS 的数据文件了。不过在确认域名解释正常之前我们最好测试一下所有的配置是否正常。许多人会简单地使用 ping 命令检查一下就算了。不过 ping 命令只是一个检查网络连通情况的命令，虽然在输入的参数是域名的情况下会通过 DNS 进行查询，但是它只能查询 A 类型和 CNAME 类型的记录，而且只会告诉用户域名是否存在，其他的信息一概欠奉。所以如果你需要对 DNS 的故障进行排错就必须熟练另一个更强大的工具 nslookup。这个命令可以指定查询的类型，也可以查到 DNS 记录的生存时间，还可以指定使用哪个 DNS 服务器进行解释。

nslookup 最简单的用法就是查询域名对应的 IP 地址，包括 A 记录和 CNAME 记录，如果查到的是 CNAME 记录，还会返回别名记录的设置情况。

nslookup 命令会采用先反向解析获得使用的 DNS 服务器的名称，如果目标域名是一个别名记录（CNAME），nslookup 就和 ping 命令有不同的查询结果。

默认情况下 nslookup 查询的是 A 类型的记录，如果配置了其他类型的记录，希望看到解析是否正常，这时候 ping 就无能为力了。比如配置了 MX 记录，但是邮件服务器只能发信不能收信，到底是域名解析问题还是其他的问题，ping 命令的检查并不能解决。

在使用 nslookup 时，需要在 nslookup 上加上适当的参数，指定查询记录类型的指令格式，具体如下：

nslookup -qt=类型 目标域名

注意：qt 必须小写。

类型可以是以下字符，不区分大小写：

- A：地址记录（IPv4）。
- AAAA：地址记录（IPv6）。
- AFSDB Andrew：文件系统数据库服务器记录。
- ATMA ATM：地址记录。
- CNAME：别名记录。
- HINFO：硬件配置记录，包括 CPU 和操作系统信息等。
- ISDN：域名对应的 ISDN 号码。
- MB：存放指定邮箱的服务器。
- MG：邮件组记录。
- MINFO：邮件组和邮箱的信息记录。
- MR：改名的邮箱记录。
- MX：邮件服务器记录。
- NS：名字服务器记录。
- PTR：反向记录（从 IP 地址解析域名）。
- RP：负责人记录。
- RT：路由穿透记录。
- SRV TCP：服务器信息记录。
- TXT：域名对应的文本信息。
- X25：域名对应的 X.25 地址记录。

（4）指定使用的名字服务器

在默认情况下，nslookup 使用的是在本机 TCP/IP 配置中的 DNS 服务器进行查询，但有时候需要指定一个特定的服务器进行查询试验，这时候不需要更改本机的 TCP/IP 配置，只要在命令后面加上指定的服务器 IP 或者域名就可以了。这个参数在对一台指定服务器排错时是非常必要的，另外也可以通过指定服务器直接查询授权服务器的结果，避免其他服务器缓存的结果。命令格式如下：

nslookup [-qt=类型] 目标域名 指定的 DNS 服务器 IP 或域名

检查域名的缓存时间需要使用一个新的参数-d。命令格式如下：

nslookup -d [其他的参数] 目标域名 [指定的服务器地址]

9.2　网络故障分析

计算机网络是一个复杂的综合系统，网络在长期运行过程中总是会出现各种各样的问题。引起网络故障的原因很多，网络故障的现象种类繁多，且由于网络协议和网络设备的复杂性，许多故障解决起来绝非像解决单机那么简单。要解决这些网络问题，必须具备丰富的软件、硬件知识和长期的经验累积，也需要一系列的软件和硬件工具。网络故障主要分硬件故障和软件故障两种，其中硬件故障比较难诊断和解决。

9.2.1　硬件故障

硬件故障指网络设备本身出现问题，例如由于网线制作不标准而造成的网络不通。在一般硬件故障中，网线的问题占其中很大一部分。另外，网卡、集线器和交换机的接口损坏等都有可能造成网络不通。

计算机设备都是要占用某些系统资源的，如终端请求、I/O 地址等。网卡最容易与显卡、声卡等关键设备发生冲突，导致系统工作不正常。一般情况下，如果先安装显卡和网卡，再安装其他设备，发生网卡与其他设备冲突的可能性会小些。

9.2.2　软件故障

1．设备驱动问题

设备驱动的主要问题是出现不兼容的情况，如驱动程序、驱动程序与操作系统、驱动程序与主板 BIOS 之间不兼容。

2．协议配置问题

协议配置问题包括协议绑定不正确和协议的具体位置不正确，如 TCP/IP 协议中的 IP 地址设置不正确就有可能导致网络出现故障。

3．服务的安装问题

在局域网中，除了协议以外，往往还需要安装一些重要的服务，相关服务未安装或被禁用也会导致网络故障。

4．安装相应的用户

例如，在 Windows 系统中，如果是对等网中的用户，只要使用系统默认的 Microsoft 用户登录即可，但是如果用户需要登录 Windows NT 域，就需要安装 Microsoft 网络用户。

5．网络标识的设置问题

在 Windows 对等网和带有 Windows 域的网络中，如果不正确设置用户计算机的网络标识，也会产生不能访问网络资源的问题。

6．网络应用中的其他故障

上面简单介绍了造成网络故障的一些常见因素。下面介绍当出现无法连接网络或者无法访问网络资源的状况时，如何在短时间内找到问题的根源。

在排除网络故障时一般遵循"望闻问切"的诊断方法，按照一定的顺序和方法进行操作会收到事半功倍的效果。

有些网络问题很简单，只需要简单地检查和操作就能解决。很多用户出现的问题实际上跟网络没有什么关系，而是因用户对计算机进行了某些修改而发生的，例如可能改动了计算机的配置，安装了一些会引起问题的软件，或者是误删了一些重要文件，表面上好像是网络引起的。所以在动手前必须向用户询问清楚，故障发生前后他所进行的操作以及当时计算机的反应和表现。

检查网络问题要有一定的操作顺序，如果方法得当，那么在处理故障的时候就会少走很多弯路。首先询问用户，了解他们都遇到了什么故障，他们认为是哪里出现问题。用户是故障信息采集的来源，毕竟他们每天使用网络，而且他们所遇到的故障现象最明显、最直接。然后根据故障分析，把认为可能产生问题的点隔离出来，然后一个一个地对可能产生故障的点进行排除。

9.2.3　常见网络故障

1．网络设备故障

在局域网中易发生故障的硬件设备主要有双绞线、网卡、Modem、集线器、交换机、服务器等。

（1）网卡指示灯亮却不能上网

故障现象：

某局域网内的一台计算机无法连接局域网，经检查确认网卡指示灯亮且网卡驱动程序安装正确。另外网卡与任何系统设备均没有冲突，且 ping 127.0.0.1 畅通。

故障分析与处理：

从故障现象来看，网卡驱动程序和网络协议的安装不存在问题，且网卡指示灯亮表现正常，因此故障原因可能出在网线上。如果网线确认正常则尝试能否 ping 通其他计算机，如果不能 ping 通可更换交换机端口再试，仍然不通时可更换网卡。

（2）双机直连无法共享上网

故障现象：

某局域网内两台计算机，其中一台计算机安装双网卡，准备实现双机直连并用 Internet

连接共享。但当使用普通网线连接两台计算机后，用于双机直连时总是提示"网络线缆没有插好"，而与 ADSL Modem 相连的网络连接显示正常，更换网卡和网线后故障依旧。

故障分析与处理：

从故障现象来看，可以判定是双机直连所使用的网线有问题。用于双机直连的网线应当使用交叉线，而不能使用直通线。

（3）安装网卡系统后系统启动速度变慢

故障现象：

局域网采用 DHCP 动态分配 IP 地址，客户端计算机采用自动获取方式。服务器计算机安装网卡连入局域网后，此客户端计算机系统启动速度比原来慢了许多。

故障分析与处理：

系统启动时除了需要检测网络连接外，还会自动检测网络中的 DHCP 服务器，增加了系统的启动时间、如果要加快系统的启动速度，则应该为计算机指定静态 IP 地址，以减少系统的检测时间，而不要使用自动获取 IP 地址的方式。

（4）交换机端口不正常

故障现象：

局域网内部使用一台 24 口可网管交换机，将计算机连接到该交换机的一个端口后，不能访问局域网，这个端口偶尔也能与其他计算机建立正常的连接。

故障分析与处理：

可能是交换机端口损坏导致的，如果计算机与交换机某端口连接的时间超过了 10 秒钟仍无响应，那么就已经超过了交换机端口的正常反应时间。这时如果采用重新启动交换机的方法就能解决这种端口无响应的问题，那么说明是交换机端口临时出现了无响应的情况。如果此问题经常出现而且限定在某个固定的端口，这个端口可能已经损坏，建议闲置该端口或更换交换机。

（5）uplink 端口直接连接导致通信故障

故障现象：

某小型局域网利用一台交换机将 21 台计算机连接起来，并共享 ADSL 接入 Internet。后来该局域网的计算机数量增加至 40 台，新添一台交换机，并使用直通网线将两台交换机的 uplink 端口连接。连接完毕后发现只有与 ADSL Modem 直接相连的交换机上的计算机可以上网。

故障分析与处理：

uplink 端口是专门用于跟其他交换机（或集线器）级联的端口，可利用直通线将该端口连接至其他交换机（或集线器），除 uplink 端口以外的任意端口，其连接方式跟计算机与交换机（或集线器）之间的连接方式完全相同。这里直接将两台交换机的 uplink 端口连接，两台交换机显然是无法通信的，因此导致一部分计算机不能上网。

2．网络设置故障

（1）局域网内不能 ping 通

故障现象：

某局域网内的一台运行 Windows Server 2008 系统的计算机和一台运行 Windows XP 系

统的计算机，ping 127.0.0.1 和本机 IP 地址都可以 ping 通，但在相互间进行 ping 操作时却提示超时。

故障分析与处理：

1）对方计算机禁止 ping 动作。如果计算机禁止了 ICMP（Internet 控制报文协议）回显或者安装了防火墙软件，会造成 ping 操作超时。建议禁用对方计算机的网络防火墙，然后在使用 ping 命令进行测试。

2）物理连接有问题。计算机直接在物理上不可互访，可能是网卡没有安装好、交换机故障、网线有问题，在这种情况下使用 ping 命令会提示超时。尝试 ping 局域网中的其他计算机，查看与其他计算机是否能够正常通信，以确定故障是发生在本地计算机上还是发生在远程计算机上。

（2）设置固定地址的计算机不能上网

故障现象：

某局域网中一台分配了固定 IP 地址的计算机不能正常上网，但在同一局域网内的其他计算机都能正常上网。这台计算机 ping 局域网中的其他计算机也都正常，但不能 ping 通网关。更换网卡故障仍然存在。将这台计算机连接到另一个局域网中，可以正常使用。

故障分析与处理：

从故障的现象看，造成这种故障的原因是没有正确地设置好计算机的网关或子网掩码。无法 ping 通网关，很可能是网关设置错误。

（3）篡改 IP 地址导致网络中多台计算机无法上网

故障现象：

某学校机房拥有 60 台计算机，所有客户端计算机均运行 Windows XP 系统。但是有人经常随意修改 IP 地址，从而导致很多局域网中的客户端计算机无法正常上网。

故障分析与处理：

故障是由于 IP 地址的篡改引起的，只要在局域网中禁止随意更改 IP 地址就可以解决问题。解决方案有两种，一种是基于客户端的，一种是基于服务器端的。基于客户端的方法是在客户端使用 "arp-s IP 地址 mac 地址" 命令进行 ARP 绑定。如果是在 Windows 域环境中，可以使用组策略限制用户修改 IP 地址，并部署 DHCP 服务动态分配 IP 地址。这样所有的客户机都将使用分配的合法 IP 地址上网，不能随意更改 IP 地址，以确保网络的正常使用。

（4）无法使用共享打印机

故障现象：

某单位局域网计算机运行 Windows XP、Windows Server 2008 两种系统。在其中一台运行 Windows Server 2008 的计算机上安装打印机并设置为共享，该打印机在本地计算机上可以正常使用，从其他客户端计算机上可打开该共享打印机的界面，并且能够执行清理文档等维护操作，但无法正常打印。

故障分析与处理：

首先应当确保在安装共享打印机的 Windows 系统中启用了 Guest 账户，且必须在客户端计算机通过 "网络打印机安装向导" 将共享打印机的驱动程序安装到本地系统中。

（5）局域网病毒感染后网络速度慢

故障现象：

局域网中的计算机 a 感染病毒且迅速传播给多台计算机，进行杀毒后，很多计算机重新感染病毒。

故障分析与处理：

由于网络的特殊环境，上网的计算机比较容易感染病毒。在计算机病毒传播形式和途径多样化的趋势下，大型网络进行病毒的防治是十分困难的。应增加安全意识，主动进行安全防范。

（6）无线网络传输

故障现象：

学生宿舍采用了一台 IEEE802.11g 标准的无线 AP，在实际使用中发现该网络传输速度很慢。

故障分析与处理：

通常一台 AP 的最佳用户数在 30 个左右，随着宿舍笔记本电脑使用数量的增加，网络的传输速率下降很快。为了有较好的传输性能，建议另外配置一台 AP。

9.3　实训项目

熟练掌握常用网络测试命令

1．实训目的

熟练掌握常用网络测试命令。

2．实训环境

能访问互联网的一台 PC。

3．实训内容

（1）ping 命令测试连接

1）ping 127.0.0.1：环回地址，验证是否在本地计算机上安装 TCP/IP 以及配置是否正确。

2）ping 本地 IP 地址：本地计算机的 IP 验证，验证是否正确地添加到网络上。

3）ping 默认网关：验证默认网关是否运行及能否与本地网络上的主机通信。

4）ping 远程主机的 IP：验证能否通过路由器通信。

（2）ARP 命令

查看本地计算机 ARP 告诉缓存中的当前内容。

（3）netstat 命令

1）netstat：查看本地 TCP/IP 连接状况。

2）netstat -a：查看开启了哪些端口。

3）netstat -n：查看端口的网络连接情况。

4．实训总结

第 10 章　网络通信安全

在计算机网络安全领域，对网络安全的要求可以从纵向按网络结构划分为实体安全和通信安全。本章就主要介绍有关网络通信安全的相关内容。

10.1　IPSec

1998 年 11 月，IETF 公布了 Internet 网络层安全的系列 RFC 文档，描述了 IP 网络的安全结构，概述了 IPsec 协议簇。IPsec 就是 "IP 安全（Security）协议" 的缩写，其目标是为网络提供具有较强的互操作能力、高质量和基于密码的安全。它对于 IPv4 是可选的，对于 IPv6 是强制性的。

IPsec 协议主要在网络 IP 层的公共安全服务，包括访问控制、无连接完整性、数据源验证、抗重播、机密性（加密）和有限的通信流机密性。IPsec 协议组件中主要包括安全协议验证头（AH）和封装安全载荷（ESP）、安全关联（SA）、密钥管理（IKE）及加密和验证算法等。图 10-1 显示了 IPsec 的体系结构、组件及各组件的相互关系。

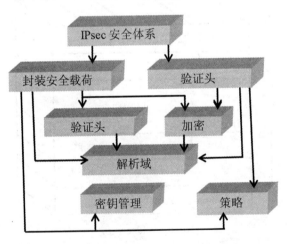

图 10-1　IPsec 的体系结构、组件及各组件的相互关系

安全关联（Security Association）是两个应用 IPsec 实体（主机、路由器）间的一个单向逻辑连接，决定保护什么、如何保护以及谁来保护通信数据。

安全策略（Security Policy）指示对 IP 数据包提供何种保护，并以何种方式实施保护。对于进入或外出的每一份数据包都有可能有三种处理：丢弃、绕过或应用 IPsec。SP 应对数据包的处理策略进行明确规定。

安全协议验证头（Authentication Header）是一个安全协议头（如图 10-2 所示），可在传输模式下使用，为 IP 包提供数据完整性和验证服务。

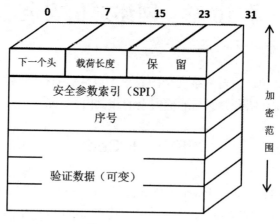

图 10-2　IPsec AH

　　封装安全载荷（Encapsulating Security Payload）也是一个安全协议头（如图 10-3 所示），采用加密和验证机制，为 IP 数据包数据源验证、数据完整性、抗重播和机密性安全服务。可在传输模式和隧道模式下使用。

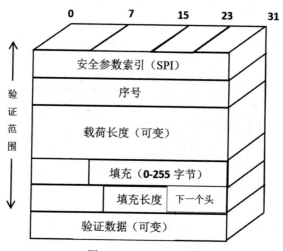

图 10-3　IPsec ESP

　　IPsec 默认的自动密钥管理协议是因特网密钥交换（Internet Key Exchange）协议。IKE 规定了自动验证 IPsec 对等实体、协商安全服务和产生共享密钥的标准。

　　在加密算法中，标准除了要求支持 DES 外，还可使用 3DES、RC5、IDEA、3IDEA、CAST 和 Blowfish 等多种加密算法。IPsec 用 HMAC 作为验证算法，HMAC 将消息的一部分和密钥作为输入，以 MAC 作为输出。MAC（消息鉴别码）保存在 AH 头的验证数据字段。目的地收到 IP 包后，使用相同的验证算法和密钥计算验证数据。如果计算出的 MAC 与数据包中的 MAC 相同，则认为数据包是可信的。

IPsec 使用传输模式和隧道模式保护通信数据。IPsec 协议模式有四种可能的组合：AH 传输模式、AH 隧道模式、ESP 传输模式和 ES 隧道模式。但实际应用中，一般不采用 AH 隧道模式，因为该组合所保护的数据与 AH 传输模式相同。传输模式用于两台主机终点。隧道模式用于主机与路由器或两部路由器之间，保护整个 IP 数据包。传输模式将整个 IP 数据包（包括其中的 IP 头成为内部 IP 头）进行封装，然后增加一个 IP 头（称为外部 IP 头），并在外部与内部 IP 头之间插入一个 IPsec 头。该模式的通信终点由受保护的内部 IP 头指定，而 IPsec 终点则由外部 IP 头指定。如 IPsec 终点为安全网关，则该网关会还原出内部 IP 包，再转发到最终的目的地。

IPsec 是一个开放式的网络安全标准，正广泛地被各国政府和企业采用。它在 TCP/IP 协议栈的 IP 层实现，对应用程序透明，与其他层的安全技术形成鲜明对比。IPsec 实现各使用相对容易和廉价，用户不必专业训练，提供安全服务共享程度高。

10.2　防火墙

防火墙技术是一种用来加强网络之间访问控制，防止外部网络用户以非法手段通过外部网络进入内部网络，访问内部网络资源，保护内部网络操作环境，软硬件相结合的网络安全系统。它对两个或多个网络之间传输的数据包如链接方式按照一定的安全策略来实施检查，以决定网络之间的通信是否被允许，并监视网络运行状态。在防火墙系统中，一般将防火墙内的网络称为"可信赖的网络"（trusted network），防火墙外的网络称为"不可信赖的网络"（untrusted network）。防火墙在网络中的位置如图 10-4 所示。

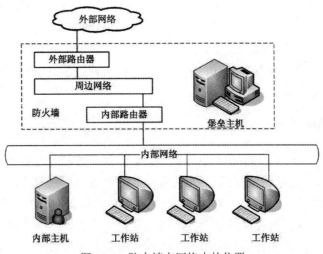

图 10-4　防火墙在网络中的位置

对防火墙进行分类时，可以根据不同的技术标准进行不同的分类。比如，根据防火墙在网络协议中的层次不同，可以分为网络级防火墙和应用级防火墙两类；而根据防火墙所应用的技术不同，又可以将它分为包过滤型、NAT 型、代理型和监测型四种基本类型。下面主要根据后一种分类方法，对不同的防火墙类型逐一进行介绍。

10.2.1　包过滤型防火墙

包过滤型防火墙（Packet Filtering Firewall）是最初类型的防火墙技术，依据是网络中的分包传输技术。网络中的数据都是以包为单位进行传输的，数据被分割成为一定大小的数据包，每一个数据包中都会包含一些特定信息，如数据的源地址、目标地址、TCP/UDP源端口和目标端口等。防火墙通过读取数据包中的地址信息来判断这些包是否来自可信任的安全站点，一旦发现来自危险站点的数据包，防火墙便会将这些数据拒之门外。系统管理员也可以根据实际情况灵活指定判断规则。包过滤技术的优点是简单实用，实现成本较低，在应用环境比较简单的情况下，能够以较小的代价在一定程度上保证系统的安全。包过滤技术的缺陷也是明显的，它是一种完全基于网络层的安全技术，只能根据数据包的来源、目标和端口等网络信息判断，无法识别基于应用层的恶意侵入，如恶意的 Java 小程序以及电子邮件中附带的病毒。有经验的黑客很容易伪造 IP 地址，骗过包过滤型防火墙。

10.2.2　NAT 型防火墙

NAT 型防火墙（Network Address Translation Firewall）是一种利用网络地址转换技术实现的防火墙。网络地址转换技术是一种把内部网络 IP 地址映射成外部 IP 地址的标准技术。NAT 型防火墙对内部可信赖网络使用内部 IP 地址的服务端口，对外部网络使用经过 NAT 技术映射后的 IP 地址和端口。使用 NAT 防火墙后，在内部网络需要访问外部网络时，将产生一个映射记录，将外出的源地址和源端口映射为一个伪装的地址和端口，通过这个伪装的地址和端口与外部网络连接，这样对外就隐藏了真实的内部网络地址。在外部网络通过 NAT 防火墙访问内部网络时，它并不知道内部网络的连接情况，而只是通过一个开放的 IP 地址和端口来请求访问。防火墙根据预先定义好的映射规则来判断这个访问是否安全。当符合规则时，防火墙认为访问是安全的，可以接受访问请求，也可以将连接请求映射到不同的内部计算机中。当不符合规则时，防火墙认为该访问是不安全的，不能被接受，防火墙将屏蔽外部的连接请求。

10.2.3　代理型防火墙

代理型防火墙（Proxy Firewall）也可以被称为代理服务器，它的安全性要高于包过滤型防火墙，并已经开始向应用层发展。代理服务器位于客户机与服务器之间，安全阻挡了二者的数据交流。从客户机来看，代理服务器相当于一台真正的服务器；而从服务器来看，代理服务器又是一台真正的客户机。当客户机需要使用服务器上的数据时，首先将数据请求发给代理服务器，代理服务器再根据这一请求向服务器索取数据，然后再由代理服务器将数据传输给客户机。由于外部系统与内部服务器之间没有直接的数据通道，外部的恶意侵害也就很难伤害到企业内部网络系统。代理型防火墙的优点是安全性高，可以针对应用层进行侦测和扫描，对于基于应用层的侵入和病毒都十分有效。其缺点是对系统的整体性能有较大的影响，而且代理服务器必须针对客户机可能产生的所有应用类型逐一进行设置，大大增加了系统管理的复杂性。

10.2.4　监测型防火墙

监测型防火墙（Inspect Firewall）是新型的防火墙技术，这一技术实际已经超越了最初的防火墙定义。监测型防火墙能够对各层数据进行主动的、实时的监测，在对这些数据加以分析的基础上，监测型防火墙能够有效地判断出各层中的非法入侵。同时，这种防火墙产品一般还带有分布式探测器，这些探测器安置在各种应用服务器和其他网络的结点之中，不仅能够监测来自网络外部的攻击，同时对来自内部的恶意破坏也有极强的防范作用。据权威机构统计，在网络系统中，有相当比例的攻击来自于网络内部。因此，监测型防火墙不仅超越了传统防火墙的定义，而且在安全性上也超越了前两代产品。

虽然监测型防火墙在安全性上已超越了包过滤型防火墙和代理型防火墙，但由于监测型防火墙技术的实现成本较高，也不易管理，所以目前在使用中的防火墙产品仍然以包过滤型和代理型为主，但在某些领域也已经开始使用监测型了。基于对系统成本与安全技术成本的综合考虑，用户可以选择性地使用某些监测型技术，这样既能够保证网络系统的安全性需求，同时也能有效地控制安全系统的总成本。

10.3　入侵检测系统

入侵检测（Intrusion Detection）是用于检测任何损害或企图损害系统的保密性、完整性或可用性的一种网络安全技术。入侵检测系统（Intrusion Detection System，IDS）就是执行入侵检测任务的硬件或软件产品。它通过监视受保护系统的状态和活动，采用误用检测（Misuse Detection）或异常检测（Anomaly Detection）的方式发现非授权的或恶意的网络行为，为防范入侵行为提供有效的手段。图 10-5 给出了入侵检测的基本原理。

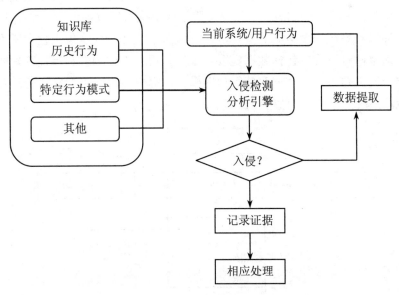

图 10-5　入侵检测原理图

入侵检测一般分为三个步骤：信息收集、数据分析、响应及恢复。

10.3.1　信息收集

信息收集（Information Gather）是入侵检测第一步。检测成功与否依赖于信息收集的可靠性、正确性和实时性。入侵检测利用的数据一般来自于主机系统信息、网络信息、其他安全系统信息等。

10.3.2　数据分析

数据分析（Data Analysis）是入侵检测的核心。它首先构建分析器，把收集到的信息经过预处理，建立一个行为分析引擎或模型，然后向模型中植入时间数据，在知识库中保存植入数据的模型。数据分析的方法简要分为以下两大类：

- 模式检测（Pattern Detection）：通过对比已知攻击手段及系统漏洞的签名特征（sign）来判断系统中是否有入侵发生。
- 异常检测（Abnormal Detection）：利用统计的方法来检测系统中存在的主体和对象的异常行为。

模式检测的优点是误报少，局限是它只能发现已知的攻击，但对攻击的变种和新的攻击几乎无能为力。而异常检测可以迅速发现系统异常，优点是能检测未知的攻击类型，缺点是误检率较高。由于以上两种方法有一定的互补性，因此实际系统中常把两者结合在一起。

10.3.3　响应及恢复

数据分析是入侵检测中清除入侵损害、恢复系统状态、维护系统正常运行、保障系统安全的重要步骤。

入侵检测系统作为一种主动式的全方位系统，一旦系统在检测过程中发现攻击，入侵监测机制将根据具体情况，调用响应机制立即阻挡或干扰入侵过程，恢复系统正常运行。

由于网络环境和系统安全策略的差异，入侵检测系统在具体实现上也有所不同。从系统构成上看，入侵检测系统应包括数据提取、入侵分析、入侵响应和远程管理四大部分。另外还可能结合安全知识库、数据存储等功能模块，提供更为完善的安全检测及数据分析功能。入侵检测系统的一般结构如图 10-6 所示。

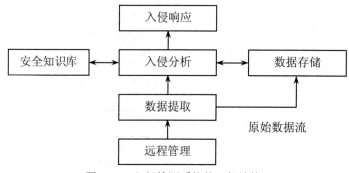

图 10-6　入侵检测系统的一般结构

10.4　虚拟私有网络

私有网络（Private Network）是通过物理隔离手段保证网内网络实体和网络通信安全的局域网。私有网络的安全性主要体现在保密性，即私有网络所有数据都是保密的，外部网络无法访问到私有网络的任何部分。另外，因为与外部网络的隔离，私有网络可以为网内实体分配任何 IP 地址。虚拟私有网络（Virtual Private Network，VPN）是在公共网络之上用隧道技术、加密技术和网络地址转换（NAT）技术等为核心构建的拥有多个离散站点的虚拟物理隔离的私有网络。

隧道传输（Tunneling Transport）技术是一种重复封装技术，它是一种把协议数据包作为另一种协议数据包的数据再次封装后，通过传输系统进行传输的技术。隧道封装的示意图如图 10-7 所示。

图 10-7　隧道封装技术

在虚拟私有网络中，隧道传输技术根据网络协议层次的不同 VPN 数据包进行不同的封装，然后使用隧道开通器和隧道终端器在多个 VPN 站点之间建立通信隧道。

虚拟私有网络中，加密（encryption）技术使用加密算法对通过隧道传输的 VPN 数据包进行加密后再通过通信隧道进行传输，这样可以防范外部网络对 VPN 通信数据的访问，保证了 VPN 数据通信的保密性。

虚拟私有网络中，NAT 技术主要通过地址映射表实现 VPN 内外网络的分离，转换 VPN 内外网络地址，隐藏 VPN 内部网络信息，过滤外部网络访问信息，防范外部入侵事件的发生等。

根据 VPN 所起的作用，一般可以将 VPN 分为三种类型：VPDN、Internet VPN 和 Extranet VPN。VPDN（Virtual Private Dial Network）是在远程用户或移动雇员和公司网之间进行拨号通信的 VPN。Internet VPN 是在公司远程分支机构的 LAN 和公司总部 LAN 之间进行通信的 VPN。Extranet VPN 是在供应商、商业合作伙伴的 LAN 和公司的 LAN 之间进行通信的 VPN。

10.5　无线网络的安全

伴随着移动通信时代的到来，无线网络安全问题已经成为不容忽视的热点问题。无线网络可能受到的安全威胁一般分为两类：一类是针对于网络访问控制、数据机密性保护和数据完整性保护进行的攻击，这类威胁在有些网络中也会发生；另一类则是由无线网络自身的无线传输介质特性决定的，基于无线网络的设计、部署和维护的独特性而发起的攻击。

1999 年 IEEE 发布的 802.11 标准中，防止无线窃听和提供有线等价措施的 WEP（Wired Equivalent Privacy）算法有许多严重的安全缺陷。安全专家根据这些缺陷攻破了 WEP 声称所具有的所有安全控制能力。一般来说，WEP 具有以下的安全缺陷。

在整体设计中，WEP 只是一个可选项，没有必选的安全保密措施。

WEP 算法中，位数太少的初始化向量和复位设计造成的复用现象，降低了密码破解难度；用于流加密的 RC4 算法中，在头 256 个字节存放密码也存在安全缺陷；CRC 校验码也不能保证数据不被修改，不是安全的校验码。

WEP 密钥外部管理系统形式复杂，促使许多网络部署者使用默认密钥。

很多用户不会改变默认配置，也使得黑客容易猜出密码。

由于无线网络存在诸多安全缺陷，使得其面临着众多的网络威胁。常见的主要有网络发现搜索、通信窃听和数据截取、MAC 及 IP 地址欺骗、非授权的网络访问、网络接入篡改欺骗、拒绝服务攻击、网络恶意软件和无线设备偷窃等。

面对诸多的无线网络安全威胁，无线网络部署者有必要采取适合的对策以应对这些安全威胁。一般来说，当前无线网路部署者可以采取以下手段来防范对无线网络的攻击：①分析无线网络的威胁情况，确定潜在的网络入侵者，并把分析结果纳入网络规划；②对网络设计和部署时使用一致的安全策略改变默认设置，并指定专用的 IP 协议，统一用户授权规则；③部署和实现最新版本的 WEP，在每个客户端和每个无线基站上实现全部的 WEP，使用随机的并时常改变的密码，在每个数据帧中都加入一个校验和防范的篡改；④使用 MAC 过滤器记录可以使用无线网络的 MAC 地址，并配置在无线基站上，时常检查 MAC 地址访问日志以防范入侵者；⑤使用数据过滤协议，防止通过 SNMP 协议对设备配置的访问和修改，过滤可以作用 DOS 攻击的协议包对穿越网络数据的控制；⑥封闭整个无线网络，把客户配置信息安全地分发给每个用户，阻止安全及标识符 SSID 从无线基站广播，避免无效链接；⑦根据部署环境确定 IP 地址分配方案，减少 IP 地址欺骗；⑧在一些关键部位使用 VPN，实现安全的远程访问。

10.6　电子邮件安全

由于能够快捷、方便地传输信息，电子邮件已经成为计算机网络中使用最多的应用服务之一。伴随着计算机网络的快速发展和电子邮件的广泛普及，电子邮件的安全也越来越受到人们的关注。为了防止电子邮件在远程站点之间传送时被中间站点读取和篡改，电子邮件系统中广泛使用了保密电子邮件系统 PGP、PEM 和 S-MIME。

10.6.1　PGP 邮件公钥加密技术

PGP（Pretty Good Privacy）是 Philip Zimmermann 在 1991 年所发明的安全加密机制，非常适用于电子邮件以及资料文件系统的加密，因此在电子邮件系统中得到了广泛应用。

PGP 结合了传统的对称密钥加密系统以及公开密钥加密系统的优点，提供四项重要的安全服务：数字签名、数据确认、数据压缩和数据转换。在 PGP 所提供的四项安全性服务中，数字签名与数据确认服务由使用者进行选择。

1. 数字签名（Digital Signature）

数字签名综合使用 SHA-1、MD5 等 hash 函数与公钥加密技术，对发件人信息计算摘要使用私钥加密后，作为发件人签名与邮件一起发送给收件人。收件人使用发件人公钥解密后，比较使用的 hash 函数生成的摘要，一致后便确认发件人的身份。

2. 数据确认（Confidentiality）

PGP 提供机密性服务的过程中，加密的方法同时使用了对称密钥加密和公开密钥加密法。首先，PGP 会使用对称密钥加密信息本身，由发件人选择会话密钥，再将会话与加密信息一同送出。为了保护会话密钥还必须通过公开密钥加密法，将会话密钥以收件者的公开密钥加密。

3. 数据压缩（Compression）

数据压缩是将数据压缩后再进行运算或传输，以更好地利用网络资源。但是考虑到安全机制设置的特性，有些安全性机制必须在资料压缩前完成。在 PGP 的设计中，是在数字签名之后和数据确认之前完成的。

4. 数据转换（Radix-64 Conversion）

数据转换是为了安全的电子邮件顺利在网络上传输，PGP 在送出电子邮件之前将邮件中包含二进制代码的部分转换为 ACCII 代码表示的过程。PGP 中所使用的资料转换算法为 Radix-64 Conversion，亦可称之为 ASCII Armor。其转换方法是以 3 个字节为单位，将之转换为 4 个 ACCII 字符表示。同时亦如 CRC 校验码，用以检测数据传输时造成的错误。

在一个完整的 PGP 安全服务的过程中，收发双方都必须应用到三个密钥；发件人以会话密钥邮件加密内文、以自己的秘密密钥进行签名、以收件人的公开密钥保护会话密钥，收件人则以自己的秘密密钥揭开会话密钥，密钥管理是 PGP 系统的一个关键。每个用户在自己本地又要维护两个数据结构：秘密密钥环（Private Key Ring）和公开密钥环（Public Key Ring）。秘密密钥环包括一个或多个自己的秘密密钥—公开密钥对，方便用户选择。每个密钥对都有一个标识符，用以让发件人通知收件人使用那一对密钥，从而选择相对应的公开密钥加密邮件。公开密钥环包括用户常用的通信对象公开密钥。

10.6.2　PEM 加密加强型邮件标准

PEM（Private Enhanced Mail）是 Internet 的邮件加密建议标准，由 RFC1421 到 RFC1424 四个文档描述。在功能上，PEM 类似于 PGP，也就是基于 RFC822 所规定的电子邮件进行的加密认证。

报文在使用 PEM 前，先要根据形势规范完成对空格、制表符、回车、换行等特殊字符的预处理。然后使用 DM5 等算法计算报文摘要，与报文拼接后使用 DES 等加密算法加密，加密后使用 Base64 进行编码。最后将邮件发送给收件人。类似于 PGP，PEM 每个报文都是采用一次一密的方法加密，会话密钥同样在加密后存放在报文中一起传送。会话密钥的加密一般使用 RSA 或三重 DES。

和 PGP 不同的是，PEM 有着更为完善的密钥管理机制。他使用认证中心（Certificate Authority）发放认证证书，每个证书都有唯一的序号，上面有用户名、公开密钥、密钥使用期限和认证中心使用秘密密钥签名后的 MD5 散列函数。这种证书与 ITU-X.509 关于公开密钥证书的建议书及 X.400 命名机制相一致。

虽然 PGP 也有类似的密钥管理机制，但是在获取用户信任上 PEM 解决得更好。PEM 的方法是先通过设立一个证书的政策认证机构（Policy Certification Authority，PCA）来证明这些证书，然后再由 Internet 政策登记管理机构（Internet Policy Registration Authority）来对这些 PCA 进行认证。

10.6.3　S-MIME 安全多用途网际邮件扩充协议

S-MIME（Secure-Multipurpose Internet Mail Extension）是由 RSA Data Security 提出的安全电子邮件标准，它通过使用加密信息格式标准 PKCS（Public Key Cryptography Standards），添加报头数据和安全程序执行来满足电子邮件的安全性需求，进一步扩充 MIME 协议。目前，常见的电子邮件程序都支持 S-MIME 的格式，S-MIME 已经成为安全电子邮件事实上的标准。

对电子邮件的保护，S-MIME 既可以是保护整个电子邮件（除了 RFC822 规定的当头部分），也可以对不同的资料区间进行不同的安全保护。按照 S-MIME 安全服务的不同，PKCS 对象数据可以被区分为多种模式：封装数据模式、数据签名模式、明文签名数据模式以及封装签名模式。

1.　封装数据模式（Enveloped）

封装数据模式指的是将邮件正文部分加密，保持资料的机密性。这个步骤的作用犹如将信件装入信封当中而不会被窥视一般，故称为封装模式。S-MIME 中所使用的正文机密算法为对称性机密法，提供三重 DES、RC2、RC40 加密算法，而加密正文部分所使用的会话密钥则用非对称性加密法 RSA 加密保护。

2.　数据签名模式（Signed Data）

数据签名模式是对邮件内容正文部分进行数据签名，一方面可以让收件人确认发件人的身份，发件人无法否认送件；另一方面，若是邮件内容在送件过程中遭到更改或是发生错误，也可以有数据签名核对查证。

3.　明文签名模式（Clear Signing）

明文签名模式的功能和作用与数据签名模式相同，都用于确认发件人的身份以及邮件内容的完整性。但所不同的是，数据签名模式中邮件内容以及签名信息都通过 Base64 转码，而在明文签名模式中，即使收件人的邮件程序不支持 S-MIME 邮件格式，也可以读取邮件的内容（但收件人不能认证发件人的身份）。

4.　封装数据签名模式（Enveloped And Signed Data）

封装数据签名模式的邮件内容可以同时通过数据签名服务以及封装服务共同保护，并且没有规定流程顺序。因此签过名的文件可以通过封装加密；封装加密过的内容也可以再进行数据签名保护。

在签名或是封装加密服务当中，都必须应用公开密钥系统来保护资料和认证的使用者，使用 X.509 数字证书的层次结构。每个使用 S-MIME 收发电子邮件的使用者，都必须要向权威公正的数字证书中心申请数字证书，以建立自己的公开密钥资料，同时也需要 X.509 的证书查询机制审核其他使用者的公开密钥信息。通过 X.509 查询机制进行公开密钥管理，使得 S-MIME 有较高的互通性，以及较为严密的公开密钥验证。但是，因为涉及到公开密钥系统的问题，使得 S-MIME 的认证过程比 PGP 复杂。

10.7　Web 安全

Web 已成为许多人生活、学习、工作及交流的一种主要工具。对于这些人来说，Internet 及 Web 就是生存和生活的环境，就是生活方式。同时，由于 Internet 和 Web 技术的开放性和多层次性，决定了 Internet 和 Web 安全环境的复杂性，因此需要人们格外关注。

10.7.1　安全威胁

谈起 Web 站点安全时，多数人想到的都是外部安全威胁，如站点破坏、数据破坏、拒绝服务攻击、病毒、特洛伊木马和蠕虫等。但实质上对 Web 站点威胁最大的可能是另一种威胁：恶意管理员、不满意的雇员和偶然发现敏感数据的临时用户所制造的内部威胁都可能会给 Web 系统带来重大的安全风险，具体介绍如下。

在网络层层次上对 Web 站点安全威胁信息的收集：可以用与其他类型系统相同的方法发现网络设备并对其进行解剖。通常，攻击者最初是扫描端口，在识别出开放端口后，利用标题抓取与枚举的方法检测设备类型，并确定操作系统和应用程序的版本。

站点探查：也叫嗅探或窃听，就是监视网络上数据（例如明文密码或者配置信息）传输信息的行为。利用简单的数据包探测器，攻击者可以很轻松地读取所有的明文传输信息。同时，攻击者可以破解用轻量级散列算法加密的数据包，并解密通常认为是安全的、有用的数据包。探查数据包需要在服务器和客户端通信的通道中安装数据包嗅探器。

身份欺骗：一种隐藏某人在网上真实身份的方式。为创建一个欺骗身份，攻击者要使用一个伪造的源地址，该地址不代表数据包的真实地址。可以使用欺骗来隐藏最初的攻击源，或者绕开存在的网络访问控制列表（它根据源地址规则限制主机访问）。

会话劫持：也称为中间人攻击，会话劫持服务区或者客户端接收"上游主机就是真正的合法主机"。相反，上游主机是攻击者的主机，它操纵网络，这样攻击者的主机看上去就是期望的目的地。

拒绝服务：拒绝合法用户访问服务器或者服务。SYN Flood 攻击就是网络级拒绝服务攻击的常见示例，该攻击容易发起并且不容易追踪。攻击的目的是给服务器发送大量的请求，从而超过它的处理能力。该攻击利用的是 TCP/IP 连接建立机制的一个潜在的缺陷，并冲击服务器的挂起连接列队。

病毒、特洛伊木马和蠕虫：病毒就是一种程序，它进行恶意的行为，并破坏操作系统或者应用程序；除了将恶意代码包含在表面上是无害的数据文件或者可执行程序中外，特洛伊木马很像一种病毒；除了可以从一个服务器自我复制到另一个服务器，蠕虫类似于特洛伊木马，蠕虫很难检测到，因为它们不是定期创建或可以看得见的文件。这三种威胁是实实在在的攻击手段，它们会对 Web 应用程序、应用程序所在的主机以及传递应用程序的网络造成重大威胁。

足迹发现：足迹的示例有端口扫描、ping 扫描以及 NetBIOS 枚举，它可以被攻击者用来收集系统级的有价值的信息，有助于准备更严重的攻击。足迹揭示的潜在信息类型包括用户详细信息、操作系统和其他软件的版本、服务器的名称和数据库构架的详细信息等。

密码破解：如果攻击者不能够与服务器建立匿名连接，它将尝试建立验证连接。为此，攻击者必须知道一个有效的用户名和密码组合。如果用户使用默认的用户名称，就给攻击者提供了一个顺利的开端。然后，攻击者只需要破解用户的密码即可。使用空白或者脆弱的密码可以使攻击者的工作更为轻松。

拒绝服务：可以通过多种方法实现拒绝服务，针对的是基础机构中的几个目标。在主机上，攻击者可以通过强力攻击应用程序而破坏服务，或者攻击者可以知道应用程序在其上寄宿的服务中或者运行服务器的操作系统中存在的缺陷。

任意代码执行：如果可以在用户的服务器上执行恶意代码，那攻击者要么就会损害服务器资源，要么就会更进一步攻击下游系统。如果攻击者的代码所运行的服务器进程被越权执行，任意执行代码所造成的危险将会增加。常见的缺陷包括脆弱的 IID 配置以及允许遍历路径和缓冲区溢出攻击的未打补丁的服务器，这两种情况都可以导致任意执行代码。

未授权访问：不足的访问控制可能允许未授权的用户访问受限制信息或者执行受限制操作。常见的缺陷包括脆弱的 IIS Web 访问控制，Web 权限和脆弱的 NTFS 权限。

在主机 Web 应用程序级别层次上，对 Web 站点的安全威胁和对应用程序级安全威胁分析的较好方法，就是根具应用程序缺陷类别来组织和区分对 Web 站点的安全威胁。这类 Web 站点的安全威胁如表 10-1 所示。

表 10-1　根据应用程序缺陷划分的威胁类别列表

输入验证	缓冲区溢出，跨站点脚本编写，SQL 注入，标准化
身份验证	网络窃听，强力攻击，词典攻击，重放 Cookie，盗窃凭据
授权	提高特权，泄露机密数据，篡改数据，引诱攻击
配置管理	未经授权访问管理接口，未经授权访问配置存储器，检索明文配置数据，缺乏个人可记账性，越权进程和服务账户
输入验证	缓冲区溢出，跨站点脚本编写，SQL 注入，标准化
敏感数据	访问存储器中的敏感数据，窃听网络，篡改数据
会话管理	会话劫持，会话重放，中间人
加密技术	密钥生成或密钥管理差，脆弱的或者自定义的加密术
参数操作	查询字符串操作，窗体字段操作，Cookie 操作，HTTP 标头操作
输入验证	缓冲区溢出，跨站点脚本编写，SQL 注入，标准化

异常管理	信息泄露，拒绝服务
审核和日志记录	用户拒绝执行某项操作，攻击者利用没有跟踪记录的应用程序，攻击者掩饰他的跟踪记录
敏感数据	访问存储器中的敏感数据，窃听网络，篡改数据

10.7.2 安全的命名机制

为了防范中间人欺骗和 DNS 欺骗攻击，1994 年 IETF 成立了一个工作组，研究更加安全的 DNS 域名系统，该项目称为安全域名系统，即 DNSSec（Domain Name System Security）。

DNSSec 建立在公开密钥密码学基础之上。每个 DNS 区域都有一个公私密钥对，DNS 发送的所有信息都要经过发起区域的私钥签名，接收方可以使用这个签名来验证信息来源的真实性。

实际的 DNSSec 中一般提供三种服务：数据源证明、密钥分发、失误处理及请求的认证。这三种服务中，数据源证明是 DNSSec 的主要服务，用于对返回数据的认证；密钥分发用于站点对密钥的获取、存储和管理；失误处理及请求的认证则用于防范重放攻击和欺骗攻击。

在 DNSSec 的实现上，所有的 DNS 记录都以 RRSet（Resource Record Sets，资源记录）集合的形式组织起来，每个集合中都存放着所有具有同样名字、类别和类型的记录。每个 RRSet 都有一个密码学意义上的 hash 值（MD5、SHA-1 等），然后使用该区域的私有密钥对该 hash 值进行加密签名。用户可以通过这个签名来验证返回数据的合法性。

此外，每个 RRSet 还引入了几种新型的 DNS 记录。第一种是 KEY 记录，这种记录存放着区域、用户、主机或其他个体的公开密钥，以及签名的加密算法、传输协议和一些相关的数据位。第二种记录是 SIG 激励，存放着签名后的 hash 值，签名算法有 KEY 记录。

在 DNSSec 的实现方案中，区域密钥可以在保存一个离线存储器中，在指定的签名时间里，把区域密钥和主 DNS 服务器中的数据库使用手工的方式拷贝到下一台不联网的签名服务器中进行签名，签名完成后清除区域密钥副本，最后把 SIG 记录送到 DNS 主服务器。

除了安全域名系统之外，另一种对名字进行保护的机制就是安全文件系统（Secure File System，SFS）。SFS 中设计了一种安全的、可扩展的、全球范围内的文件系统，它不需要修改标准的 DNS，不使用证书，也不需要假设存在一个 PKI（Public Key Infrastructure）。

为了说明这种系统是如何用到 Web 上的，这里使用 Web 系统术语而不是文件系统术语来描述该系统。

在 SFS 中，首先需要假设每个 DNS 服务器都有一个公开—私有密钥对。SFS 思想本质在于，每个 URL 都需要包含 Web 服务器名和一个公开密钥的密码学 hash 值，即这个 hash 值作为 URL 的一部分存在，使之成为一种自证明的 URL（Self-certifying URL），这种形式的 URL 如图 10-8 所示。

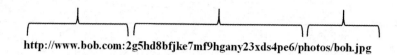

图 10-8　添加 hash 散列值之后的 URL 形式

hash 值计算使用的算法是 SHA-1 函数。计算时，首先把服务器域名和公开密钥链接，然后使用 SHA-1 计算出一个 160 位的 hash 值，然后将每 5 位 hash 值使用一个 ASCII 字符代替，就形成了一个由 30 个字符构成的 hash 散列值。

客户端在发送 Web 服务请求时，即使攻击者能够截获服务请求，也无法得到服务器公开密钥从而形成正确的 hash 散列值、组成正确的自证明 URL，他对服务器的任何破坏都可被检测出来。现在客户端必须要验证拥有相同的密钥，可以构造一条消息，包含一个建议的 AES 会话密钥、一个临时值和一个时间戳，用公钥来加密后发给服务器。由于只有服务器才拥有对应的私有密钥，破解此消息后用 AES 密钥加密临时值，再把加密之后的临时值送回客户端。当客户端接收 AES 加密的会话密钥时，就可以被用于后续的 GET 请求和应答。

另外一种获取自证明 URL 的方法是连接到一个可信的搜索引擎上。其做法是，输入该搜索引擎的自证明 URL（第一次），并且经过如上面描述的协议交互过程，从而与可信的搜索引擎服务器之间建立一个安全的、真实的连接。然后让搜索引擎执行各种查询，在结果得到的签过名的页面上充满了自证明的 URL，用户只需输入这些 URL 而无需再次敲入字符串。

10.7.3　安全套接层 SSL

安全的命名机制是一个很好的起点，对于 Web 安全而言，这里还有更多的问题。下一步是安全的连接。为了实现安全的连接，引入了一个被称为 SSL（Secure Sockets Layer，安全套接层）的安全软件包来迎合这种需求。这个软件包和它的协议现在已被广泛使用。

SSL 在两个套接字之间建立一个安全的连接，其中包括以下功能：客户与服务器之间的参数协商，客户和服务器的双向认证，保密的通信，数据完整性保护。

图 10-9 显示了 SSL 在通常的协议栈中的定位。实际上，它是位于应用层和传输层之间的新层，接受来自浏览器的请求，再将请求传送给 TCP 以便传输到服务器上。一旦安全的连接已经被建立起来，则 SSL 的主要任务是处理压缩和加密。在 SSL 之上使用的 HTTP 称为安全 HTTP（Secure HTTP，SHTTP）。

应用层（HTTP）
安全层（SSL）
传输层（TCP）
网络层（IP）
数据链路层（PPP）
物理层（调制解调器、ADSL、有线电视）

图 10-9　家庭用户使用 SSL 进行 Web 浏览时的协议栈

SSL 协议经历了多个版本，这里只讨论使用最广泛的 SSL3.0 协议。SSL 协议实际部署时支持多种不同的算法和选项，如压缩功能选项、密码算法选项、密码产品出口限制选项等。SSL 协议由两个子协议组成：安全连接建立协议和安全连接使用协议，如图 10-10 所示。

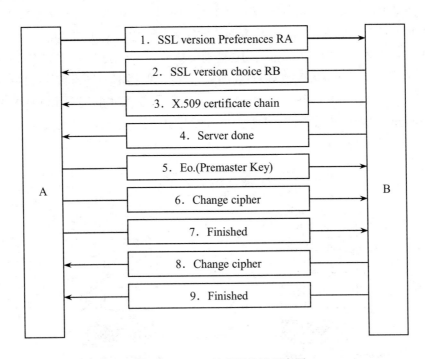

图 10-10　SSL 连接子协议示意图

从消息 1 开始，A 向 B 发送建立连接请求，其中制定了 SSL 版本、优先的压缩和密码算法、临时的随机值 RA。

在消息 2 中，B 在 A 支持的算法中作出选择，并将自己的临时值 RB 发送给 A。在消息 3 中，B 发送一个证书，其中包含了 B 的公开密钥。如果这个证书并没有被某一个权威机构签过名，那么 B 也发送一个证书链接。通过这条证书链接可以回溯到一个用权威机构签名的证书。所有的浏览器，包括 A 的浏览器，都预装了大约 100 多个公钥，所以如果 B 能够建立一条证书链，并且证书链以这 100 对证书中的某一个作为一个信任，那么 A 将能够验证 B 的公开密钥，这时 B 可以发送其他一些消息（比如请求 A 的公开密钥证书）。当 B 完成以后，发消息 4 通知 A。

收到消息 4 后，A 选择随机的 384 位预设主密钥（Premaster Key）用的公开密钥加密后发送给 B（消息 5）。用于加密数据的实际会话密钥是从这个预设主密钥的两个临时值通过一种复杂的方法推导得来的。B 接收到消息 5 以后，A、B 都能够计算会话密钥。由于这个原因，A 通知 B 切换到新的密钥（消息 6），并且告诉 B 已经完成了建立连接子协议（消息 7）。然后，B 对这两条消息分别进行确认（消息 8 和 9）。

正如上面提到的，SSL 支持多种密码学算法。最强的一种方案使用三个独立密钥的三重 DES 来加密数据，使用 SHA-1 来保护数据的完整性。这种做法相对比较慢，所以它主要用于银行和其他一些对安全性要求比较高的应用。对于普通的电子商务应用，使用 128 位的密钥 RC4 算法来完成数据加密，使用 MD5 来实现消息认证。

为了实际传输数据，我们需要使用第二个子协议——安全连接使用协议，如图 10-11 所示。米自浏览器的消息首先被分割成最多 16KB 的单元，如果当前连接支持压缩功能的话，则每个单元被单独压缩。之后，根据两个临时和预设主导密钥推导出来一个秘密密钥被串接到压缩后的文本之中，然后再利用已经协商好的散列算法（通常是 MD5）对串接之后的结果做散列运算。这个散列值被附加在每一个分段的尾部，作为它的 MAC（消息认证码）。接下来，再使用协商好的对称加密算法（通常是与 RC4 的密钥流进行 XOR 运算）对压缩之后的分段 MAC 进行加密。最后，每个分段被附上一个分段头，再通过 TCP 连接被传送出去。

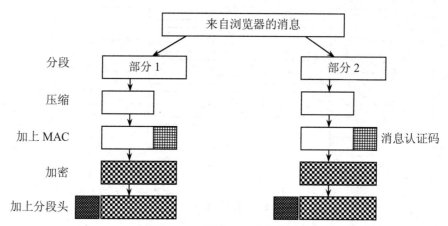

图 10-11   使用 SSL 进行数据通信

10.7.4   移动代码的安全

命名和连接是与 Web 安全有关的两个主要关注领域。但是，除此之外还有其他的一些领域也值得关注，例如 Java Applet、ActiveX 控件和 Java Script 等。下载并执行这样的移动代码（Mobile Code）很显然存在极大的安全风险，所以人们已经设计了各种方法来尽可能地降低这种风险。下面来看一下某些移动代码引起的问题以及处理这些问题的一些做法。

1. Java Script 程序安全

Java Applet（也被称为 Java 小程序）是小的 Java 程序，它们被编译成一种面向栈的机器语言，即 JVM（Java Virtual Machine，Java 虚拟机）。Java Applet 可以被放到 Web 页面上，连同 Web 页面一起被下载到用户机器上。当 Web 页面被加载到浏览器中时，这些 Java Applet 也被插入到浏览器内部的 JVM 解释器中。

将经过编译的代码再在 JVM 解释器中运行的好处是，解释器在执行每一条指令之前可先对指令进行检查，以判定每条指令地址是否有效。同时解释器中有一个安全监视器，它可以捕获 Java Applet 程序对系统调用的使用，根据安全策略判断 Java Applet 程序的可信与否确定它对系统调用的使用，如果可信，便允许系统调用，否则就把该 Java Applet 程序封装到沙箱环境中，限制其行为，阻断它对系统资源的占用。

2. ActiveX 控件安全

ActiveX 控件是针对奔腾系列处理器开发的二进制程序，可以嵌入到 Web 页面中执行。当浏览器遇到一个 ActiveX 控件时，对于其安全性的检查，不同的 ActiveX 控件运行平台采用不同的策略。Microsoft 采用代码签名的方式来保证 ActiveX 控件的安全性，其主要思想：每个 ActiveX 控件都伴随着一个由创建者使用公开密钥算法对代码 hash 散列值进行签名，浏览器有 ActiveX 控件时，根据签名验证控件是否被篡改；签名正确后再检查它的内部表，看该控制是否可信，或者是否存在一个可以回溯到某个可信创建者的可信链接。如果创建者是可信的，则控件程序被执行，否则不被执行。Microsoft 这种验证 ActiveX 控件的系统称为认证码（Authentication Code）。

3. Java Script 代码安全

每个厂商处理安全问题的方式都不相同。例如，Netscape Navigator 第二版使用了类似于 Java 模型的方式，但是到第三版时，他又放弃了原来的模型，改而使用代码签名模型。

但是从安全的角度来看，基本的问题是让外部代码在自己的机器上运行本身就是不安全的。这里的安全压力在于，移动代码能够实现各种动态图和快速的交互，而且许多 Web 设计者认为这些功能比系统安全性更重要，尤其是处于危险境地的是别人而不是自己的时候。

4. 病毒

病毒是另一种形式的移动代码。与上述的移动代码例子唯一不同的是，病毒并不是应用户请求而进来的。病毒与普通移动代码之间的区别是，病毒具有自我复制能力，但一个病毒不管是通过 Web 页面，还是通过任何一个被感染的程序运行起来的时候，控制权都将传递病毒。而病毒则通常都试图将自己传播到其他的机器上，例如，电子邮件病毒通过电子邮件进行传播，它一般通过向病毒受害者的电子邮件地址簿中的联系人发送电子邮件来复制自身。有些病毒也会感染硬盘上的启动扇区，所以当机器启动的时候，病毒就会有机会运行。病毒已经成了 Internet 上的一个大问题。

关于病毒并没有显而易见的解决方案，一个可能的方案是采用全新的操作系统来抑制病毒。新的操作系统应该建立在安全的微内核基础之上，严格地区分用户、进程和资源。

10.8　实训项目

宽带路由器防火墙的设置

1. 实训目的

（1）了解宽带路由器安全设置的必要性。

（2）掌握宽带路由器过滤规则的基本设置。

（3）掌握宽带路由器的防火墙设置。

2. 实训要求

（1）实训环境：计算机若干台，TP-LINK 宽带路由器 1 台，交换机 1 台，直通网线若干条。

（2）实训要求：防火墙设置，IP 地址过滤设置。

3．实训步骤

通过路由器的设置，可以实现多机共享上网。但是基于不同的原因，用户会想要对内部局域网的计算机上网操作开放不同的权限，比如只允许登录某些网站，只能收发 E-mail，一部分有限制、一部分不限制等。用户在这方面需求差异较大，有些通过路由器可以实现，有些用路由器是没办法完全实现的，比如"IP 地址和网卡地址绑定"这个功能，路由器就不能完全做到。

上网的操作实质上是计算机不断发送请求数据包，这些请求数据包必然包含一些参数，比如源 IP、目的 IP、源端口、目的端口等。路由器正是通过对这些参数的限制，来达到控制内部局域网的计算机不同上网权限的目的。

下面通过列举具有代表性的配置，来说明路由器防火墙设置、IP 地址过滤这些功能是怎样使用的。

（1）防火墙设置

图 10-12 所示是"防火墙设置"界面，可以看到这是一个总开关的设置界面，凡是没有使用的功能，就请不要在复选框中选中。

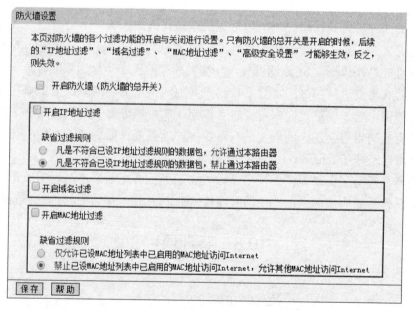

图 10-12　路由器"防火墙设置"页面

除了总开关，再有就是两个过滤功能"默认过滤规则"的确定。何谓默认过滤规则？在具体规则设置界面里定义一些特定的规则，对符合条件的数据包进行控制处理，而这里的缺省规则顾名思义，限定的是我们定制的规则中没有涉及到不符合的数据包时该怎么办。一个数据包，要么符合我们设定的规则，要么不符合我们设定的规则，但同时必定符合默认规则。

（2）IP 地址过滤

进入 TP-LINK 路由器设置界面，如图 10-13 所示。一般路由器说明书都有进入设置界面的方法，请查看说明书。

图 10-13　TP-LINK 路由器设置界面

进入路由器设置界面后，首先更改路由器进入的用户名及密码，因为路由器默认密码都被人所熟知，如果不改的话，也将会造成一定的隐患。

单击左侧导航栏中的"系统工具"→"修改登录口令"，如图 10-14 所示，在"修改登录口令"界面中输入新用户名和新口令即可完成设置，设置成只有自己知道的用户名及密码即可。

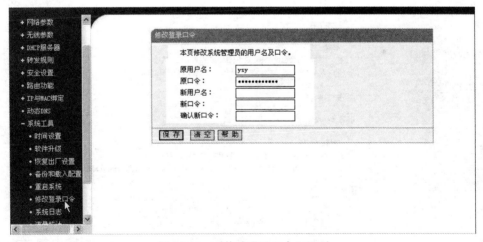

图 10-14　"修改登录口令"界面

下面修改安全设置。在路由器导航栏中单击"安全设置"，如图 10-15 所示，在安全设置下有 6 个选项：防火墙设置、IP 地址过滤、域名过滤、MAC 地址过滤、远端 WEB 管理和高级安全设置。其中我们用到的是防火墙设置、IP 地址过滤和 MAC 地址过滤。其他的在家庭中都不常用。

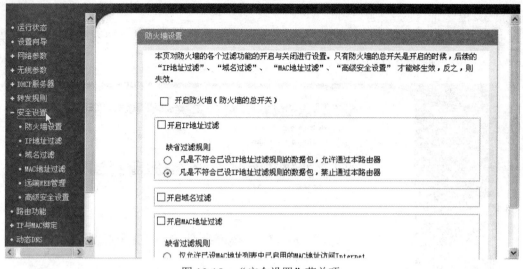

图 10-15 "安全设置"菜单项

本界面对防火墙的各个过滤功能的开启与关闭进行设置。只有防火墙的总开关是开启的时候，后续的"IP 地址过滤""域名过滤""MAC 地址过滤""高级安全设置"才能够生效，反之则失效。

选中"开启防火墙（防火墙的总开关）""开启 IP 地址过滤""开启 MAC 地址过滤"复选框并单击"保存"按钮，如图 10-16 所示。

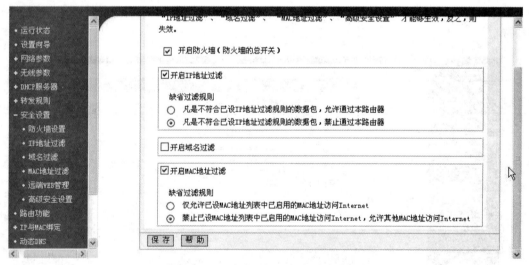

图 10-16 "安全设置"开启过滤功能

图 10-17 所示列表为已设的 IP 地址过滤列表。可以单击"添加新条目"按钮来增加新的过滤规则，如图 10-18 所示，或者通过"编辑""删除"链接来修改或删除旧的过滤规则，甚至可以通过单击"移动"按钮来调整各条过滤规则的顺序，以达到不同的过滤优先级。

如果不知道怎么添加，单击"帮助"按钮可得到详细的帮助，如图 10-19 所示。

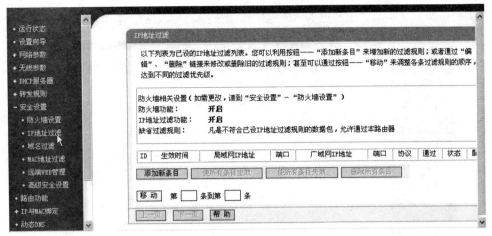

图 10-17　IP 地址过滤设置

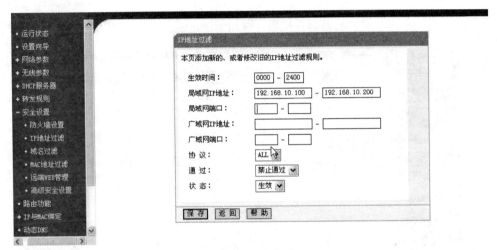

图 10-18　添加新条目

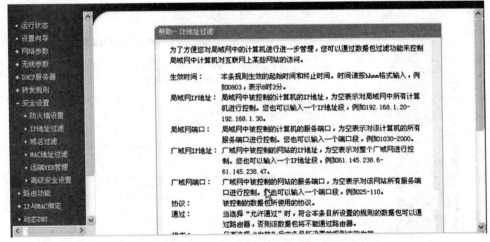

图 10-19　"帮助－IP 地址过滤"界面

如图 10-20 所示，本界面通过 MAC 地址过滤来控制局域网中计算机对 Internet 的访问。

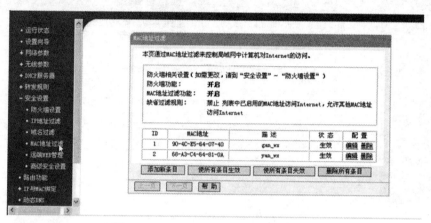

图 10-20　"MAC 地址过滤"设置界面

在图 10-20 中单击"添加新条目"按钮，添加一条过滤的 MAC 地址，如图 10-21 所示。

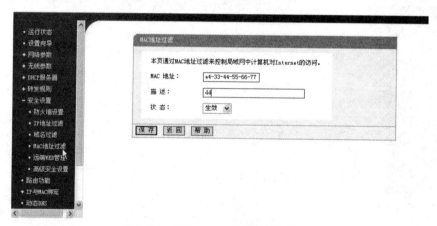

图 10-21　添加 MAC 地址过滤新条目

如果不知道怎么添加，单击"帮助"按钮可得到详细的帮助，如图 10-22 所示。

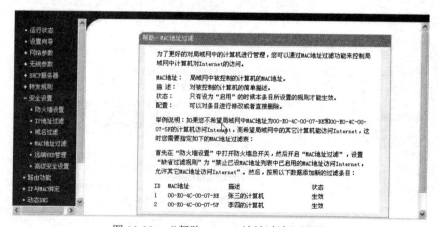

图 10-22　"帮助－MAC 地址过滤"界面

通过以上设置，就可以将未知或已知的用户阻挡在路由器之外。

4．实训总结

本实训主要介绍了如何在路由器的设置界面中设置防火墙和 IP 地址过滤，以提高网络安全性。

5．实训作业

（1）如何开启路由器防火墙功能？

（2）如何设置 IP 地址过滤？

（3）如何设置 MAC 地址过滤？

参考文献

[1] 吴国新，吉逸. 计算机网络[M]. 北京：高等教育出版社，2003.

[2] 洪学银，李亚娟编. 中小企业网络构建[M]. 北京：清华大学出版社，2008.

[3] 季福坤. 数据通信与计算机网络技术[M]. 北京：中国水利水电出版社，2003.

[4] 冯文超，张尼奇，舒正渝. 计算机网络[M]. 北京：北京希望电子出版社，2014.

[5] 旭日，严作明. 计算机网络技术基础案例教程[M]. 北京：北京理工大学出版社，2012.

[6] 张卫，俞黎阳，褚耀进. 局域网组网理论与实践教程[M]. 成都：电子科技大学出版社，2001.

[7] 李欢，徐东昊. 计算机网络基础[M]. 2版. 北京：人民邮电出版社，2012.

[8] 桂海进，武俊生. 计算机网络技术基础教程与实训[M]. 北京：北京大学出版社，2006.

[9] 高焕芝，庞国莉. 新编计算机网络基础教程[M]. 北京：清华大学出版社，2008.